“十三五”国家重点图书出版规划项目

山东小麦图鉴

第二卷：育成品种

SHANDONG XIAOMAI TUJIAN

DIERJUAN: YUCHENG PINZHONG

黄承彦　楚秀生 等　编著

中国农业出版社
北　京

编著委员会

主　　编： 黄承彦　楚秀生

副 主 编： 吕建华　樊庆琦　崔德周

编著人员：（以姓氏笔画为序）

王　晖　吕建华　刘　颖　刘建军
李　玮　李　鹏　李永波　李斯深
李新华　李豪圣　吴　科　林　琪
姜鸿明　黄　琛　黄兴蛟　黄承彦
崔德周　隋新霞　韩　伟　楚秀生
樊庆琦　鞠正春

审 稿 人：（以姓氏笔画为序）

吕建华　刘建军　李斯深　吴　科
林　琪　姜鸿明　黄承彦　隋新霞
楚秀生　鞠正春

序

2016 年我应邀为《山东小麦图鉴 第一卷：地方品种》作序，对续写其他分卷提出了期望和意见。时隔 7 年，收到《山东小麦图鉴 第二卷：育成品种》即将付印出版的样书，认真审阅，感觉该书在第一卷的基础上有了新的拓展，图文并茂，资料系统翔实、信息量大，特别在品种基因信息的采集方面更加丰富充实。

作者系统梳理了山东省自新中国成立以来大面积推广应用的小麦育成品种，并按品种育成的先后顺序编撰，详细描述了品种的特征特性、基因信息、品质和产量表现、生产应用情况等，把山东省小麦品种的更替脉络清晰地呈现在读者面前。这为研究山东小麦育种发展历程、不同时期的主攻方向、品种特征特性的演变趋势等提供了翔实的数据资料，对探索进一步提高小麦产量潜力，确定主攻方向和突破口具有重要的参考价值。

《山东小麦图鉴》第二卷延续了第一卷的整体设计风格，入选品种与国家种质资源库及省级种质资源库库存种子相对应，实现了库存种子、图片信息、文字信息三位一体，有利于小麦种质资源的保护与提纯，有利于核心种源的研究与利用。

在 2022 年的中央农村工作会议上，习近平总书记强调要聚焦核心种源等农业关键核心技术攻关引领。许多大面积推广应用的小麦品种既为国家粮食生产做出重要贡献，同时也成为后续品种的“核心种源”。该书的出版对山东小麦“核心种源”的研究与利用具有重要意义。

谨此为序！

刘旭

2023 年 1 月

前言

20 世纪 30 年代初，齐鲁大学农事试验场从山东历城县龙山镇附近麦田中选择小麦单穗，运用系统选育方法，于 1931 年育成齐大 195，这是山东省最早育成的小麦品种。之后近 20 年因战争连绵，小麦育种研究基本中断。中华人民共和国成立后，山东省小麦育种研究逐步恢复并快速发展，育种技术从系统选育、杂交育种，走向辐射诱变、细胞与基因工程等技术的应用，逐步发展为以杂交育种为核心的多技术结合的现代育种技术体系，先后培育出 200 多个小麦品种，为山东乃至我国小麦生产发展做出了巨大贡献。为弘扬山东小麦育种成就，彰显育成品种在不同历史时期小麦生产发展中做出的贡献，我们自 2015 年开始了本书的编撰工作。

本书筛选收编了山东省 1949—2018 年大面积种植的由本省科技工作者培育的小麦品种共计 216 份，包括早期品种和审（认）定品种。山东省自 1982 年开展小麦新品种审定工作，1982 年以前育成的未经省种子管理部门审（认）定的品种，如其种植面积近 100 万亩及以上的均被入选；1982 年以后育成的经山东省或国家审（认）定的品种全部入选。外省育成的在山东省大面积推广或通过山东省审（认）定的品种，不作为本书正式入选品种，但在书后列表提供主要信息。为更好地反映山东省小麦育种发展历程，入选品种按照育成先后或审定先后顺序排列。

品种图片信息的采集是品种图鉴的核心工作之一。自 2015 年秋种开始，以山东省农业科学院作物研究所小麦种质资源库库存种子为基础，统一种植成小区，建立了种质观察圃，每年采集各品种的群体、成株、穗和籽粒照片（莱农 8834 除外）。易倒伏品种采取了减少播量和防倒伏支撑措施。为防止混杂和失真，前两个年度邀请有关专家进行品种评鉴，对个别品种重新征集了育种家种子，连续 3 年进行穗选提纯，连续 5 年反复校对。通过上述工作和连年的种植，不仅完成了品种图片信息的采集，也确保了库存种子的质量。莱农 8834 因库存种子丧失发芽能力未能采集到图片信息，故在排版时置文末介绍。

书中各品种的描述内容包括特征特性、品质表现、基因信息、产量表现、生产应用等。

特征特性：早期品种的性状描述主要参考了金善宝、刘定安主编的《中国小麦品种志》（农业出版社，1964），金善宝主编的《中国小麦品种志（1962—1982）》（农业出版社，1986），陆懋曾主编的《山东小麦遗传改良》（中国农业出版社，2007）等。1982 年以来审（认）定的品种主要采用品种审定机构发布的品种介绍内容，并参考了《山东小麦遗传改良》中的相关内容。需要说明的是，小麦品种一些性状易受环境条件及种植管理等因素的影响，如株高、穗形、千粒重、穗粒数等，因此，某些特征特性的描述是代表其在正常条件下的表现或特定观察年份（如区域试验年份）的表现。

品质表现：品种的有些品质性状也易受环境及种植管理条件的影响，同一品种在不同年份或不同种植区域的品质检测数据会表现出一定的差异。本书的品质数据采用了品种审定机构发布的品质检测数据，对于早期品种和品种审定机构发布的品种介绍中没有提供相关品质检测数据的品种，2018 年在种质观察圃统一取样，由山东省农业科学院小麦品质测试实验室统一检测。

基因信息：基因信息由北京博奥晶典生物技术有限公司采用 50K 芯片分析获得，包括冬春性、光周期、品质、抗病、抗逆境等主要性状的基因信息。品种介绍中采用 XXXX（X）格式列出了某品种所检测到的基因及功能信息，其中斜体部分为基因，括号内为基因功能注释，若无基因功能注释，则只列出基因。有 32 个基因在所有品种中都相同，为避免重复，在品种介绍中不再一一叙述，相关信息在附录中列表说明。

产量表现：品种的产量表现主要依据省级以上品种区域试验产量结果和经省级以上部门组织专家测产验收的产量结果。早期品种产量主要引自《中国小麦品种志》（1964）、《中国小麦品种志（1962—1982）》（1986）和《山东小麦遗传改良》（2007）等。

生产应用：生产应用情况主要包括适合种植区域、种植面积及获奖情况等。1991 年以后山东省内的种植面积数据来自省有关管理部门的统计和发布数据，省外的种植面积来自农业部的统计数据。1991 年以前的品种种植面积主要参考《中国小麦品种志》（1964）、《中国小麦品种志（1962—1982）》（1986）和《山东小麦遗传改良》（2007）等。2018 年及其前几年新审定的品种，由于刚开始推广应用，因此有些品种尚无种植面积信息。

编写《山东小麦图鉴》是一个新的尝试和探索，错误遗漏之处在所难免，尚希读者指正，以便于修订完善。本书的编撰与出版，得到渤海粮仓科技示范工程技术推广项目、转基因生物新品种培育重大专项、国家重点研发计划课题、农业农村部农作物精准鉴定项目、山东省良种工程项目、山东省农业科学院农业科技创新工程项目等的资助；中国工程院原副院长刘旭院士为本书写序，对我们的工作给予肯定和鼓励，并提出宝贵意见，在此一并致以衷心的感谢！

编著者

2022 年 8 月

目录

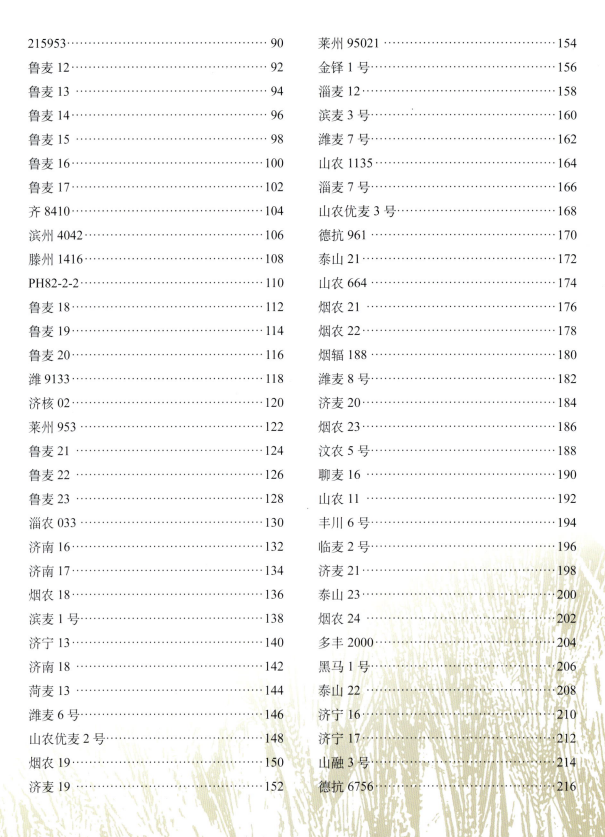

齐大 195

省库编号：LM12002　国库编号：ZM009436

/ 品种来源 / 又称邹平洋麦、鱼鳞白等，齐鲁大学农事试验场于 1931 年从山东省历城县龙山镇附近麦田中选择单穗，经系统培育而成。

/ 特征特性 / 幼苗匍匐，分蘖力强，单株有效分蘖比蚰子麦和碧蚂 4 号多；株高 100 cm 左右，秸秆软；穗纺锤形，长芒，白壳，小穗排列稀疏，穗长 6~7 cm；白粒，卵圆形，半角质，千粒重 27g 左右。抗秆黑粉病能力强，易感锈病、腥黑穗病及黑颖病；冬性，耐寒；耐旱力强，耐瘠薄，耐盐碱。成熟期中等，在济南全生育期 233d 左右，与碧蚂 4 号同期成熟，后期易倒伏。

/ 基因信息 / 硬度基因：*Pinb2-V2*（硬）；开花基因：*TaELF3-D1-1*（晚）、*PRR73A1*（晚）；穗粒数基因：*TEF-7A*（低）；籽粒颜色基因：*R-B1b*（红）；粒重相关基因：*TaGS-D1a*（高）、*TaGS2-A1a*（低）、*TaCwi-4A-C*、*TaMoc-2433*（*Hap-L*）（低）、*GW2-6A*（低）；木质素基因：*COMT-3Ba*（高）；穗发芽基因：*TaSdr-A1b*（高）；过氧化物酶基因：*TaPod-A1*（低）；黄色素基因：*TaPds-B1a*（高）；谷蛋白亚基基因：*Glu-A1*（1）；籽粒蛋白积累基因：*NAM-6A1a*；抗叶锈病基因：*Lr14a*。

/ 品质表现 / 2019 年济南试验基地取样测试结果：籽粒蛋白质含量 12.5%，湿面筋含量 31.8%，沉淀值 21 mL，吸水率 61.8 mL/100g，形成时间 2.8 min，稳定时间 1.8 min。

/ 产量表现 / 1950—1955 年在山东省各地 49 处试验，41 处比白秃头、红秃头、小白芒等地方品种增产 0.3%~49.6%，特别是干旱年份，增产更为显著，在肥沃地产量不及碧蚂 1 号和碧蚂 4 号。1958 年在济南旱地试验，亩产 62.5 kg，比碧蚂 4 号增产 11.9%；在历城牛旺公社岭地试验，亩产 94.5 kg，比碧蚂 4 号增产 73.3%。

/ 生产应用 / 20 世纪 50 年代是山东省小麦主栽品种之一，在昌潍、惠民、德州、聊城、泰安等地区普遍种植。在河北省中南部干旱地区也有大面积种植。1955 年山东省种植面积达 480 余万亩，1957 年 645 万亩，1958 年超过 650 万亩。由于该品种秸秆较软，在施肥较多的条件下容易倒伏，于碧蚂 1 号、碧蚂 4 号推广后种植面积迅速下降，1960 年降至 15 万亩左右。

10cm

cm

泰农 153

省库编号：LM12005　国库编号：ZM009409

/ 品种来源 / 由原泰安专区农场技术员王石庵等于1950年从玉皮麦（泗水三八）中选出单穗，经系统选育而成。

/ 特征特性 / 幼苗半匍匐，淡绿色，叶片短而宽，茎和叶上有白色蜡粉，分蘖力较弱，耐寒性较差，但较玉皮麦强；株高95~110 cm，茎秆较硬。穗棍棒形，无芒，白壳，颖壳较紧，穗长6 cm左右，每穗结实小穗12~14个，每小穗结实2~3粒，穗粒数22~26粒；白粒，粒大而饱满，角质，有光泽，千粒重36 g左右。抗条锈病、白粉病、秆黑粉病、腥黑穗病及线虫病等多种病害，特别是抗腥黑穗病的能力较强；耐肥水，不耐干旱；成熟期中等偏早。

/ 基因信息 / 春化基因：*Vrn-D1a*（春性）；硬度基因：*Pinb-D1*（硬）、*Pinb2-V2*（硬）；开花基因：*TaELF3-D1-1*（晚）、*PRR73A1*（晚）；穗粒数基因：*TEF-7A*（低）；籽粒颜色基因：*R-B1b*（红）；粒重相关基因：*TaGS-D1a*（高）、*TaGS2-A1b*（高）、*TaGS5-A1b*（高）、*TaCwi-4A-C*、*TaMoc-2433*（*Hap-L*）（低）、*GW2-6A*（高）；木质素基因：*COMT-3Ba*（高）；穗发芽基因：*TaSdr-A1b*（高）；过氧化物酶基因：*TaPod-A1*（低）；黄色素基因：*TaPds-B1a*（高）；谷蛋白亚基基因：*Glu-A1*（1）；籽粒蛋白积累基因：*NAM-6A1a*；抗叶锈病基因：*Lr14a*、*Lr46*。

/ 品质表现 / 2019年济南试验基地取样测试结果：籽粒粗蛋白含量14.60%，湿面筋含量39.40%，沉降值30 mL，吸水率60 mL/100g，形成时间3.7 min，稳定时间2.7 min。

/ 产量表现 / 1953—1954年品种比较试验，产量比泗水三八麦和当地白芒蝈子头分别增产19.54%和9.5%。在临淄、历城、胶县等县对比试验，比泗水三八麦、红秃头、蝼蛄腚等品种增产5.5%~26.6%。1955年在益都进行晚播品种试验（10月20日播种），比泗水三八麦和蚰子麦分别增产21.2%和4.3%，产量为306.8 kg/亩。适合在水肥条件较好和较肥沃的旱地种植。

/ 生产应用 / 1957年开始在原泰安专区的肥水地推广，1958年种植面积达8万余亩。之后在泰安、莱芜、新泰、章丘、青州、临淄及潍坊种植，1960年种植面积30万亩左右，1961年种植面积约200万亩。

10cm

cm

cm

跃进 5 号

省库编号：LM12009　国库编号：ZM009401

/ 品种来源 /　原山东省农业科学研究所于 1954 年从原始材料圃中选出的单穗，经系统选育而成。1958 年定名为跃进 5 号。

/ 特征特性 /　芽鞘绿色，幼苗匍匐；株高 95~110 cm，茎秆粗壮坚硬；分蘖力中等，成穗率较高，单株有效分蘖与碧蚂 4 号相近。穗纺锤形，无芒，白壳，口较紧，不易脱粒，穗长一般 6~8 cm，小穗着生中等偏稀，穗粒数 25 粒左右；籽粒白色，角质，卵圆形，腹沟较深而宽，冠毛发达，千粒重一般 32 g 左右，容重 740 g/L 左右。轻感条锈病及秆锈病，中抗秆黑粉病，抗白粉病；弱冬性，耐寒、耐霜力与碧蚂 4 号相近；耐肥水，在亩产 250~350 kg 的肥水条件下一般不倒伏；中熟，在济南生育期约 230d，比碧蚂 4 号早熟 1d；耐旱、耐干热能力较碧蚂 4 号强。

/ 基因信息 /　春化基因：*Vrn-D1a*（春性）；硬度基因：*Pinb-D1*（软）、*Pinb2-V2*（硬）；开花基因：*TaELF3-D1-1*（晚）、*PRR73A1*（晚）；穗粒数基因：*TEF-7A*（低）；籽粒颜色基因：*R-B1a*（白）；粒重相关基因：*TaGS-D1a*（高）、*TaGS2-A1a*（低）、*TaGS5-A1a*（低）、*TaTGW-7Aa*（高）、*TaCwi-4A-C*、*TaMoc-2433*（*Hap-L*）（低）、*GW2-6A*（高）；穗发芽基因：*TaSdr-A1a*（低）；多酚氧化酶基因：*Ppo-A1b*（低）；过氧化物酶基因：*TaPod-A1*（低）；黄色素基因：*TaPds-B1a*（高）；谷蛋白亚基基因：*Glu-A1*（N）、*Glu-B3d*；籽粒蛋白积累基因：*NAM-6A1c*；抗叶锈病基因：*Lr14a*、*Lr46*。

/ 品质表现 /　2019 年济南试验基地取样测试结果：籽粒粗蛋白含量 15.48%，湿面筋含量 39.80%，沉降值 32 mL，吸水率 58.7 mL/100g，形成时间 4.4 min，稳定时间 5.4 min。

/ 产量表现 /　1957—1959 年在 5 试验点结果，除一试验点产量较低外，另 4 试验点产量较碧蚂 4 号略高。1959 年在山东省西北部表现为比碧蚂 4 号、蚰子麦等增产 10% 左右，但在烟台、昌潍等地产量较低。

/ 生产应用 /　20 世纪 60 年代前期，济南 2 号、济南 4 号、跃进 5 号、跃进 8 号等抗锈丰产品种的育成与快速应用，促成了山东省小麦品种的第二次更新。跃进 5 号是 20 世纪 60 年代中后期大面积推广品种之一，主要在鲁西北、鲁西南及鲁中地区种植，年最大种植面积 100 万亩以上。

10cm

cm

cm

跃进8号

省库编号：LM12010 国库编号：ZM009402

/ 品种来源 / 山东省农业科学院作物研究所1954年从原河北省农业科学研究所引进的“3037/蚰子麦”杂种后代中选择单株，经系统选育于1958年育成。

/ 特征特性 / 幼苗半匍匐，叶色淡绿，叶片卷曲较长；株高90 cm左右。穗形稀播时为棒状穗，密植时为长方形穗，穗长6~7 cm，小穗着生密而均匀，多花多实性好，穗粒数23~33粒；长芒，红壳，口松易落粒；白粒，卵形，角质，饱满，千粒重34 g左右。抗病性与碧蚂4号相比，较抗条锈病，对叶锈病、秆锈病、白粉病、秆黑粉病感染轻；冬性，耐寒性较强，越冬性良好；耐旱性较差，在高肥水条件下易倒伏；中熟，在济南生育期233d左右。

/ 基因信息 / 硬度基因：*Pinb-D1*（软）、*Pinb2-V2*（硬）；开花基因：*TaELF3-D1-1*（晚）、*PRR73A1*（晚）；穗粒数基因：*TEF-7A*（低）；籽粒颜色基因：*R-B1a*（白）；粒重相关基因：*TaGS-D1a*（高）、*TaGS2-A1b*（高）、*TaGS5-A1b*（高）、*TaTGW-7Aa*（高）、*TaCwi-4A-C*、*TaMoc-2433*（*Hap-L*）（低）、*GW2-6A*（低）；木质素基因：*COMT-3Bb*（低）；穗发芽基因：*TaSdr-A1a*（低）；多酚氧化酶基因：*Ppo-A1b*（低）；过氧化物酶基因：*TaPod-A1*（低）；黄色素基因：*TaPds-B1a*（高）；谷蛋白亚基基因：*Glu-A1*（N）、*Glu-B3d*；籽粒蛋白积累基因：*NAM-6A1c*；抗叶锈病基因：*Lr14a*。

/ 品质表现 / 2019年济南试验基地取样测试结果：籽粒粗蛋白含量13.43%，湿面筋含量37.40%，沉降值22 mL，吸水率63.1 mL/100g，形成时间2.9 min，稳定时间1.9 min。

/ 产量表现 / 1960年品比试验亩产315.2 kg，较对照碧蚂4号增产5.56%。1961年品比试验，在晚霜冻害较重的情况下亩产达321.55 kg，较对照碧蚂4号增产13.2%。

/ 生产应用 / 适合在亩产200~300 kg的一般水浇地种植，种植区域主要分布在烟台、昌潍、惠民、德州等地，在生育后期应及时浇好灌浆水和麦黄水，以防干热风影响逼熟。注意及时收获，避免落粒。1972年种植面积达100万亩，1975年超过113万亩。

10cm

cm

cm

济南 2 号

省库编号：LM12012　国库编号：ZM009391

/ 品种来源 / 山东省农业科学院作物研究所以碧蚂 4 号为母本、早洋麦为父本组配杂交，经系谱法选育，于 1959 年育成。

/ 特征特性 / 幼苗匍匐，叶色深绿，分蘖力中强；株高 100 cm 左右，株型松散，茎秆较硬。穗长方形，小穗着生较密，长芒，白壳，穗长 7~9 cm，穗粒数 25~27 粒；红粒，椭圆形，千粒重 36g 左右。抗条中 1、2、8、10 号小种，感条中 17、18、20、21、22、23、35 号小种，轻感叶锈病、秆锈病和白粉病；冬性，冬季冻害与春霜冻害轻；较耐肥水，耐后期干热风；中熟偏早，在济南、济宁、临沂、菏泽等地全生育期 230~240d，种子休眠期长。

/ 基因信息 / 硬度基因：*Pinb-D1*（硬）、*Pinb2-V2*（硬）；开花基因：*TaELF3-D1-1*（晚）、*PRR73A1*（晚）；穗粒数基因：*TEF-7A*（高）；籽粒颜色基因：*R-B1a*（白）；粒重相关基因：*TaGS-D1a*（高）、*TaGS2-A1b*（高）、*TaGS5-A1b*（高）、*TaTGW-7Ab*（低）、*TaCwi-4A-C*、*TaMoc-2433*（*Hap-L*）（低）、*GW2-6A*（高）；穗发芽基因：*TaSdr-A1b*（高）；多酚氧化酶基因：*Ppo-A1b*（低）；过氧化物酶基因：*TaPod-A1*（高）；黄色素基因：*TaPds-B1a*（高）；谷蛋白亚基基因：*Glu-A1*（N）；籽粒蛋白积累基因：*NAM-6A1c*；抗叶锈病基因：*Lr14a*。

/ 品质表现 / 2019 年济南试验基地取样测试结果：籽粒粗蛋白含量 14.03%，湿面筋含量 39.00%，沉降值 23 mL，吸水率 59.4 mL/100g，形成时间 2.7 min，稳定时间 1.7min。

/ 产量表现 / 1960—1962 年参加山东省各地 23 次品种比较试验，有 20 次较对照种增产，平均增产 14.3%。1961 年推荐参加黄淮麦区小麦良种联合区域试验，肥水地组试验比对照品种碧蚂 1 号增产 12.0% ~30.2%，旱地组试验比对照品种碧蚂 1 号增产 8.5% ~55.8%。1964—1965 年在山东省 321 点次生产示范试验，比对照种增产的有 237 处，平均增产 17.24%。

/ 生产应用 / 自 1962 年进行试验、示范及种植，由于其稳定的丰产性、良好的抗病性和广泛的适应性，超过了当时主要推广品种碧蚂 1 号、碧蚂 4 号，因而得到迅速发展。1967 年山东省种植面积近 2 000 万亩，1962—1963 年在河南省东部、北部地区推广面积曾达 100 万亩，1973 年河北省推广面积为 129 万亩，甘肃庆阳地区 1975—1977 年种植面积达 90 多万亩，在江苏北部、陕西渭北、安徽北部等地区也都有相当的种植面积。据估计，在黄淮麦区最大年种植面积超 3 000 万亩。该品种是山东省培育的突破性品种之一，于 1978 年获山东省科学大会科技成果奖。

10cm

cm

cm

济南 4 号

省库编号：LM12013　国库编号：ZM009392

/ 品种来源 / 原系号 45244。山东省农业科学院作物研究所 1955 年以碧蚂 4 号为母本、早洋麦为父本杂交，经系谱法选育于 1962 年育成。

/ 特征特性 / 幼苗匍匐，叶色浓绿，生长繁茂，分蘖力较强，成穗率较高；株高约 100 cm，秸秆韧性好。穗纺锤形，长芒，白壳，小穗着生密度中等，穗长一般 7~8 cm，穗粒数 30 粒左右；白粒，品质好，千粒重 35 g 左右。耐条锈病，轻感秆锈病，不抗叶锈病和白粉病，1982 年苗期鉴定感染条中 17、18、20、21、22、23、25 号小种；冬性，耐寒性良好；较耐肥水，适应性较广，后期较耐干热风，落黄性良好；中熟，较济南 2 号晚熟 1~2d。

/ 基因信息 / 硬度基因：*Pinb-D1*（硬）、*Pinb2-V2*（软）；开花基因：*TaELF3-D1-1*（晚）、*PRR73A1*（晚）；穗粒数基因：*TEF-7A*（高）；籽粒颜色基因：*R-B1a*（白）；粒重相关基因：*TaGS-D1a*（高）、*TaGS2-A1b*（高）、*TaGS5-A1b*（高）、*TaTGW-7Aa*（高）、*TaCwi-4A-C*、*TaMoc-2433*（*Hap-L*）（低）、*GW2-6A*（高）；多酚氧化酶基因：*Ppo-A1b*（低）；过氧化物酶基因：*TaPod-A1*（低）；黄色素基因：*TaPds-B1a*（高）；谷蛋白亚基基因：*Glu-A1*（1）、*Glu-B3d*；籽粒蛋白积累基因：*NAM-6A1c*；抗叶锈病基因：*Lr14a*、*Lr46*。

/ 品质表现 / 2019 年济南试验基地取样测试结果：籽粒粗蛋白含量 15.76%，湿面筋含量 31.40%，沉降值 24 mL，吸水率 59.0 mL/100g，形成时间 3.8 min，稳定时间 3 min。

/ 产量表现 / 1962 年品比试验较对照碧蚂 4 号增产 21.8%；1963 年山东省 13 处试验，12 处较对照碧蚂 4 号增产，平均增产 23.1%；1964 年山东省 9 处水浇地试验，8 处较对照碧蚂 4 号增产，平均增产 26.2%，同年 13 处旱地试验，较对照碧蚂 4 号平均增产 21.8%。连续 3 年在山东省试验均表现增产，而且稳产性好。

/ 生产应用 / 适合中等肥水条件种植，增产效果明显，且籽粒品质好，曾是山东省盐碱地和旱地区域试验对照品种。在山东以鲁北、鲁西、鲁西北、鲁中南地区种植面积大，1973 年在山东省种植面积达到 800 万亩。随着种植年限的推移，其抗锈病能力逐渐减退，为其他抗病高产良种所替代，应用年限至 20 世纪 70 年代末。

10cm

cm

cm

济南5号

省库编号：LM12014　国库编号：ZM009393

/ 品种来源 / 原系号45333。山东省农业科学院作物研究所1955年以早洋麦为母本、碧蚂4号为父本杂交，经系谱法选育于1961年育成。

/ 特征特性 / 幼苗匍匐，叶色深绿，叶耳绿色，分蘖力强，成穗率较济南2号稍高；株高100~110 cm，秸秆较硬。穗纺锤形，长芒，白壳，穗粒数34粒左右；红粒，椭圆形，半角质，千粒重37g左右。耐条锈病，中感叶锈病、秆锈病，轻感白粉病；冬性，耐寒性好；耐肥水，较耐旱；中熟，全生育期237d左右，较济南2号晚熟1~2d，种子休眠期长。

/ 基因信息 / 硬度基因：*Pinb-D1*（硬）；开花基因：*TaELF3-D1-1*（晚）、*PRR73A1*（晚）；籽粒颜色基因：*R-B1a*（白）；粒重相关基因：*TaGS-D1a*（高）、*TaGS2-A1b*（高）、*TaGS5-A1b*（高）、*TaTGW-7Aa*（高）、*TaCwi-4A-C*、*TaMoc-2433*（*Hap-L*）（低）、*GW2-6A*（高）；多酚氧化酶基因：*Ppo-A1b*（低）；过氧化物酶基因：*TaPod-A1*（高）；黄色素基因：*TaPds-B1a*（高）；谷蛋白亚基基因：*Glu-A1*（1）；籽粒蛋白积累基因：*NAM-6A1c*；抗叶锈病基因：*Lr14a*。

/ 品质表现 / 2019年济南试验基地取样测试结果：籽粒粗蛋白含量15.12%，湿面筋含量42.00%，沉降值29 mL，吸水率61.3 mL/100g，形成时间2.8 min，稳定时间1.7 min。

/ 产量表现 / 1962/1963年度在山东省11处水肥地试验，产量较碧蚂4号平均增产25.8%；1963/1964年度在济南进行水旱两组试验，产量分别较对照碧蚂4号增产20.16%和19.0%；1964/1965年度参加全国黄淮平原中熟冬麦区良种区域试验，产量较碧蚂4号平均增产3.8%；同年度在山东省试验，山东省150个试验点有135个试验点表现增产，平均比对照增产16.15%，14个减产试验点平均减产5.81%，1个平产试验点。

/ 生产应用 / 适合中等肥水条件种植。由于其籽粒较大、秆硬耐肥、分蘖力强，在掖县、莱阳、文登、泰安等地种植面积逐年扩大，1971年山东省种植面积100万亩左右。但因其为红粒，条锈病抗性不及济南2号，以后逐渐被其他品种替代，1975年山东省种植面积35.5万亩左右。

10cm

cm

cm

鲁滕1号

省库编号：LM12042 国库编号：ZM009418

/ 品种来源 / 原系号 652411。山东省农业科学院原子能农业应用研究所用 ^{60}Co- γ 射线辐照辉县红小麦风干种子，后代经 3 年选育，于 1963 年育成。滕县史村大队引进试验、鉴定，增产效果明显，双方协商定名为鲁滕 1 号。1983 年通过山东省农作物品种审定委员会认定，认定文号：鲁农审（83）第 5 号。

/ 特征特性 / 幼苗半匍匐，苗期长势弱，起身较晚，分蘖力中等；株高 90 cm 左右，穗下茎有一自然弯曲。穗椭圆形，穗长 7~9 cm，无芒，红壳，小穗着生密度中等均匀，穗粒数 25~28 粒；白粒，卵圆形，腹沟较浅，籽粒较饱满，千粒重 35~38 g。高抗条中 1、2、8、10 号小种，苗期鉴定感条中 17、18、20、21、22、23、25 号小种，轻感叶锈病及秆锈病，不同年份表现为轻微至中感白粉病；冬性，耐寒能力较强；耐旱，抗倒，适应性广；中熟，在济南全生育期 237~240d ；耐后期干热风，落黄较好。

/ 基因信息 / 硬度基因：*Pinb-D1*（软）、*Pinb2-V2*（软）；穗粒数基因：*TEF-7A*（低）；籽粒颜色基因：*R-B1a*（白）；粒重相关基因：*TaGS2-A1a*（低）、*TaGS5-A1a*（低）、*TaTGW-7Aa*（高）、*TaCwi-4A-C*、*TaMoc-2433*（*Hap-L*）（低）、*GW2-6A*（低）；木质素基因：*COMT-3Bb*（低）；穗发芽基因：*TaSdr-A1a*（低）；多酚氧化酶基因：*Ppo-A1b*（低）；过氧化物酶基因：*TaPod-A1*（高）；黄色素基因：*TaPds-B1a*（高）；谷蛋白亚基基因：*Glu-A1*（1）、*Glu-B3d* ；籽粒蛋白积累基因：*NAM-6A1c* ；抗叶锈病基因：*Lr14a*、*Lr68*。

/ 品质表现 / 2019 年济南试验基地取样测试结果：籽粒粗蛋白含量 15.02%，湿面筋含量 37.90%，沉降值 42 mL，吸水率 59.6 mL/100g，形成时间 5.8 min，稳定时间 11.4 min。

/ 产量表现 / 滕县史村大队经 5 年品比试验，有 4 年产量列首位，一般亩产量 400~500 kg，比对照种增产 7% ~31%，是 20 世纪 70 年代鲁南地区首创千斤的优良品种。

/ 生产应用 / 主要在山东省南部地区推广应用，北方冬麦区及其他省也有引种种植。1975 年全国种植面积 367.1 万亩，1979 年鲁南地区仍有 40 余万亩的种植面积。

10cm

cm

cm

蚰包麦

省库编号：LM12041 国库编号：ZM009412

/ 品种来源 / 烟台地区农业科学研究所 1958 年以蚰子麦为母本、包打三百炮为父本杂交，于 1963 年育成红粒蚰包麦。1966 年又从红粒蚰包麦中选出了白粒变异单株，经 4 年系统选育，育成了蚰选 57、蚰选 58 和蚰选 64 三个品系，这三个品系除籽粒为白色外，其他性状与蚰包麦基本相似，故蚰包麦有红粒、白粒之分。

/ 特征特性 / 幼苗匍匐，叶色深绿，叶片较窄而挺直，有蜡粉，分蘖力强，成穗率高，亩穗数 45 万穗左右；株高 85~90 cm，株型紧凑，基部节间短，茎壁厚，茎中空隙小。穗纺锤形，顶芒，白壳，小穗排列较密，穗长 8 cm 左右，穗粒数 25~30 粒；籽粒卵形，腹沟浅，千粒重 34~38 g。中抗秆锈病，易感条锈病、叶锈病和白粉病；冬性，耐寒性好，对光温反应较为敏感，早春播种一般不能抽穗；具有突出的耐肥、抗倒伏特性，在高产栽培条件下亩穗数 50 万 ~55 万不倒伏；不耐旱，不耐瘠薄；中熟，落黄中等，抗干热风能力差，易早衰。

/ 基因信息 / 硬度基因：*Pinb-D1*（软）、*Pinb2-V2*（软）；开花基因：*PRR73A1*（早）；穗粒数基因：*TEF-7A*（低）；粒重相关基因：*GW2-6A*（低）；多酚氧化酶基因：*Ppo-A1b*（低）；过氧化物酶基因：*TaPod-A1*（低）；抗叶锈病基因：*Lr14a*、*Lr46*。

/ 品质表现 / 2019 年济南试验基地取样测试结果：籽粒粗蛋白含量 15.31%，湿面筋含量 37.30%，沉降值 32 mL，吸水率 56.8 mL/100g，形成时间 4.3 min，稳定时间 8 min。

/ 产量表现 / 1965 年参加矮秆品比试验，亩产 320 kg，较对照钱交麦增产 1.5%；1966 年参加矮秆高肥品比试验，亩产 417.5 kg，较对照关东矮增产 14.4%；1964—1977 年烟台地区农业科学研究所连续 14 年 18 次试验，产量 410~550 kg/ 亩，较对照品种增产 8.5% ~44.7%。1966—1977 在烟台地区连续 12 年 565 处试验，较对照品种平均增产 17.6%。1972—1974 年连续 3 年参加山东省 14 处地区(市)农业科学研究所品种联合试验，较对照品种增产 3.9% ~26.0%。1972 年、1973 年参加黄淮麦区联合试验，较对照品种增产 4.9% ~61.2%。

/ 生产应用 / 1967 年开始推广种植，1968 年莱阳县城厢公社南关大队 4.14 亩丰产田亩产 550.75 kg，成为我国第一个亩产量突破 500 kg 的半矮秆高产小麦品种。主要在山东、河北及江苏北部、辽宁大连市南部地区推广应用，曾是山东省区域试验对照品种。1976 年全国种植面积 705 万亩，1977 年山东省最大种植面积 502 万亩。1978 年获国家、山东省、烟台地区三级科学大会奖。

10cm

cm

cm

原丰 1 号

省库编号：LM12120 国库编号：ZM025914

/ 品种来源 / 原系号 65025，别名：鲁原 1 号。山东省农业科学院原子能农业应用研究所 1962 年用 ^{60}Co-γ 射线照射碧蚂 4 号小麦风干种子，对后代变异群体进行系统选育，于 1965 年育成。山东省原诸城县城关公社邱家庄大队、烟台市初家公社曹家庄大队试验鉴定增产明显，协商定名为原丰 1 号。

/ 特征特性 / 芽鞘浅绿，幼苗匍匐，分蘖力中等，成穗率较碧蚂 4 号高；株高 105~113 cm。穗长方形，白壳，长芒，小穗着生密度中等，穗长 7~9 cm，穗粒数 22~28 粒；白粒，椭圆形，腹沟较浅，籽粒饱满，千粒重 36 g 左右。抗条锈病，轻感叶锈病与白粉病，耐秆锈病；冬性，具有较好的耐寒抗霜能力；中熟，在济南全生育期 235~240d ；较耐干热风，落黄好。

/ 基因信息 / 硬度基因：*Pinb-D1*（软）、*Pinb2-V2*（软）；开花基因：*TaELF3-D1-1*（晚）、*PRR73A1*（早）；穗粒数基因：*TEF-7A*（高）；籽粒颜色基因：*R-B1a*（白）；粒重相关基因：*TaGS-D1a*（高）、*TaGS2-A1b*（高）、*TaGS5-A1b*（高）、*TaTGW-7Ab*（低）、*TaCwi-4A-T*、*TaMoc-2433*（*Hap-L*）（低）、*GW2-6A*（高）；穗发芽基因：*TaSdr-A1a*（低）；多酚氧化酶基因：*Ppo-A1b*（低）；过氧化物酶基因：*TaPod-A1*（低）；黄色素基因：*TaPds-B1a*（高）；谷蛋白亚基基因：*Glu-A1*（N）、*Glu-B3d* ；籽粒蛋白积累基因：*NAM-6A1c* ；抗叶锈病基因：*Lr14a*。

/ 品质表现 / 2019 年济南试验基地取样测试结果：籽粒粗蛋白含量 15.69%，湿面筋含量 40.80%，沉降值 34 mL，吸水率 59.7 mL/100g，形成时间 4.7 min，稳定时间 4.9 min。

/ 产量表现 / 1971 年在山东省 24 处试验，有 19 处比对照品种济南 2 号、北京 8 号增产 10%~30%，5 处减产。同年烟台地区农业科学研究所试验亩产 303 kg，比济南 9 号增产 13.8% ；威海市 6 处试验，平均比济南 4 号、蚰包麦增产 16.2%。

/ 生产应用 / 在一般肥水条件下表现产量高而稳定，1971 年在诸城、掖县种植 10 余万亩，之后在山东省种植面积扩大到 100 万亩左右。

10cm

cm

cm

济南 6 号

省库编号：LM12020 国库编号：ZM009394

/ 品种来源 / 原系号 54156。山东省农业科学院作物研究所 1957 年以农 48187 为母本、早洋麦为父本进行杂交选育，于 1965 年育成。

/ 特征特性 / 幼苗匍匐，叶色深绿，分蘖力较强，成穗率较高，亩穗数 40 万穗左右；株高 100 cm 左右，茎秆较细韧，有蜡粉，旗叶偏窄稍披垂。穗层不整齐，穗纺锤形，白壳，长芒，口紧不易落粒，穗粒数 25 粒左右；白粒，椭圆形，腹沟较浅，半角质，千粒重 36g 左右。1982 年苗期鉴定条锈病，感条中 17、18、20、21、22、23、25 号等小种；中感叶锈病及白粉病；冬性，耐寒性良好，冻害轻；耐后期干热风，落黄性好；中熟，在济南全生育期 235d，较济南 2 号晚 1~2d；种子休眠期短，成熟时遇雨穗易发芽。

/ 基因信息 / 硬度基因：*Pinb-D1*（硬）、*Pinb2-V2*（软）；开花基因：*TaELF3-D1-1*（晚）；穗粒数基因：*TEF-7A*（低）；籽粒颜色基因：*R-B1a*（白）；粒重相关基因：*TaGS-D1a*（高）、*TaGS2-A1b*（高）、*TaGS5-A1a*（低）、*TaTGW-7Ab*（低）、*TaCwi-4A-C*、*TaMoc-2433*（*Hap-L*）（低）、*GW2-6A*（高）；穗发芽基因：*TaSdr-A1b*（高）；多酚氧化酶基因：*Ppo-A1b*（低）；过氧化物酶基因：*TaPod-A1*（低）；黄色素基因：*TaPds-B1a*（高）；谷蛋白亚基基因：*Glu-A1*（N）、*Glu-B3d*；籽粒蛋白积累基因：*NAM-6A1c*；抗叶锈病基因：*Lr14a*。

/ 品质表现 / 2019 年济南试验基地取样测试结果：籽粒粗蛋白含量 14.23%，湿面筋含量 34.50%，沉降值 28 mL，吸水率 56.3 mL/100g，形成时间 2.7 min，稳定时间 3.6 min。

/ 产量表现 / 1966 年山东省 11 处水浇地区域试验，产量比对照碧蚂 4 号平均增产 17.94%；8 处生产示范试验，7 处平均增产 26.11%。1967 年山东省高肥区域试验平均增产 22.11%；47 处生产示范点，31 处平均增产 9.68%。1968 年 39 处生产示范，31 处平均增产 8.56%。

/ 生产应用 / 该品种在中等偏低的地力上增产作用显著；在较高肥水条件下，其产量略低于济南 8 号。20 世纪 60 年代中后期，年种植面积曾达 300 万亩左右，70 年代后因重感叶锈病，种植面积逐渐下降，1973 年山东省种植面积仍有 64.6 万亩。

10cm

cm

cm

济南 8 号

省库编号：LM12022　国库编号：ZM009396

/ 品种来源 / 原系号 76419。山东省农业科学院作物研究所 1958 年以碧蚂 4 号为母本、苏早 1 号为父本杂交，系谱法选育，1965 年育成。

/ 特征特性 / 幼苗半匍匐，生长势强，分蘖力中等，成穗率较高；株高 100 cm 左右，茎秆较粗硬，微带蜡粉，成株叶色较深，叶片较宽，旗叶微披。穗长方形，穗层整齐，顶部小穗较密，长芒，白壳，穗粒数 25 粒左右；白粒，椭圆形，腹沟较浅，半角质，千粒重 40 g 左右。抗条锈病，感白粉病；冬性，抗寒性较济南 2 号稍差，但在山东省能安全越冬；耐肥水，较抗倒伏，抗旱性较差；中熟，在济南全生育期 234d；后期落黄较好，成熟时遇雨穗易发芽。

/ 基因信息 / 硬度基因：*Pinb-D1*（硬）、*Pinb2-V2*（软）；开花基因：*TaELF3-D1-1*（晚）、*PRR73A1*（早）；穗粒数基因：*TEF-7A*（低）；籽粒颜色基因：*R-B1a*（白）；粒重相关基因：*TaGS-D1a*（高）、*TaGS2-A1a*（低）、*TaGS5-A1b*（高）、*TaTGW-7Ab*（低）、*TaCwi-4A-C*、*TaMoc-2433*（*Hap-H*）（高）、*GW2-6A*（低）；穗发芽基因：*TaSdr-A1b*（高）；多酚氧化酶基因：*Ppo-A1b*（低）；过氧化物酶基因：*TaPod-A1*（低）；黄色素基因：*TaPds-B1a*（高）；谷蛋白亚基基因：*Glu-A1*（1）；籽粒蛋白积累基因：*NAM-6A1c*。

/ 品质表现 / 2019 年济南试验基地取样测试结果：籽粒粗蛋白含量 14.23%，湿面筋含量 34.30%，沉降值 31 mL，吸水率 56.6 mL/100g，形成时间 4.2 min，稳定时间 4.5 min。

/ 产量表现 / 该品种在亩产 250 kg 以上肥沃水浇地种植表现较好。1963—1965 年在济南连续 3 年试验，比碧蚂 4 号平均增产 33.9%，比济南 2 号增产 1.17% ~10.2%。1965—1966 年参加山东省小麦良种区域试验，10 处水浇地有 8 处比对照碧码 4 号平均增产 20.3%。1971 年山东省 57 处示范试验，大都表现高产，有 20 处名列前 3，增产幅度 4.84% ~47.0%。桓台县 1971 年种植 20 亩，平均亩产量 421 kg，其中一亩产量达 512.5 kg。

/ 生产应用 / 适合山东中部和北部较肥沃的水浇地种植，瘠薄旱地及叶锈病与秆锈病严重的地区不宜种植。曾是山东省中部和北部高肥水地区的主要栽培品种之一，1972 年山东省种植面积 700 万亩，为最大面积年份。

10cm

cm

cm

济南 9 号

省库编号：LM12023　国库编号：ZM009397

/ 品种来源 / 原系号 75429。山东省农业科学院作物研究所 1957 年以辛石 3 号为母本、早洋麦为父本进行杂交，经系谱法选育，1965 年育成。

/ 特征特性 / 幼苗半匍匐，生长势强，分蘖力中等，成穗率较高；株高 105 cm 左右，成株叶色浓绿，旗叶稍披，秸秆较硬。穗长方形，穗层较整齐，白壳，长芒，穗粒数 25 粒左右；白粒，角质，千粒重 42 g 左右。生产上一般高抗条锈病，轻感秆锈病，中感叶锈病，但 1982 年陕西省植保所苗期鉴定感染条中 17、18、20、21、22、23、25 号小种；冬性，耐寒性中等，在山东能安全越冬；较耐肥水，但抗倒伏能力不及济南 8 号；中熟，在济南全生育期 236d ；较耐干热风，落黄较好；种子休眠期短，成熟时遇雨穗易发芽。

/ 基因信息 / 硬度基因：*Pinb-D1*（硬）、*Pinb2-V2*（软）；开花基因：*TaELF3-D1-1*（晚）、*PRR73A1*（晚）；穗粒数基因：*TEF-7A*（低）；籽粒颜色基因：*R-B1a*（白）；粒重相关基因：*TaGS-D1a*（高）、*TaGS2-A1b*（高）、*TaGS5-A1a*（低）、*TaTGW-7Aa*（高）、*TaCwi-4A-C*、*TaMoc-2433*（*Hap-L*）（低）、*GW2-6A*（低）；木质素基因：*COMT-3Bb*（低）；多酚氧化酶基因：*Ppo-A1b*（低）；过氧化物酶基因：*TaPod-A1*（低）；黄色素基因：*TaPds-B1a*（高）；谷蛋白亚基基因：*Glu-A1*（1）；籽粒蛋白积累基因：*NAM-6A1c* ；抗叶锈病基因：*Lr14a*。

/ 品质表现 / 2019 年济南试验基地取样测试结果：籽粒粗蛋白含量 14.29%，湿面筋含量 36.70%，沉降值 36 mL，吸水率 61.7 mL/100g，形成时间 4 min，稳定时间 3.9 min。

/ 产量表现 / 根据山东省历年试验和大田种植表现，在亩产 300~350 kg 的肥水地种植，产量较稳定，增产效果较明显。1965/1966 年度，山东省 11 处水浇地区域试验，8 处平均增产 17.9%，3 处平均减产 3.52% ；山东省 10 处示范试验，平均增产 27.48%。1968 年在山东省莱阳县良种场种植 35 亩，平均亩产 416 kg，千粒重高达 47.8 g，平均穗粒数 29 粒。1971 年参加栖霞县 7 处中肥组品种比较试验，平均产量 230.35 kg/ 亩，6 处平均比蚰包麦增产 9.9%，1 处减产 9.4% ；在旱薄地产量不及济南 2 号。

/ 生产应用 / 适于山东省中上等肥水条件种植，因其增产效果明显，并兼有抗锈性强、适应性广、粒大、质佳等优点，在山东各地迅速推广，1969 年烟台地区种植面积达 60 余万亩。1972 年山东全省种植面积达 1 000 万亩。该品种于 1978 年获山东省科学大会科技成果奖。

10cm

cm

cm

济南矮6号

省库编号：LM12024　国库编号：ZM009400

/ 品种来源 / 山东省农业科学院作物研究所1964年从济南6号选择矮秆单株，经过3年系统选择，于1967年育成。

/ 特征特性 / 幼苗匍匐，叶色深绿，春季起身拔节偏晚，分蘖力强，成穗率较高；株高一般90 cm左右，茎秆较济南6号硬，蜡质较少，叶片中宽，旗叶稍披。穗纺锤形，白壳，长芒，穗层整齐，穗长8~9 cm，穗粒数28粒左右；白粒，椭圆形，腹沟较浅、半角质，千粒重35 g左右。条锈病抗性较济南6号强，感叶锈病和白粉病；冬性，抗寒性及抗倒伏能力较济南6号强；中晚熟，在济南全生育期237d左右，较济南2号晚熟2~3d；后期不耐干热风；籽粒休眠期短，成熟时遇雨穗易发芽。

/ 基因信息 / 硬度基因：*Pinb-D1*（硬）、*Pinb2-V2*（硬）；开花基因：*TaELF3-D1-1*（晚）、*PRR73A1*（早）；穗粒数基因：*TEF-7A*（低）；籽粒颜色基因：*R-B1a*（白）；粒重相关基因：*TaGS-D1a*（高）、*TaGS2-A1a*（低）、*TaGS5-A1a*（低）、*TaTGW-7Aa*（高）、*TaCwi-4A-C*、*TaMoc-2433*（*Hap-L*）（低）、*GW2-6A*（高）；过氧化物酶基因：*TaPod-A1*（低）；黄色素基因：*TaPds-B1a*（高）；谷蛋白亚基基因：*Glu-A1*（N）；籽粒蛋白积累基因：*NAM-6A1c*；抗叶锈病基因：*Lr14a*。

/ 品质表现 / 2019年济南试验基地取样测试结果：籽粒粗蛋白含量14.42%，湿面筋含量33.70%，沉降值30 mL，吸水率56.2 mL/100g，形成时间3.5 min，稳定时间4.4 min。

/ 产量表现 / 1970年在山东省农业科学院作物研究所高肥品种比较试验亩产量350 kg，居参试品种第一位；同年在桓台县赵家等3处试验，亩产量301.45~342.25 kg，比对照品种济南8号增产0.14%~24.7%。1971年山东省69处品比试验，其中27处产量居前3位；同年在昌潍地区6处示范中，有4处增产，增产幅度0.4%~33.8%。

/ 生产应用 / 该品种适合在山东省北部、中部、西南部种植，在亩产250 kg以上地力水平下种植增产显著，是山东省20世纪60年代至70年代初的高产品种。自育成后，在山东中部的水浇地种植面积不断扩大，1973年种植面积达164.4万亩，1974年种植面积最大，超过200万亩。

10cm

cm

cm

济南 10 号

省库编号：LM12025 国库编号：ZM009398

/ 品种来源 / 原系号 75090。山东省农业科学院作物研究所 1958 年以石家庄 407 为母本、“早洋麦 / 碧蚂 4 号”的稳定后代为父本进行杂交，于 1968 年育成。

/ 特征特性 / 幼苗半匍匐，分蘖力强，成穗率较高；株高 105 cm 左右，秸秆较软，叶较长，蜡质轻。穗纺锤形，白壳，长芒，穗长一般 8~9 cm，穗粒数 30 粒左右；白粒，卵形，角质，腹沟浅，饱满度好，千粒重 37~40 g。耐条锈病，中感叶锈病，轻感白粉病和秆锈病；冬性，耐寒性较好；耐干旱，不抗倒伏；中早熟，在济南全生育期 230d 左右，落黄较好。

/ 基因信息 / 硬度基因：*Pinb-D1*（硬）、*Pinb2-V2*（硬）；开花基因：*TaELF3-D1-1*（晚）、*PRR73A1*（晚）；穗粒数基因：*TEF-7A*（低）；籽粒颜色基因：*R-B1a*（白）；粒重相关基因：*TaGS-D1a*（高）、*TaGS2-A1b*（高）、*TaGS5-A1a*（低）、*TaTGW-7Ab*（低）、*TaCwi-4A-C*、*TaMoc-2433*（*Hap-L*）（低）、*GW2-6A*（高）；穗发芽基因：*TaSdr-A1a*（低）；多酚氧化酶基因：*Ppo-A1b*（低）；过氧化物酶基因：*TaPod-A1*（低）；黄色素基因：*TaPds-B1a*（高）；谷蛋白亚基基因：*Glu-A1*（N）、*Glu-B3d*；籽粒蛋白积累基因：*NAM-6A1c*；抗叶锈病基因：*Lr14a*。

/ 品质表现 / 2019 年济南试验基地取样测试结果：籽粒粗蛋白含量 14.97%，湿面筋含量 38.30%，沉降值 30 mL，吸水率 59.8 mL/100g，形成时间 3.7 min，稳定时间 2.6 min。

/ 产量表现 / 经多年试验和大田种植，在旱薄、盐碱及一般亩产 100~200kg 的水浇地种植，增产效果较明显。1964/1965 年度参加品种比较试验，产量比济南 2 号增产 5% ~15%。1967 年在 6 处示范，其中 5 处平均比对照增产 16.0%，1 处减产 13.9%。1971 年栖霞县 11 处旱地试验，平均亩产 131.3 kg，有 7 处比济南 2 号平均增产 11.8%；淄博地区 8 处一般肥水地试验，有 7 处产量在前 4 位，其中有 4 处居首位。1972 年历城县仲宫公社东泉大队种植 350 亩，平均亩产 225 kg。

/ 生产应用 / 该品种 20 世纪 60 年代末开始在生产上应用，70 年代中期在烟台、潍坊、滨州、菏泽、聊城等地市有一定的种植面积，曾是山东省低肥区域试验对照品种。1974—1976 年在山东省年种植面积 100 万亩以上。

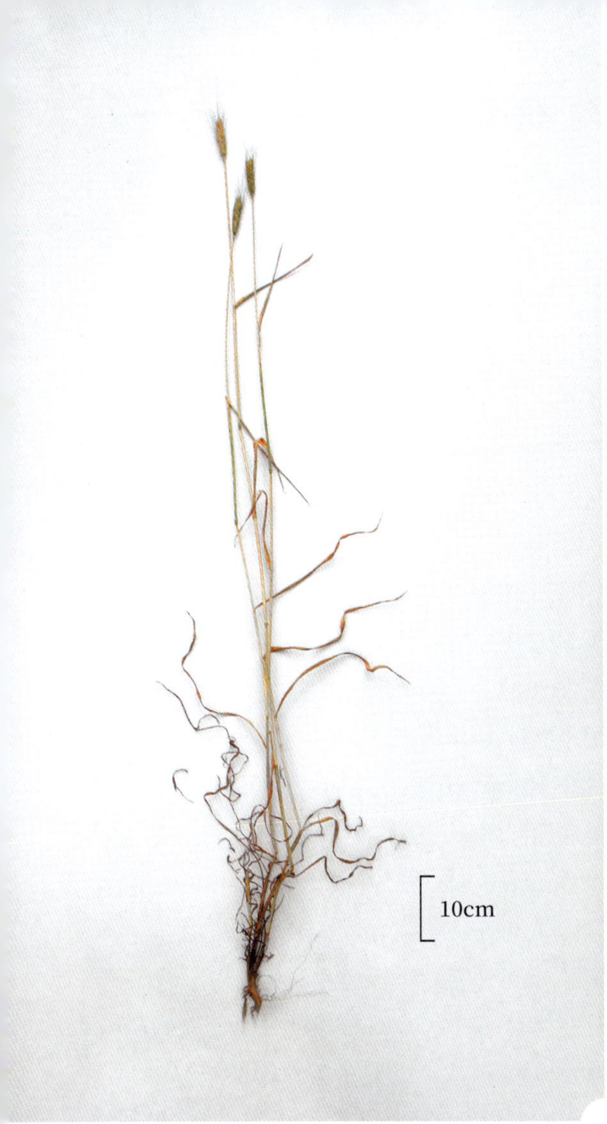
10cm

cm

cm

烟农 78

省库编号：LM12019　国库编号：ZM009413

/ 品种来源 / 原系号矮 78。烟台地区农业科学研究所于 1960 年以关东矮作母本、东方小麦为父本进行杂交，经系谱法选育，1967 年育成。1983 年通过山东省农作物品种审定委员会认定，认定文号：鲁农审（83）第 5 号。

/ 特征特性 / 幼苗匍匐，叶片较窄，分蘖力强，成穗率高；株高 100 cm 左右，秆硬、细而有弹性，穗下节间较长。穗纺锤形，白壳，长芒，穗长 8~10 cm，穗粒数 25~30 粒；红粒，腹沟浅，千粒重 40 g 左右。高抗条锈病和秆锈病，中感白粉病和叶锈病；弱冬性，返青起身较晚，故耐寒能力较强，早春播种能正常抽穗；不耐肥水，抗倒伏能力较差，是一个低肥水品种；耐旱，耐瘠，耐阴湿，抗干热风；中早熟，成熟时落黄好，穗略下弯似东方小麦。

/ 基因信息 / 春化基因：*Vrn-D1a*（春性）；硬度基因：*Pinb-D1*（硬）、*Pinb2-V2*（软）；开花基因：*TaELF3-D1-1*（晚）、*PRR73A1*（早）；穗粒数基因：*TEF-7A*（低）；籽粒颜色基因：*R-B1a*（白）；粒重相关基因：*TaGS-D1a*（高）、*TaGS2-A1a*（低）、*TaGS5-A1a*（低）、*TaTGW-7Ab*（低）、*TaCwi-4A-C*、*TaMoc-2433*（*Hap-L*）（低）、*GW2-6A*（低）；穗发芽基因：*TaSdr-A1a*（低）；多酚氧化酶基因：*Ppo-A1b*（低）；过氧化物酶基因：*TaPod-A1*（低）；黄色素基因：*TaPds-B1a*（高）；谷蛋白亚基基因：*Glu-A1*（N）；籽粒蛋白积累基因：*NAM-6A1c*；抗叶锈病基因：*Lr14a*、*Lr46*。

/ 品质表现 / 2019 年济南试验基地取样测试结果：籽粒粗蛋白含量 15.16%，湿面筋含量 38.70%，沉降值 30 mL，吸水率 58.3mL/100g，形成时间 3.7 min，稳定时间 2.8 min。

/ 产量表现 / 1968—1969 年烟台地区农业科学研究所试验，亩产量 330~378 kg，较对照品种济南 2 号增产 10.0%~22.2%。1970—1977 在烟台地区连续 8 年 568 次试验，较对照品种济南 2 号、济南 9 号、济南 10 号、烟农 280、泰山 1 号、济宁 3 号、昌乐 5 号等品种增产 2.6%~15.6%。其中旱薄地 166 次试验亩产量 61.3~303.8 kg，较对照品种泰山 1 号、昌乐 5 号、济南 9 号、济南 10 号增产 2.6%~18.6%；肥水地 112 次试验，较对照品种济南 9 号、济宁 3 号、烟农 280 增产 6.1%~15.6%；中肥水地 290 次试验，较对照品种泰山 1 号、济南 9 号、烟农 280 增产 4.3%~11%。

/ 生产应用 / 1968—1970 年在烟台地区各县进行试验、示范，因其具有耐旱、耐盐碱、抗锈病、抗海雾及早熟等优点，在烟台地区迅速替代了烟农 280、济南 2 号等品种。自 1971 年开始推广，在烟台沿海和丘陵地种植长达 15 年，一度占该地区小麦种植面积的 40% 以上，1979 年种植面积达 279 万亩。该品种 1978 年获山东省及烟台市科学大会奖。

10cm

cm

cm

济宁 3 号

省库编号：LM12044　国库编号：ZM009422

/ 品种来源 / 原系号 528。济宁地区农业科学研究所于 1964 年从山东省农业科学院引进“济南 2 号 / 阿勃”杂交组合的第三代材料，系统选育而成，1969 年定名为济宁 3 号。1983 年通过山东省农作物品种审定委员会认定，认定文号：鲁农审（83）第 5 号。

/ 特征特性 / 幼苗匍匐，浓绿色，叶片较窄，生长繁茂，拔节后叶片下披，叶鞘及叶片蜡质较厚，分蘖力较强，亩穗数 40 万 ~45 万穗；株高 100~110 cm，秸秆较硬。穗纺锤形，白壳，顶芒；红粒，卵形，半角质，千粒重 37 g 左右。抗叶锈病，对条中 23 号、24 号小种表现免疫至轻感，感条中 25 号小种；半冬性，较抗冬春冻害；抗逆性较强，耐旱、耐盐碱、耐渍，抗倒伏、抗干热风；中熟，在济宁全生育期一般 240d 左右，成熟时植株色泽黄亮，落黄好。

/ 基因信息 / 硬度基因：*Pinb-D1*（软）、*Pinb2-V2*（软）；开花基因：*TaELF3-D1-1*（晚）、*PRR73A1*（早）；穗粒数基因：*TEF-7A*（高）；籽粒颜色基因：*R-B1b*（红）；粒重相关基因：*TaGS2-A1b*（高）、*TaGS5-A1b*（高）、*TaTGW-7Aa*（高）、*TaCwi-4A-C*、*TaMoc-2433*（*Hap-L*）（低）、*GW2-6A*（低）；木质素基因：*COMT-3Ba*（高）；穗发芽基因：*TaSdr-A1b*（高）；过氧化物酶基因：*TaPod-A1*（高）；黄色素基因：*TaPds-B1b*（低）；谷蛋白亚基基因：*Glu-A1*（1）；籽粒蛋白积累基因：*NAM-6A1a*；抗叶锈病基因：*Lr46*。

/ 品质表现 / 2019 年济南试验基地取样测试结果：籽粒粗蛋白含量 14.90%，湿面筋含量 39.50%，沉降值 23 mL，吸水率 59.1mL/100g，形成时间 1.7 min，稳定时间 1.4 min。

/ 产量表现 / 1967—1969 年在济宁地区农业科学研究所 3 年试验，平均比济南 8 号增产 12.8%。1976 年济宁五里屯大队种植 800 亩，平均亩产 390 kg；1978 年在济宁地区农业科学研究所试验场种植 70 亩，平均亩产 425 kg。

/ 生产应用 / 适应性强是该品种的重要特性，主要表现为对肥力要求不严，低肥、中肥及中上等肥力地均有增产效果；对土壤要求不严，沙壤土、黏壤土、洼地及盐碱地都可种植。该品种在山东省中等肥力水平的丘陵、平原、湖洼、稻区和盐碱地均有种植，在江苏、安徽、甘肃等省也有一定面积，省内外累计推广约 900 万亩。1978—1987 年夏收在山东省累计推广 542.33 万亩。

10cm

cm

cm

恒群 4 号

省库编号：LM140112　国库编号：ZM015695

/ 品种来源 / 桓台县良种繁育场从山东省农业科学院作物研究所引进“北京 8 号 / 阿夫 // 辉县红 / 欧柔”组合的杂种后代，经系统选育，于 1970 年育成。1982 年通过山东省农作物品种审定委员会认定，认定文号：(82) 鲁农审字第 4 号。

/ 特征特性 / 幼苗半匍匐，淡绿色，分蘖力中上等，冬前分蘖整齐，成穗率较高；株高 100 cm 左右，穗下节间长 40 cm 左右。穗纺锤形，长芒，白壳，口松，较易落粒，小穗排列较稀，穗长 9 cm 左右，穗粒数 25~30 粒；白粒，椭圆形，角质，有黑胚，千粒重 40g 左右，容重 810 g/L。1982 年苗期鉴定条锈病，感条中 17、18、20、21、22、23 和 25 号小种，不抗黑穗病和全蚀病。弱冬性，耐寒性好；较抗旱，耐瘠薄；早熟，成熟期较泰山 1 号早 3~4d，在济宁全生育期 230d 左右；因成熟早，能避开后期干热风影响，落黄正常。

/ 基因信息 / 硬度基因：*Pinb-D1*（软）、*Pinb2-V2*（软）；开花基因：*TaELF3-D1-1*（晚）、*PRR73A1*（早）；穗粒数基因：*TEF-7A*（高）；籽粒颜色基因：*R-B1b*（红）；粒重相关基因：*TaGS2-A1b*（高）、*TaGS5-A1b*（高）、*TaTGW-7Aa*（高）、*TaCwi-4A-C*、*TaMoc-2433*（*Hap-L*）（低）、*GW2-6A*（高）；木质素基因：*COMT-3Ba*（高）；穗发芽基因：*TaSdr-A1b*（高）；多酚氧化酶基因：*Ppo-A1a*（高）；过氧化物酶基因：*TaPod-A1*（高）；黄色素基因：*TaPds-B1b*（低）；谷蛋白亚基基因：*Glu-A1*（1）；籽粒蛋白积累基因：*NAM-6A1a*；抗叶锈病基因：*Lr14a*、*Lr68*。

/ 品质表现 / 2019 年济南试验基地取样测试结果：籽粒粗蛋白含量 14.14%，湿面筋含量 40.20%，沉降值 33 mL，吸水率 64.2mL/100g，形成时间 4.5 min，稳定时间 6.2 min。

/ 产量表现 / 1973 年在山东省 13 处区试中有 4 处产量居首位，1974 年在山东省 12 处区试中有 10 处较济南 9 号增产 2.4% ~16.8%。1975 年惠民地区 6 个试点试验增产的 5 处，比对照济南 4 号增产 3.6% ~19.0%，其中邹平县黄山公社新三大队亩产量 336.5 kg，比济南 4 号增产 19.0%。桓台县良种场试验，亩产量 398.65 kg，比昌潍 9 号增产 18.2%。

/ 生产应用 / 适合在临沂、滨州、淄博等低肥水或旱薄地条件下种植，锈病常发地块不宜种植。1978—1988 年累计种植面积 550 万亩，其中 1980—1983 年年种植面积超过 100 万亩，且以 1981 年种植面积最大，秋播面积为 171.79 万亩。

10cm

cm

cm

德选 1 号

省库编号：LM12028　国库编号：ZM009410

/ 品种来源 / 原名德农 1 号，系谱号 57-69M-2-1-1。德州市农业科学研究所于 1962 年从山东省农业科学院作物研究所引进“碧蚂 4 号 / 苏联早熟 1 号”组合后代中选择变异单株，经系统选育及盐碱地筛选，于 1970 年育成。

/ 特征特性 / 幼苗匍匐，叶窄长，分蘖力强，成穗率高；株高 100 cm 左右，株型紧凑，旗叶上举，穗下节间较长，穗层整齐，茎秆较粗硬，有韧性。穗纺锤形，长芒，白壳，穗长 8~9 cm，穗粒数 25~28 粒；白粒，千粒重一般 40 g 左右，容重 760 g/L。高抗条锈病、秆锈病，感叶锈病和白粉病；冬性，耐晚播；耐盐碱，耐瘠薄，较抗倒伏，抗干热风；中熟，在德州一般全生育期 235d 左右，落黄好。

/ 基因信息 / 硬度基因：*Pinb-D1*（硬）、*Pinb2-V2*（硬）；开花基因：*TaELF3-D1-1*（晚）、*PRR73A1*（晚）；穗粒数基因：*TEF-7A*（低）；籽粒颜色基因：*R-B1b*（红）；粒重相关基因：*TaGS-D1a*（高）、*TaGS2-A1a*（低）、*TaGS5-A1b*（高）、*TaTGW-7Aa*（高）、*TaCwi-4A-C*、*TaMoc-2433*（*Hap-L*）（低）、*GW2-6A*（高）；木质素基因：*COMT-3Ba*（高）；穗发芽基因：*TaSdr-A1b*（高）；过氧化物酶基因：*TaPod-A1*（低）；黄色素基因：*TaPds-B1a*（高）；籽粒蛋白积累基因：*NAM-6A1a*；抗叶锈病基因：*Lr14a*。

/ 品质表现 / 2019 年济南试验基地取样测试结果：籽粒粗蛋白含量 14.85%，湿面筋含量 39.60%，沉降值 26 mL，吸水率 59.1 mL/100g，形成时间 2.8 min，稳定时间 1.5 min。

/ 产量表现 / 1972—1978 年在山东陵县袁桥连续 6 年大面积示范试验，亩产 300~350 kg，比对照济南 9 号增产 7.1% ~15.6%。1975 年后连续 3 年在耕层土壤含盐量 0.35%左右的盐碱地上试验，亩产量 270 kg，比济南 4 号增产 42.0%。1975 年参加全国黄淮区旱地组区域试验，10 处试验结果，平均亩产量 242.9 kg，比对照增产 1.3%。

/ 生产应用 / 1971—1974 年参加山东省中低肥组区域试验，由于在盐碱地区增产显著，1975 年被列为山东省旱薄盐碱地重点推广品种之一。1975—1985 年在山东省的德州、聊城、菏泽、济宁、滨州，河北省的衡水、沧州以及天津市种植，累计种植面积 200 万亩以上，其中山东省 1979 年夏收面积 60.1 万亩。该品种 1978 年获山东省科学大会奖。

10cm

cm

cm

昌乐5号

省库编号：LM12035　国库编号：ZM009419

/ 品种来源 / 山东省昌乐种子站于1966年从济南4号中选出优异单株，经5年连续系统选育，于1970年育成。1982年通过山东省农作物品种审定委员会认定，认定文号：(82)鲁农审字第4号。

/ 特征特性 / 幼苗匍匐，深绿色，分蘖力中等，成穗率较高，亩穗数30万穗左右；株高100 cm左右，茎秆有韧性。穗较大，长方形，稀植条件下有时呈棍棒状，长芒，白壳，穗长7~8 cm，全穗结实26~30粒；白粒，椭圆形，腹沟浅，千粒重36 g左右。较耐锈病，轻感白粉病，感条中23、25号小种；冬性，耐寒力强，越冬性较好；抗旱，耐瘠薄，耐后期干热风；成熟期中等，在济南、菏泽、济宁、临沂等地全生育期240~245d。

/ 基因信息 / 硬度基因：*Pinb-D1*（硬）、*Pinb2-V2*（软）；开花基因：*TaELF3-D1-1*（晚）、*PRR73A1*（早）；籽粒颜色基因：*R-B1b*（红）；粒重相关基因：*TaGS-D1a*（高）、*TaGS2-A1a*（低）、*TaGS5-A1b*（高）、*TaTGW-7Aa*（高）、*TaCwi-4A-T*、*TaMoc-2433*（*Hap-L*）（低）、*GW2-6A*（低）；木质素基因：*COMT-3Ba*（高）；穗发芽基因：*TaSdr-A1b*（高）；黄色素基因：*TaPds-B1a*（高）；谷蛋白亚基基因：*Glu-A1*（1）；籽粒蛋白积累基因：*NAM-6A1a*；抗叶锈病基因：*Lr14a*、*Lr46*、*Lr68*。

/ 品质表现 / 2019年济南试验基地取样测试结果：籽粒粗蛋白含量14.76%，湿面筋含量41.00%，沉降值23 mL，吸水率61 mL/100g，形成时间2.7 min，稳定时间1.6 min。

/ 产量表现 / 1971年，昌乐县26处试验，均比济南4号增产，平均增产19.4%；高崖公社丁家庄大队科学实验队连续4年试验，比济南4号增产26.1%，平均亩产289.65 kg。自1975年开始连续参加山东省低肥组区域试验，比对照济南10号平均增产16.8%~22.0%。

/ 生产应用 / 适合在山东省亩产100~250 kg的旱薄地种植，是山东省20世纪70~80年代影响较大的抗旱耐瘠主要推广品种。1972—1996年在山东省累计种植面积为6 500万亩，其中1979—1983年年种植面积均在450万亩以上，最大种植面积为1982年的826.35万亩。1991年后种植面积下降到100万亩以下，1996年后少有种植。1978年获全国科学大会奖，1983年获国家发明三等奖。

10cm

cm

cm

泰山1号

省库编号：LM12060 国库编号：ZM009405

/ 品种来源 / 山东省农业科学院作物研究所1964年以“碧蚂4号/苏联早熟1号”的稳定后代54405为母本、欧柔为父本杂交选育，于1971年育成。1982年通过山东省农作物品种审定委员会认定，认定文号：(82) 鲁农审字第4号；1990年通过全国农作物品种审定委员会审定，审定编号：GS02016-1984。

/ 特征特性 / 幼苗匍匐，叶色深绿，叶片宽、短、厚、挺，分蘖力中等，成穗率较高，亩穗数45万穗左右；株高100 cm左右，叶耳紫红色。穗长方形，白壳，长芒，穗长8 cm左右，穗粒数35粒左右；白粒，卵圆形，黑胚率较高，千粒重40 g左右。1982年苗期鉴定，中抗条中20号小种，感条中18、21、22、23和25号小种，轻感叶锈病和白粉病。弱冬性，耐寒性好；适应性广，对肥水条件要求不严，较耐肥水，较抗倒伏；中熟，在鲁中地区全生育期240d左右；种子休眠期短，穗易发芽。

/ 基因信息 / 硬度基因：*Pinb-D1*（软）、*Pinb2-V2*（硬）；开花基因：*TaELF3-D1-1*（晚）、*PRR73A1*（早）；穗粒数基因：*TEF-7A*（高）；籽粒颜色基因：*R-B1a*（白）；粒重相关基因：*TaGS-D1a*（高）、*TaGS2-A1b*（高）、*TaGS5-A1b*（高）、*TaTGW-7Aa*（高）、*TaCwi-4A-C*、*TaMoc-2433*（*Hap-L*）（低）、*GW2-6A*（高）；穗发芽基因：*TaSdr-A1b*（高）；过氧化物酶基因：*TaPod-A1*（高）；黄色素基因：*TaPds-B1a*（高）；谷蛋白亚基基因：*Glu-A1*（N）、*Glu-B3d*；籽粒蛋白积累基因：*NAM-6A1c*。

/ 品质表现 / 2019年济南试验基地取样测试结果：籽粒粗蛋白含量14.81%，湿面筋含量35.00%，沉降值28 mL，吸水率58.1 mL/100g，形成时间2.7 min，稳定时间1.6 min。

/ 产量表现 / 1971—1972年参加山东省高肥品比试验，比对照济南矮6号增产11.36%，居20个参试品种之首，平均亩产464.4 kg。1972—1973年山东省13个地市联合区域试验点比对照平均增产17.5%。1973年参加全国北方冬麦区联合区域试验，6处试验有5处居首位。1974年参加全国区域试验，9处试验都增产，平均增产19.0%。1973—1975年在河北省中、南部试验，比对照品种石家庄54等增产11.0%~19.0%。1978年山东昌潍农校、章丘县绣惠公社、安徽省宿县地区农业科学研究所等创出亩产超550 kg的高产纪录。

/ 生产应用 / 是20世纪70年代末、80年代初黄淮冬麦区主栽品种之一，在山东、河北中南部、河南中部和北部、苏北、陕西、山西、天津、甘肃、安徽等地大面积种植。据不完全统计，至1985年全国累计种植面积达21 098.58万亩。其中，1979年全国种植面积5 613万亩，是新中国成立以来北方冬麦区继碧蚂1号后种植面积最大的品种，也是山东省培育的突破性品种之一。1978年获全国科学大会科技成果奖、山东省科学大会科技成果奖，1986年获国家科学技术进步一等奖。

10cm

cm

cm

淄选 2 号

省库编号：LM12046　国库编号：ZM009417

/ 品种来源 / 淄博市临淄区原路山公社光明大队农科队的王福林，1968 年从山东省农业科学院作物研究所引进杂交后代品系 685005，经 3 年系统选育，于 1971 年育成。其杂交组合为阿勃 / 辉县红。

/ 特征特性 / 幼苗半匍匐，叶色深绿，叶片较窄，分蘖力中等，成穗率较高，亩穗数 45 万穗左右；株高 80~90 cm，株型紧凑，旗叶较大、挺直，稍有蜡质。穗纺锤形，穗层整齐，顶芒，白壳，穗长 8~9 cm，穗粒数 28~30 粒；白粒，卵圆形，角质，千粒重 37~39g。抗条锈病，中感叶锈病，轻感白粉病；冬性，耐寒性强；秆硬抗倒，耐肥水；中熟，成熟期同泰山 4 号，略早于济南 13，落黄较差。

/ 基因信息 / 硬度基因：*Pinb-D1*（软）、*Pinb2-V2*（软）；开花基因：*TaELF3-D1-1*（晚）、*PRR73A1*（早）；穗粒数基因：*TEF-7A*（高）；籽粒颜色基因：*R-B1a*（白）；粒重相关基因：*TaGS-D1a*（高）、*TaGS2-A1b*（高）、*TaGS5-A1b*（高）、*TaTGW-7Aa*（高）、*TaMoc-2433*（*Hap-L*）（低）、*GW2-6A*（低）；木质素基因：*COMT-3Bb*（低）；穗发芽基因：*TaSdr-A1a*（低）；多酚氧化酶基因：*Ppo-A1b*（低）；过氧化物酶基因：*TaPod-A1*（高）；谷蛋白亚基基因：*Glu-A1*（1）、*Glu-B3d*；籽粒蛋白积累基因：*NAM-6A1c*；抗叶锈病基因：*Lr14a*、*Lr68*。

/ 品质表现 / 2019 年济南试验基地取样测试结果：籽粒粗蛋白含量 15.12%，湿面筋含量 33.80%，沉降值 34 mL，吸水率 54.7 mL/100g，形成时间 2.2 min，稳定时间 4.6 min。

/ 产量表现 / 一般亩产 350~400 kg，高产栽培条件下亩产量能达 500 kg 以上。1974 年淄博市 8 处高肥水品种联合试验，平均亩产 375 kg，比对照品种白蚰包增产 1.0%~6.6%，据 10 个参试品系之首；1975—1976 年淄博市农业科学研究所连续两年丰产试验，亩产量过千斤。1976 年淄博市小麦亩产超过 550 kg 的面积 6 000 亩左右，该品种占 70%以上。

/ 生产应用 / 适合在中上肥水地力条件下种植，山东省以淄博、滨州、潍坊等地种植面积较大，1979 年淄博市种植面积达 50 万亩。1974—1984 年山东省累计推广面积 800 多万亩，其中 1980 年夏收面积 151.69 万亩，为最大面积年份。

10cm

cm

cm

白高 38

省库编号：LM12034　国库编号：ZM009430

/ 品种来源 / 山东农学院 1969 年从中国农业科学院陕西分院引进“St2422 / 464 ∥ 丰产 3 号” F_1 代种子，1973 年选出红粒高 38，1974 年夏从 8 000 个红粒高 38 单穗中，穗选出 3 个白粒单穗，再通过系统选育而成，原名为高 38 白 -3 系，1976 年定名为白高 38。1982 年通过山东省农作物品种审定委员会认定，认定文号：(82）鲁农审字第 4 号。

/ 特征特性 / 幼苗半匍匐，叶片较宽大，淡绿色；株高 85~90 cm，株型松散，旗叶下垂，茎基部节间短而弯曲，穗下节间较长；分蘖力中等，成穗率较高，亩穗数 35 万 ~40 万穗。穗近长方形，长芒，白壳，口松，较易落粒，穗粒数 35~38 粒；白粒，长卵形，半角质，千粒重 40g 左右，容重 802 g/L。高抗条中 17 号、19 号小种，中抗或轻感叶锈病，轻感白粉病；弱冬性，对日照反应不敏感，起身、拔节较早；灌浆期间对水分反应敏感；中早熟，在泰安全生育期一般 230d 左右，不抗后期干热风，易早衰。

/ 基因信息 / 春化基因：*Vrn-D1a*(春性)；硬度基因：*Pinb-D1*(软)、*Pinb2-V2*(软)；开花基因：*TaELF3-D1-1*（晚）、*PRR73A1*（早)；籽粒颜色基因：*R-B1a*（白）；粒重相关基因：*TaGS-D1a*（高）、*TaGS2-A1b*（高）、*TaGS5-A1b*（高）、*TaTGW-7Aa*（高）、*TaCwi-4A-T*、*TaMoc-2433*（*Hap-L*）（低）、*GW2-6A*（高）；穗发芽基因：*TaSdr-A1b*（高）；多酚氧化酶基因：*Ppo-D1b*（高）；过氧化物酶基因：*TaPod-A1*（低）；黄色素基因：*TaPds-B1a*（高）；谷蛋白亚基基因：*Glu-A1*（N）、*Glu-B3d*；籽粒蛋白积累基因：*NAM-6A1c*；抗叶锈病基因：*Lr14a*、*Lr46*。

/ 品质表现 / 2019 年济南试验基地取样测试结果：籽粒粗蛋白含量 14.61%，湿面筋含量 31.80%，沉降值 38 mL，吸水率 54.2 mL/100g，形成时间 2.3 min，稳定时间 18.4 min。

/ 产量表现 / 1973—1975 年山东省区域试验较对照蚰包麦增产 10%以上，1977—1978 年江苏省淮安片区域试验较对照泰山 1 号增产。

/ 生产应用 / 适合在鲁中、鲁南及胶东地区西部的中上肥水条件下种植，在河南、苏北、皖北、陕西南部、河北南部、四川、浙江等地也有一定的种植面积。1976 年开始推广应用，全国累计推广面积超过 900 万亩。山东省 1981 年夏收面积 209.04 万亩，为种植面积最大年份。1981 年获山东省科技进步三等奖。

10cm

cm

cm

烟农 685

省库编号：LM12058 国库编号：ZM009414

/ 品种来源 / 烟台地区农业科学研究所 1968 年以蚰包麦作母本、辐系 4 号白粒选系为父本进行杂交，系谱法选育，1974 年育成。根据芒性不同有无芒 685 和有芒 685 之分。1982 年通过山东省农作物品种审定委员会认定，认定文号：(82) 鲁农审字第 4 号。

/ 特征特性 / 幼苗半匍匐，叶片较宽，分蘖力中等，亩穗数 40 万穗左右；株高 95 cm 左右，茎秆粗硬。穗长方形，白壳，穗长 8 cm 左右，穗粒数 30 粒左右；白粒，卵形，腹沟宽，饱满度较差，千粒重 45~47 g，最高达 54 g，容重 757 g/L。抗三锈，耐全蚀病，抗白粉病，经鉴定对条中 17、18、19、20 号小种免疫，对叶锈病生理小种 1、2、5、9、10、11、12、13 号免疫，对秆锈病生理小种 21、22C1、22C2、34、34C2 免疫；冬性；耐肥水，抗倒伏；中熟，在烟台全生育期约 262d，生育后期易干叶尖，落黄好。

/ 基因信息 / 相同基因包括硬度基因：*Pinb2-V2*（软）；开花基因：*TaELF3-D1-1*（晚）、*PRR73A1*（早）；穗粒数基因：*TEF-7A*（低）；籽粒颜色基因：*R-B1a*（白）；粒重相关基因：*TaTGW-7Aa*（高）、*TaGS2-A1b*（高）、*TaGS5-A1b*（高）、*TaGS-D1a*（高）、*TaCwi-4A-C*、*TaMoc-2433*（*Hap-L*）（低）、*GW2-6A*（低）；木质素基因：*COMT-3Bb*（低）；多酚氧化酶基因：*Ppo-A1b*（低）；黄色素基因：*TaPds-B1a*（高）；籽粒蛋白积累基因：*NAM-6A1c*。有芒品种硬度基因：*Pinb-D1*（硬）；穗发芽基因：*TaSdr-A1a*（低）；过氧化物酶基因：*TaPod-A1*（低）；谷蛋白亚基基因：*Glu-A1*（1）；抗叶锈病基因：*Lr14a*、*Lr46*。无芒品种硬度基因：*Pinb-D1*（软）；穗发芽基因：*TaSdr-A1b*（高）。

/ 品质表现 / 2019 年济南试验基地取样测试结果：籽粒粗蛋白含量 15.67%，湿面筋含量 40.50%，沉降值 35 mL，吸水率 60.5 mL/100g，形成时间 6.5 min，稳定时间 10.3 min。

/ 产量表现 / 1974—1980 年在烟台地区农业科学研究所连续 7 年试验，较对照蚰包麦平均增产 10.5%。1978—1979 年参加在 14 个地市农业科学研究所进行的品种联合区域试验，较对照泰山 1 号增产 0.3% ~11.4%。1976—1977 年在烟台地区农业科学研究所试验田分别种植 152.3 亩、176.6 亩，平均亩产分别为 507 kg 和 508 kg。

/ 生产应用 / 该品种主要在烟台地区种植，为蚰包麦的替代品种，1975—1983 年年播种面积占全区小麦面积的 20%左右，1980 年种植面积达 131 万亩。1978 年获山东省和烟台市科学大会奖。

10cm

cm

cm

10cm

cm

cm

泰山 5 号

省库编号：LM12062 国库编号：ZM 009408

/ 品种来源 / 原系号 726016。山东省农业科学院作物研究所 1967 年以辉县红与阿勃的稳定杂种后代为母本、欧柔白为父本杂交，经系谱法选育，于 1974 年育成。1983 年通过山东省农作物品种审定委员会认定，认定文号：鲁农审（83）第 5 号；1984 年通过国家农作物品种审定委员会审定，审定编号：GS02017-1984

/ 特征特性 / 幼苗半匍匐，叶片短小挺直，分蘖力中等，成穗率高，亩穗数 40 万穗以上；株高 85~90 cm，株型紧凑，旗叶窄挺上举，抽穗前略有卷曲，茎秆较硬，蜡质轻。穗纺锤形，长芒，白壳，穗长 8~9 cm，穗粒数 25 粒左右；白粒，椭圆形，半角质，千粒重 40 g 左右。抗病性较差，感条锈病、叶锈病和白粉病；弱冬性，耐寒性中等；喜肥水，较抗倒伏；中早熟，在济南全生育期 234d 左右，抗干热风，落黄好。

/ 基因信息 / 硬度基因：*Pinb-D1*（软）、*Pinb2-V2*（硬）；开花基因：*TaELF3-D1-1*（早）、*PRR73A1*（早）；穗粒数基因：*TEF-7A*（高）；籽粒颜色基因：*R-B1a*（白）；粒重相关基因：*TaGS2-A1b*（高）、*TaGS5-A1b*（高）、*TaTGW-7Aa*（高）、*TaCwi-4A-T*、*TaMoc-2433*（*Hap-H*）（高）、*GW2-6A*（低）；木质素基因：*COMT-3Bb*（低）；多酚氧化酶基因：*Ppo-D1b*（高）；过氧化物酶基因：*TaPod-A1*（高）；黄色素基因：*TaPds-B1b*（低）；谷蛋白亚基基因：*Glu-A1*（1）、*Glu-B3d*；籽粒蛋白积累基因：*NAM-6A1c*。

/ 品质表现 / 2019 年济南试验基地取样测试结果：籽粒粗蛋白含量 14.21%，湿面筋含量 32.70%，沉降值 33 mL，吸水率 52.8 mL/100g，形成时间 2.3 min，稳定时间 4.2 min。

/ 产量表现 / 1974—1975 年山东省 13 处试验，8 处比对照泰山 1 号、泰山 4 号、蚰包麦等增产 2% ~42%，2 处平产，3 处减产 8%~20%。1975 年肥城、桓台、莱阳、泰安等 6 县 7 处试验，5 处增产 2.5% ~12.6%，2 处减产 6.7%~9.2%。山东省农业科学院作物研究所高产试验，比泰山 4 号增产 11.4%，亩产量平均 497.3 kg。

/ 生产应用 / 适宜在中上肥水条件下种植，种植区域除山东省外，在华北各省也有引种推广。1980 年，山东省秋播面积 437.0 万亩，河北省 204.5 万亩；1981 年山东省秋播面积 396.6 万亩。1980 年获全国科学大会科技成果奖和山东省科学大会科技成果奖。

10cm

cm

cm

昌潍 20

省库编号：LM12080 国库编号：ZM 015621

/ 品种来源 / 山东省潍坊地区农业科学研究所 1966 年秋用 ^{60}Co- γ 射线 9.03C/kg 处理毛颖阿夫小麦干种子，诱变选育出电白 5094，1977 年定名为昌潍 20。

/ 特征特性 / 幼苗半匍匐，返青起身快，分蘖力强，穗分化较早，成穗率高，亩穗数 50 万穗左右；株高 85~90 cm，茎秆中粗，茎叶有蜡质，旗叶平伸略卷曲。穗纺锤形，码稀，顶芒，白壳，无茸毛，穗长 7~10 cm，穗粒数 28~35 粒；白粒，卵圆形，腹沟浅，千粒重 39g 左右。较抗条锈病，感叶锈病，轻感散黑穗病，较抗蚜虫；冬性，越冬性好；茎秆较韧，较抗倒伏；中早熟，在山东潍坊全生育期 240~245d，落黄好。

/ 基因信息 / 硬度基因：*Pinb-D1*（硬）、*Pinb2-V2*（软）；开花基因：*TaELF3-D1-1*（早）、*PRR73A1*（早）；籽粒颜色基因：*R-B1a*（白）；粒重相关基因：*TaGS2-A1b*（高）、*TaGS5-A1b*（高）、*TaTGW-7Aa*（高）、*TaCwi-4A-T*、*TaMoc-2433*（*Hap-H*）（高）、*GW2-6A*（高）；木质素基因：*COMT-3Bb*（低）；穗发芽基因：*TaSdr-A1a*（低）；多酚氧化酶基因：*Ppo-A1b*（低）；过氧化物酶基因：*TaPod-A1*（高）；黄色素基因：*TaPds-B1b*（低）；谷蛋白亚基基因：*Glu-A1*（N）、*Glu-B3d*；籽粒蛋白积累基因：*NAM-6A1c*。

/ 品质表现 / 2019 年济南试验基地取样测试结果：籽粒粗蛋白含量 13.41%，湿面筋含量 33.40%，沉降值 30 mL，吸水率 57.8 mL/100g，形成时间 3.8 min，稳定时间 5.6 min。

/ 产量表现 / 1975 年昌潍地区 17 处小麦高肥水组试验，15 处比对照品种蚰包麦平均增产 8.5%，2 处分别减产 1.4% 和 3.5%，亩产 313.2~549.5 kg。1978 年参加山东省高肥组联合区域试验，16 个试验点平均亩产 562.25 kg，比对照泰山 4 号增产 4.6%。

/ 生产应用 / 适合在中上等水肥地种植，为山东省东部地区推广品种，1982 年山东省各地区种植面积近 70 万亩。此外，河北、河南、安徽、甘肃等省部分地区也有种植，推广面积 80 万~90 万亩。

10cm

cm

cm

山农 587

省库编号：LM12097 国库编号：ZM 015586

/ 品种来源 / 原系号 73587。山东农学院于 1977 年育成，组合为丰产 3 号 / 向阳 4 号。1982 年通过山东省农作物品种审定委员会认定，认定文号：(82）鲁农审字第 4 号。

/ 特征特性 / 幼苗半匍匐，分蘖力稍强，成穗率较高；株高 80~95 cm，叶片较短、窄、挺。穗长方形，长芒，白壳，穗长 7.5~8 cm，穗粒数 25~30 粒；白粒，卵圆形，饱满，品质好，千粒重 35~38 g，容重 783 g/L 左右。高抗条锈病，成熟后期轻感叶锈病；弱冬性；耐干旱能力较强；中早熟，在济南全生育期 230d 左右，落黄性较好。

/ 基因信息 / 1B/1R ；硬度基因：*Pinb-D1*（硬）；开花基因：*PRR73A1*（晚）；粒重相关基因：*GW2-6A*（低）；过氧化物酶基因：*TaPod-A1*（低）；抗叶锈病基因：*Lr14a*。

/ 产量表现 / 1977—1980 年参加山东省低肥旱地组区域试验，表现早熟、丰产，较耐干旱，3 年平均亩产 192.5kg，比对照品种昌乐 5 号平均增产 12%，居第一位，成熟期比昌乐 5 号早 3d 左右。

/ 生产应用 / 该品种是 20 世纪 80 年代初中期山东省低肥水地块及旱薄地的小麦主推品种之一，累计推广面积 800 万亩左右。主要推广地区为鲁中、鲁南和鲁西南。

10cm

cm

cm

烟农 15

省库编号：LM12059　国库编号：ZM015719

/ 品种来源 / 烟台地区农业科学研究所 1971 年以蚰包麦为母本、意大利的 St2422/464 为父本杂交，于 1976 年育成。1982 年通过山东省农作物品种审定委员会认定，认定文号：(82) 鲁农审字第 4 号。

/ 特征特性 / 幼苗半匍匐，叶色深绿，叶片宽大挺直；株高 75~80 cm，株型紧凑，茎秆粗壮，分蘖力强，成穗率高，亩穗数 50 穗左右。穗圆锥形，顶芒，白壳，穗长 8 cm 左右，穗粒数 30 粒左右；白粒，卵圆形，千粒重 31~35 g，容重 850~860 g/L。抗小麦条锈病，轻感小麦叶锈病、白粉病，播种过早易感小麦土传花叶病、丛矮病及黄矮病；半冬性，抗寒性强；耐肥水，抗倒伏，不耐干旱、不耐瘠薄；中早熟，在烟台地区全生育期 260d 左右，后期叶片易干尖。

/ 基因信息 / 硬度基因：*Pinb-D1*（软）、*Pinb2-V2*（软）；开花基因：*TaELF3-D1-1*（晚）、*PRR73A1*（早）；穗粒数基因：*TEF-7A*（高）；籽粒颜色基因：*R-B1a*（白）；粒重相关基因：*TaGS2-A1b*（高）、*TaGS5-A1b*（高）、*TaTGW-7Aa*（高）、*TaCwi-4A-C*、*TaMoc-2433*（*Hap-L*）（低）、*GW2-6A*（低）；穗发芽基因：*TaSdr-A1b*（高）；多酚氧化酶基因：*Ppo-A1b*（低）；过氧化物酶基因：*TaPod-A1*（高）；黄色素基因：*TaPds-B1b*（低）；谷蛋白亚基基因：*Glu-A1*（1）、*Glu-B3d*；籽粒蛋白积累基因：*NAM-6A1c*；抗叶锈病基因：*Lr46*。

/ 品质表现 / 2019 年济南试验基地取样测试结果：籽粒粗蛋白含量 15.97%，湿面筋含量 38.50%，沉降值 38 mL，吸水率 54.5 mL/100g，形成时间 4.4 min，稳定时间 6.8 min。

/ 产量表现 / 1978—1979 年参加山东省高肥组区域试验，平均亩产 427.6 kg，比对照泰山 1 号增产 12.8%；1979—1980 年参加山东省区域试验，平均亩产 406.4 kg，比对照增产 4.3%；两年区域试验平均亩产 426.0 kg，比对照增产 7.8%。1978—1980 年参加山东省生产试验，亩产量 315.0~512.8 kg，平均亩产 426.0 kg。

/ 生产应用 / 适合烟台、青岛等地区高肥水条件下种植。1979 年开始在生产上作为优质面条小麦推广应用，至 2019 仍有小面积种植，是山东省生产应用年限最长的品种之一。1979—2019 年山东省累计种植面积 5 240.17 万亩。其中，1997 年种植面积 288.22 万亩，为最大种植面积年份；2009 年以后年种植面积下降至 50 万亩以下，2019 年种植面积 13.3 万亩。1980 年获山东省科技进步三等奖，1982 年获全国农业博览会优质小麦银奖。

10cm

cm

cm

莱阳 4671

省库编号：LM140108　国库编号：ZM015691

/ 品种来源 / 原系号：莱阳 4671。原莱阳县农业科学研究所以“(蚰包 / 欧柔) F_3/ 蚰包” F_4 作母本，以引自阿尔巴尼亚的 L227/4 作父本进行杂交，于 1977 年育成。1984 年通过山东省农作物品种审定委员会认定，认定文号：(84) 鲁农审字第 10 号。

/ 特征特性 / 幼苗匍匐，叶色深绿，叶片下披，分蘖力强，成穗率高，亩穗数 40 万 ~45 万穗；株高 100 cm 左右，株型松散。穗纺锤形，无芒，白壳；白粒，卵形，半角质，籽粒饱满，千粒重 40 g 左右。较抗锈病，感白粉病；冬性，抗冻性好，对光温反应较敏感；抗倒性优于济南 13；中熟，落黄好。

/ 基因信息 / 硬度基因：*Pinb-D1*（软）、*Pinb2-V2*（软）；开花基因：*TaELF3-D1-1*（晚）、*PRR73A1*（早）；穗粒数基因：*TEF-7A*（高）；籽粒颜色基因：*R-B1b*（红）；粒重相关基因：*TaGS2-A1b*（高）、*TaGS5-A1b*（高）、*TaTGW-7Aa*（高）、*TaCwi-4A-C*、*TaMoc-2433*（*Hap-L*）（低）、*GW2-6A*（低）；穗发芽基因：*TaSdr-A1b*（高）；过氧化物酶基因：*TaPod-A1*（高）；黄色素基因：*TaPds-B1b*（低）；谷蛋白亚基基因：*Glu-A1*（1）；籽粒蛋白积累基因：*NAM-6A1a*；抗叶锈病基因：*Lr46*。

/ 品质表现 / 2019 年济南试验基地取样测试结果：籽粒粗蛋白含量 14.89%，湿面筋含量 36.60%，沉降值 33 mL，吸水率 54.5 mL/100g，形成时间 3.5 min，稳定时间 5 min。

/ 产量表现 / 1980—1982 年参加山东省高肥组区域试验，两年分别比对照济南 13 平均减产 3.5% 和 5.8%，但在潍坊、烟台、临沂等沿海地区表现较好，比济南 13 平均增产 5.2%。

/ 生产应用 / 适合烟台西部、潍坊东部、临沂东部种植应用。1983—1998 年累计推广面积 1 083 万亩，其中 1985 年推广面积达 168.5 万亩。

10cm

cm

cm

高 8

省库编号：LM12033　国库编号：ZM 009428

/ 品种来源 / 原山东农学院以 St2422/464 为母本、“阿勃 / 丰产 3 号” F_1 为父本进行杂交选育而成。1984 年通过安徽省农作物品种审定委员会认定。先是红粒高 8 在生产上应用，后被白粒高 8 替代，两者仅是粒色差别，其他性状一致。

/ 特征特性 / 幼苗半匍匐，叶片较宽，生长势较强，分蘖力中上，成穗率较高；株高 80 cm 左右，秆硬，亩穗数 40 万 ~45 万穗。穗纺锤形，长芒，白壳，穗粒数 35 粒左右；籽粒粉质，千粒重 40 g 左右。穗部性状对群体光照条件和后期水分反应敏感。抗条锈病，白粉病轻；弱冬性；耐肥水，抗倒伏力强；中早熟，不抗干热风。

/ 基因信息 / 硬度基因：*Pinb-D1*（软）、*Pinb2-V2*（硬）；开花基因：*TaELF3-D1-1*（晚）、*PRR73A1*（早）；穗粒数基因：*TEF-7A*（高）；籽粒颜色基因：*R-B1a*（白）；粒重相关基因：*TaGS-D1a*（高）、*TaGS2-A1b*（高）、*TaGS5-A1b*（高）、*TaTGW-7Aa*（高）、*TaCwi-4A-C*、*TaMoc-2433*（*Hap-L*）（低）、*GW2-6A*（低）；穗发芽基因：*TaSdr-A1a*（低）；多酚氧化酶基因：*Ppo-D1b*（高）；过氧化物酶基因：*TaPod-A1*（低）；黄色素基因：*TaPds-B1a*（高）；谷蛋白亚基基因：*Glu-A1*（N）、*Glu-B3d*；籽粒蛋白积累基因：*NAM-6A1c*；抗叶锈病基因：*Lr14a*、*Lr46*。

/ 品质表现 / 2019 年济南试验基地取样测试结果：籽粒粗蛋白含量 15.35%，湿面筋含量 33.00%，沉降值 39 mL，吸水率 55 mL/100g，形成时间 2.7 min，稳定时间 4.8 min。

/ 产量表现 / 1977 年莱阳县良种场示范种植 2 亩，在冬春干旱且冻害严重的情况下亩产 500.4 kg，居 5 个示范品种首位；汶上县林庄大队科技队品种示范试验，亩产量 525.7 kg，居 3 个示范品种之首。1977—1978 年在安徽省宿县地区 21 点试验，增产点 15 个，比对照郑引 1 号增产 6.7%，平均亩产 432.8 kg；濉溪县马桥公社雷山大队 2 亩示范田，实收亩产 551.5 kg。

/ 生产应用 / 山东省中部、南部及安徽、江苏中部和北部都有种植，主要分布在安徽省阜阳、宿县等地。1982 年安徽省种植面积 82 万亩。

10cm

cm

cm

山农辐 63

省库编号：LM12083　国库编号：ZM015849

/ 品种来源 / 山东农学院 1974 年用 ^{60}Co-γ 射线 7.74C/kg 处理“蚰包 / 欧柔” F_4 代干种子，对变异单株后代进行系统选育，于 1978 年育成。1982 年通过山东省农作物品种审定委员会认定，认定文号：(82) 鲁农审字第 4 号。

/ 特征特性 / 幼苗半匍匐，叶色深绿，叶片宽、短、直立，拔节后叶片与茎秆夹角较小；株高 95 cm 左右，株型较紧凑，亩穗数 40 万穗左右。穗长方形，长芒，白壳，穗长 7~9 cm ；白粒，椭圆形，半角质，千粒重 50g 左右。中感条锈病、叶锈病和白粉病；半冬性，在山东能安全越冬；中早熟，全生育期 244d 左右，比泰山 1 号早熟 2d ；适应性广，灌浆速度快，落黄好；种子休眠期短，成熟时遇雨易发芽。

/ 基因信息 / 硬度基因：*Pinb-D1*（硬）、*Pinb2-V2*（硬）；开花基因：*TaELF3-D1-1*（晚）、*PRR73A1*（早）；穗粒数基因：*TEF-7A*（高）；籽粒颜色基因：*R-B1a*（白）；粒重相关基因：*TaGS-D1a*（高）、*TaGS2-A1b*（高）、*TaGS5-A1b*（高）、*TaTGW-7Aa*（高）、*TaCwi-4A-C*、*TaMoc-2433*（*Hap-L*）（低）、*GW2-6A*（低）；木质素基因：*COMT-3Bb*（低）；穗发芽基因：*TaSdr-A1a*（低）；多酚氧化酶基因：*Ppo-A1b*（低）、*Ppo-D1b*（高）；过氧化物酶基因：*TaPod-A1*（高）；黄色素基因：*TaPds-B1a*（高）；谷蛋白亚基基因：*Glu-A1*（1）；籽粒蛋白积累基因：*NAM-6A1c*；抗叶锈病基因：*Lr14a*、*Lr46*。

/ 品质表现 / 2019 年济南试验基地取样测试结果：籽粒粗蛋白含量 15.09%，湿面筋含量 32.40%，沉降值 32 mL，吸水率 62.9 mL/100g，形成时间 3.5 min，稳定时间 3.4 min。

/ 产量表现 / 1978—1980 年参加山东省高肥组区域试验，平均亩产 431 kg，比对照泰山 1 号增产 13% ；中肥组区域试验，平均亩产 400 kg，比对照泰山 1 号增产 20% ；生产试验，平均亩产 438 kg，比对照泰山 1 号增产 15.3%。1979—1980 年，泰安县省庄公社北上大队科技队种植 4 亩，平均亩产 557.5 kg。

/ 生产应用 / 适合中等肥水条件下种植。自 1980 年开始在山东推广，种植面积迅速扩大，在苏北、皖北及河南、山西和陕西关中地区都有种植。1981 年在山东秋播面积 186 万亩，至 1983 年已达 1 673 万亩，占山东省小麦播种面积的 28%。1984 年后，种植面积逐年下降。该品种累计推广面积超过 6 500 万亩。1981 年获山东省科技进步三等奖，1985 年获国家技术发明四等奖。

10cm

cm

cm

鲁麦 1 号

省库编号：LM12087　国库编号：ZM015830

/ 品种来源 / 原系号：矮 V-31、775-1。山东农业大学在优异冬小麦新种质矮孟牛的创新过程中，从矮孟牛 V 型系中直接系选育成。组合为矮丰 3 号 // （孟县 201/ 牛朱特）F_1。1983 年通过山东省农作物品种审定委员会审定，审定编号：鲁种审字第 0001 号。1989 年通过全国农作物品种审定委员会审定，审定编号：GS02005-1989。

/ 特征特性 / 幼苗半匍匐，起身拔节期生长势明显转旺，叶色淡绿，叶片较大；株高 80~85 cm，茎秆蜡粉多，穗下节间长，分蘖力中等，成穗率高，亩穗数 40 万穗左右。穗纺锤形，长芒，白壳，穗长 8~9 cm，穗粒数 35 粒左右；白粒，长卵圆形，腹沟浅，粉质，千粒重 45 g 左右。高抗三种锈病和白粉病，对条中 22~28 号生理小种近免疫或高抗，不抗条中 29 号小种，蚜虫为害较轻；弱冬性；根系发达，活力强，有较好的抗干旱能力；基部节间短而充实粗壮，秆壁较厚而有韧性，耐肥水，抗倒伏能力强；中熟偏晚，耐干热风，落黄好。

/ 基因信息 / 硬度基因：*Pinb-D1*（硬）、*Pinb2-V2*（硬）；开花基因：*TaELF3-D1-1*（晚）、*PRR73A1*（早）；穗粒数基因：*TEF-7A*（高）；籽粒颜色基因：*R-B1a*（白）；粒重相关基因：*TaGS-D1a*（高）、*TaGS2-A1b*（高）、*TaGS5-A1b*（高）、*TaTGW-7Aa*（高）、*TaCwi-4A-C*、*TaMoc-2433*（*Hap-L*）（低）、*GW2-6A*（低）；木质素基因：*COMT-3Bb*（低）；多酚氧化酶基因：*Ppo-A1b*（低）、*Ppo-D1b*（高）；过氧化物酶基因：*TaPod-A1*（高）；黄色素基因：*TaPds-B1a*（高）；谷蛋白亚基基因：*Glu-A1*（1）、*Glu-B3d*；籽粒蛋白积累基因：*NAM-6A1c*；抗叶锈病基因：*Lr14a*、*Lr46*。

/ 品质表现 / 2019 年济南试验基地取样测试结果：籽粒粗蛋白含量 14.90%，湿面筋含量 40.20%，沉降值 35 mL，吸水率 61.5 mL/100g，形成时间 4 min，稳定时间 3.1 min。

/ 产量表现 / 1981—1982 年参加山东省高肥组区域试验，平均亩产 437.5 kg，居参试品种第一位，增产幅度 1.6% ~30.9%，尤其在鲁中南、鲁西南表现较好，比济南 13 平均增产 14.6%。

/ 生产应用 / 适合济南、泰安、枣庄、菏泽、济宁、临沂等地中高肥水地块种植，在鲁西南、鲁南地区以及苏北、皖北、豫东等地作为主体品种利用。1982—2006 年全国累计推广面积 1.37 亿亩，其中 1993 年山东省种植面积 619.84 万亩，为最大种植面积年份。2008 年之后少有种植。1983 年获山东省优秀科技成果三等奖，1991 年获国家教委科技进步三等奖。

10cm

cm

cm

鲁麦 2 号

省库编号：LM12088　国库编号：ZM015831

/ 品种来源 / 原系号：785019。山东省农业科学院作物研究所于 1974 年以泰山 1 号作母本、洛夫林 13 作父本，经有性杂交系谱法选育，于 1980 年育成。1983 年通过山东省农作物品种审定委员会审定，审定编号：鲁种审字第 0019 号。

/ 特征特性 / 幼苗半匍匐，拔节后叶片较窄，深绿色，旗叶长披；株高 90 cm 左右，叶蜡质轻，分蘖力较强，成穗率中等。穗长方形，长芒，白壳，穗长 7 cm 左右，穗粒数 27 粒左右；白粒，卵圆形，冠毛少，角质，千粒重 40 g 左右。抗病性较强，在接种条件下，对条中 17、23、24、25、22、19 号小种免疫，抗白粉病；冬性，耐寒性好；中晚熟，成熟期比泰山 1 号略晚 1~2d，落黄较好。

/ 基因信息 / 硬度基因：*Pinb-D1*（硬）、*Pinb2-V2*（软）；开花基因：*TaELF3-D1-1*（早）、*PRR73A1*（早）；穗粒数基因：*TEF-7A*（低）；籽粒颜色基因：*R-B1a*（白）；粒重相关基因：*TaGS-D1a*（高）、*TaGS2-A1a*（低）、*TaGS5-A1b*（高）、*TaTGW-7Ab*（低）、*TaCwi-4A-C*、*TaMoc-2433*（*Hap-L*）（低）、*GW2-6A*（高）；穗发芽基因：*TaSdr-A1b*（高）；多酚氧化酶基因：*Ppo-D1b*（高）；过氧化物酶基因：*TaPod-A1*（高）；黄色素基因：*TaPds-B1a*（高）；谷蛋白亚基基因：*Glu-A1*（N）、*Glu-B3d*；籽粒蛋白积累基因：*NAM-6A1c*。

/ 品质表现 / 2019 年济南试验基地取样测试结果：籽粒粗蛋白含量 14.86%，湿面筋含量 37.10%，沉降值 28 mL，吸水率 63.9 mL/100g，形成时间 3.8 min，稳定时间 2.4 min。

/ 产量表现 / 1981—1983 年参加山东省区域试验，两年平均产量比对照泰山 1 号增产 6.1%。其中，1982—1983 年胶东区域试验增产 17.6%，鲁中区域试验增产 16.8%。

/ 生产应用 / 适合在亩产 250~400 kg 的肥水条件下种植，主要在烟台、潍坊、泰安、德州等地推广应用。据不完全统计，至 1987 年累计种植面积 133.36 万亩，1986 年夏收面积最大，为 31.85 万亩。

10cm

cm

cm

鲁麦3号

省库编号：LM12089　国库编号：ZM015832

/ 品种来源 / 原系号：聊 80-3。聊城地区农业科学研究所于 1974 年以洛夫林 10 作母本、矮丰 3 号作父本，经有性杂交系谱法选育，于 1980 年育成。1983 年通过山东省农作物品种审定委员会审定，审定编号：鲁种审字第 0020 号。

/ 特征特性 / 幼苗半匍匐，苗色浅绿，叶片稍大略有卷曲，长势强；株高 90 cm 左右，株型较紧凑，分蘖力中等，成穗率较高，穗层整齐。穗纺锤形，长芒，白壳，穗长 7 cm 左右，小穗着生较密，穗粒数 28 粒左右；白粒，椭圆形，腹沟浅，冠毛少，半角质，千粒重 40 g 左右，容重 740 g/L 左右。对当时流行的条锈病生理小种免疫至高抗，抗秆锈病、叶锈病和白粉病；冬性，抗寒性较强；茎秆细韧，抗倒能力较强；耐旱；中熟偏晚，全生育期 246d 左右，较泰山 1 号晚熟 1~2d，抗干热风，落黄好。

/ 基因信息 / 春化基因：*Vrn-D1a*（春性）；硬度基因：*Pinb2-V2*（硬）；开花基因：*TaELF3-D1-1*（晚）、*PRR73A1*（早）；穗粒数基因：*TEF-7A*（低）；籽粒颜色基因：*R-B1b*（红）；粒重相关基因：*TaGS-D1a*（高）、*TaGS2-A1b*（高）、*TaGS5-A1b*（高）、*TaCwi-4A-T*、*TaMoc-2433*（*Hap-H*）（高）、*GW2-6A*（低）；木质素基因：*COMT-3Ba*（高）；穗发芽基因：*TaSdr-A1b*（高）；过氧化物酶基因：*TaPod-A1*（低）；黄色素基因：*TaPds-B1a*（高）；谷蛋白亚基基因：*Glu-A1*（1）；籽粒蛋白积累基因：*NAM-6A1a*；抗叶锈病基因：*Lr46*。

/ 品质表现 / 2019 年济南试验基地取样测试结果：籽粒粗蛋白含量 13.48%，湿面筋含量 33.50%，沉降值 25 mL，吸水率 55.7 mL/100g，形成时间 4.8 min，稳定时间 4 min。

/ 产量表现 / 1981—1983 年参加山东省中肥组区域试验，两年产量分别比对照泰山 1 号增产 5.0% 和 13.7%，均居首位。1982—1983 在山东省旱地组区域试验中，较对照昌乐 5 号增产 28.6%，居首位。1982—1984 年参加全国黄淮北片水地中肥组区域试验，平均亩产 361.9 kg，比对照泰山 1 号增产 7.5%，居参试品种第一位。1983 年在聊城市大面积示范种植，较泰山 1 号、辐 63 增产 10% ~20%，亩产一般 400 kg 左右。

/ 生产应用 / 适合中上等肥水地和旱肥地种植，曾是山东省旱地区域试验对照品种。河北、河南及苏北、皖北等地也有种植。1983—1994 年山东省累计种植面积 2 729.7 万亩，其中 1986 年种植面积 533.1 万亩，为最大种植面积年份。1987 年获农业部科技进步二等奖。1990 年获山东省科技进步三等奖。

10cm

cm

cm

鲁麦 4 号

省库编号：LM 12090　国库编号：ZM 015833

/ 品种来源 / 原系号：79096。菏泽地区农业科学研究所 1977 年用二氧化碳激光 900J/cm^2 处理 70-4-92-1 小麦材料，对变异后代进行系统选育，于 1979 年育成。1983 年通过山东省农作物品种审定委员会审定，审定编号：鲁种审字第 0021 号。

/ 特征特性 / 幼苗半直立，浅绿色，生长势强；株高 85 cm 左右，分蘖力中等，成穗率较高。穗近长方形，长芒，白壳，穗长 8 cm 左右，穗粒数 30~34 粒；白粒，椭圆形，半角质，千粒重 40 g 左右。抗条锈病和秆锈病，轻感叶锈病和白粉病；偏春性，抗寒性较差；较抗干旱；早熟，全生育期 220d 左右，比泰山 1 号早熟 3~4d，抗干热风能力强，落黄好。

/ 基因信息 / 硬度基因：*Pinb-D1*（软）、*Pinb2-V2*（软）；开花基因：*PRR73A1*（晚）；籽粒颜色基因：*R-B1a*（白）；粒重相关基因：*TaCwi-4A-T*；多酚氧化酶基因：*Ppo-A1b*（低）；过氧化物酶基因：*TaPod-A1*（低）。

/ 品质表现 / 2019 年济南试验基地取样测试结果：籽粒粗蛋白含量 14.61%，湿面筋含量 37.10%，沉降值 35 mL，吸水率 59.3 mL/100g，形成时间 3.7 min，稳定时间 3.6 min。

/ 产量表现 / 1981—1984 年参加菏泽地区晚播早熟联合试验，9 县 25 点次三年平均亩产量 326.5 kg，较泰山 1 号增产 11.3%。1981—1983 年参加山东省晚播早熟组区域试验，两年分别比对照泰山 1 号增产 5.4%、13.5%，居第一、第二位，成熟期早 3~5d。

/ 生产应用 / 适合中等肥力条件下作为晚茬麦推广利用，主要种植区域在鲁中、鲁南、鲁西北，可作为麦棉、麦稻等一年两熟晚茬麦种植。1984—1995 年全国累计推广面积 1 100 万亩。1986 年获山东省科技进步三等奖。

10cm

cm

cm

鲁麦 5 号

省库编号：LM12091 国库编号：ZM015834

/ 品种来源 / 原系号：山农 03201 混系。山东农业大学以矮孟牛Ⅳ型为母本、山农辐 66 为父本组配杂交，运用加代和异地选择技术，于 1981 年育成。1984 年通过山东省农作物品种审定委员会审定，审定编号：鲁种审字第 0028 号；1989 年通过全国农作物品种审定委员会审定，审定编号：GS02006-1989。

/ 特征特性 / 幼苗匍匐，苗叶浓绿，生长健壮，分蘖力强，成穗率较高；株高 80 cm 左右，茎秆坚韧，株型紧凑，亩穗数 40 万穗左右，穗层较整齐。穗近长方形，小穗排列紧密，长芒，白壳，穗长 7 cm 左右，穗粒数 30 粒以上；白粒，椭圆形，角质，千粒重 43 g 左右。高抗条锈病和白粉病，中抗叶锈病和秆锈病；冬性；耐高肥水，抗倒伏；成熟偏晚，比济南 13 晚熟 1d，后期耐旱，抗干热风，落黄好。

/ 基因信息 / 硬度基因：*Pinb-D1*（软）、*Pinb2-V2*（软）；开花基因：*TaELF3-D1-1*（晚）、*PRR73A1*（晚）；穗粒数基因：*TEF-7A*（低）；籽粒颜色基因：*R-B1a*（白）；粒重相关基因：*TaGS-D1a*（高）、*TaGS2-A1b*（高）、*TaGS5-A1b*（高）、*TaTGW-7Aa*（高）、*TaCwi-4A-C*、*TaMoc-2433*（*Hap-H*）（高）、*GW2-6A*（低）；木质素基因：*COMT-3Bb*（低）；穗发芽基因：*TaSdr-A1b*（高）；多酚氧化酶基因：*Ppo-A1b*（低）、*Ppo-D1b*（高）；过氧化物酶基因：*TaPod-A1*（低）；黄色素基因：*TaPds-B1a*（高）；谷蛋白亚基基因：*Glu-A1*（1）；籽粒蛋白积累基因：*NAM-6A1c*；抗叶锈病基因：*Lr68*。

/ 品质表现 / 2019 年济南试验基地取样测试结果：籽粒粗蛋白含量 16.22%，湿面筋含量 43.10%，沉降值 28 mL，吸水率 62.5 mL/100g，形成时间 3.5 min，稳定时间 2.3 min。

/ 产量表现 / 1982—1984 年参加山东省高肥组区域试验，第一年平均亩产 375.8 kg，比对照济南 13 增产 13.3%，第二年平均亩产 344.0 kg，比济南 13 增产 7%，两年平均亩产比济南 13 增产 10.2%。1983—1984 年参加全国黄淮北片高肥组区域试验，山东、山西、河南、河北试点均表现增产，较对照品种平均增产 13.6%。在省内外进行 52 处试验示范，有 45 处增产 10% ~15%，出现不少亩产 500 kg 以上的高产田。

/ 生产应用 / 适合亩产 350~450 kg 水肥地种植。主要在鲁北、鲁西、鲁中和胶东地区推广利用，在苏北、冀中、冀南、晋南种植亦表现较好。1984—1996 年累计推广面积 2 576 万亩，1988 年达最大推广面积 674 万亩，1992 年后面积降至 100 万亩以下。1986 年获山东省科技进步三等奖，1991 年获国家教委科技进步三等奖。

10cm

cm

cm

鲁麦 6 号

省库编号：LM12092　国库编号：ZM015835

/ 品种来源 / 原系号：系 L138。德州地区农业科学研究所 1977 年用二氧化碳激光 192J/cm^2 处理 70-4-92-1 小麦材料，对变异后代进行系统选育而成。1984 年通过山东省农作物品种审定委员会审定，审定编号：鲁种审字第 0030 号。

/ 特征特性 / 幼苗半匍匐，苗叶深绿，春季返青、起身、拔节较早，成株叶色呈灰绿色，叶片较平展，稍带蜡粉，旗叶上举；株高 82 cm 左右，茎秆较粗，分蘖力较弱，成穗率高。穗纺锤形，长芒，白壳，穗长 7~8 cm，穗粒数 30 粒以上；白粒，卵圆形，半角质，千粒重 40 g 左右。抗条锈病，感叶锈病和白粉病；偏春性；抗旱，抗倒；早熟，成熟期比山农辐 63 早 3d 左右，抗干热风，落黄好。

/ 基因信息 / 硬度基因：*Pinb-D1*（软）、*Pinb2-V2*（硬）；开花基因：*TaELF3-D1-1*（晚）、*PRR73A1*（晚）；穗粒数基因：*TEF-7A*（高）；籽粒颜色基因：*R-B1a*（白）；粒重相关基因：*TaGS-D1b*（低）、*TaGS2-A1b*（高）、*TaGS5-A1b*（高）、*TaCwi-4A-C*、*TaMoc-2433*（*Hap-L*）（低）、*GW2-6A*（低）；木质素基因：*COMT-3Bb*（低）；多酚氧化酶基因：*Ppo-A1b*（低）；过氧化物酶基因：*TaPod-A1*（高）；黄色素基因：*TaPds-B1a*（高）；谷蛋白亚基基因：*Glu-A1*（N）、*Glu-B3d*；籽粒蛋白积累基因：*NAM-6A1c*。

/ 品质表现 / 2019 年济南试验基地取样测试结果：籽粒粗蛋白含量 15.90%，湿面筋含量 42.80%，沉降值 26 mL，吸水率 58 mL/100g，形成时间 2.3 min，稳定时间 1.8 min。

/ 产量表现 / 1982—1984 年参加山东省晚播早熟组区域试验，第一年平均亩产 303.7 kg，比泰山 1 号增产 11.3%，第二年亩产 309.0 kg，比山农辐 63 增产 0.5%，居第一位。

/ 生产应用 / 适宜作麦棉、麦稻等一年两熟晚茬麦种植。在亩产 200~300 kg 水平的地区表现出比泰山 1 号高产、稳产，尤其适合麦棉、麦菜、麦稻间作套种，在鲁南、鲁中、鲁北、鲁西北，特别是棉区、菜区有一定种植，推广面积较小。

10cm

cm

cm

鲁麦 7 号

省库编号：LM12093　国库编号：ZM015836

/ 品种来源 / 原系号：烟 7578-135。烟台市农业科学研究所以洛夫林 10 号为母本、“维尔 / 如罗 // 蚰包”复交后代为父本，经系谱法选育，于 1981 年育成。1985 年通过山东省农作物品种审定委员会审定，审定编号：鲁种审字第 0037 号；1989 年通过全国农作物品种审定委员会审定，审定编号：GS02004-1989。

/ 特征特性 / 幼苗半匍匐，叶色浓绿，叶片较宽；株高 80~85 cm，株型松散，叶披，分蘖力中等偏上，成穗率高。穗近长方形，长芒，白壳，穗粒数 35 粒左右；白粒，椭圆形，半角质，千粒重 42~45 g。抗条锈病，感叶锈病和白粉病，耐土传花叶病和全蚀病，经鉴定对条中 17、18、22、23、25 号混合小种免疫，成株期对条中 17 高抗，对秆锈 34C2、34C4、21C3、116、21、21C1、34 群体小种苗期免疫，成株期高抗到免疫。半冬性；耐肥水，抗倒伏；中晚熟，成熟期比济南 13 晚 2~3d。

/ 基因信息 / 1B/1R。春化基因：*Vrn-D1a*（春性）；硬度基因：*Pinb-D1*（硬）、*Pinb2-V2*（软）；开花基因：*TaELF3-D1-1*（晚）、*PRR73A1*（早）；穗粒数基因：*TEF-7A*（低）；籽粒颜色基因：*R-B1a*（白）；粒重相关基因：*TaGS-D1a*（高）、*TaGS2-A1b*（高）、*TaGS5-A1b*（高）、*TaTGW-7Aa*（高）、*TaCwi-4A-T*、*TaMoc-2433*（*Hap-L*）（低）、*GW2-6A*（低）；木质素基因：*COMT-3Bb*（低）；穗发芽基因：*TaSdr-A1a*（低）；过氧化物酶基因：*TaPod-A1*（低）；黄色素基因：*TaPds-B1a*（高）；谷蛋白亚基基因：*Glu-A1*（1）、*Glu-B3d*；籽粒蛋白积累基因：*NAM-6A1c*。

/ 品质表现 / 2019 年济南试验基地取样测试结果：籽粒粗蛋白含量 13.99%，湿面筋含量 41.10%，沉降值 19 mL，吸水率 58.9 mL/100g，形成时间 2.8 min，稳定时间 1.9 min。

/ 产量表现 / 1983—1985 年参加山东省高肥组区域试验，两年平均亩产 415.0 kg，居首位，比对照济南 13 增产 18.1%；1984—1985 年参加山东省生产试验，平均亩产 379.7 kg，比对照济南 13 增产 29.8%。1983、1984 年参加黄淮麦区联合区域试验，在黄淮北片较对照品种宝丰 7228 平均增产 11.7%，平均亩产 420.9 kg；在黄淮南片平均增产 4.3%，平均亩产 415.1 kg。

/ 生产应用 / 该品种在黄淮麦区各省均有种植，以鲁东、苏北及淮北地区种植面积较大，1986—1992 年是山东省高肥水地块的当家品种之一。1989 年全国种植面积 879 万亩，山东省种植面积 689.1 万亩。2004 年山东省种植面积 9 万亩。

10cm

cm

cm

鲁麦 8 号

省库编号：LM 12094　国库编号：ZM 015837

/ 品种来源 / 原系号：110013。山东农业大学以矮孟牛Ⅳ型为母本、山农辐 66 为父本组配杂交，运用加代和异地选择技术育成。1985 年通过山东省农作物品种审定委员会审定，审定编号：鲁种审字第 0038 号。

/ 特征特性 / 幼苗匍匐，苗叶浓绿；株高 75 cm 左右，株型较紧凑，茎秆粗壮，分蘖力较强，成穗率较高，亩穗数 40 万穗左右。穗长方形，小穗排列较密，长芒，白壳，穗长 7~8 cm，穗粒数 36 粒左右；白粒，卵形，角质，黑胚率高，千粒重 55 g 左右。抗条锈病，轻感叶锈病和白粉病；冬性，耐寒性较强；耐高肥水，抗倒伏能力强；抽穗较早，成熟期偏晚，比济南 13 晚熟 1d，抗干热风，落黄好；籽粒休眠期较短，后期遇雨穗易发芽。

/ 基因信息 / 硬度基因：*Pinb-D1*（软）、*Pinb2-V2*（硬）；开花基因：*TaELF3-D1-1*（晚）、*PRR73A1*（早）；穗粒数基因：*TEF-7A*（低）；籽粒颜色基因：*R-B1a*（白）；粒重相关基因：*TaGS2-A1b*（高）、*TaTGW-7Aa*（高）、*TaCwi-4A-C*、*TaMoc-2433*（*Hap-L*）（低）、*GW2-6A*（低）；穗发芽基因：*TaSdr-A1a*（低）；多酚氧化酶基因：*Ppo-A1b*（低）；过氧化物酶基因：*TaPod-A1*（高）；黄色素基因：*TaPds-B1a*（高）；谷蛋白亚基基因：*Glu-B3d*；籽粒蛋白积累基因：*NAM-6A1c*；抗叶锈病基因：*Lr14a*、*Lr46*。

/ 品质表现 / 2019 年济南试验基地取样测试结果：籽粒粗蛋白含量 15.83%，湿面筋含量 35.90%，沉降值 23 mL，吸水率 57 mL/100g，形成时间 4.0 min，稳定时间 4.7 min。

/ 产量表现 / 1983—1985 年参加山东省高肥组区域试验，两年平均亩产 391.5 kg，居第四位，比对照济南 13 增产 11.6%；1984—1985 年参加山东省生产试验，平均亩产 361.8 kg，比对照济南 13 增产 25.2%。同年，参加烟台市小麦品种联合试验，平均亩产 416.6 kg，比对照烟农 15 增产 12.1%，居首位。

/ 生产应用 / 该品种适合亩产 300~500 kg 地力条件下种植，1985—1996 年全国累计推广面积 1 693 万亩。其中，1989 年种植面积 485 万亩，为最大种植面积年份。1988 年获山东省科技进步三等奖；1991 年获国家教委科技进步三等奖。

10cm

cm

cm

鲁麦 9 号

省库编号：LM12095　国库编号：ZM015838

/ 品种来源 / 原系号：60109。烟台市农业科学研究所与烟台市掖县西由乡王贾大队科技队合作，于 1974 年以洛夫林 13 为母本、“蚰选 57 // 小罂粟 / 欧柔”的杂交后代 71(17)6-1 为父本进行杂交，于 1981 年育成。1985 年通过山东省农作物品种审定委员会审定，审定编号：鲁种审字第 0039 号。

/ 特征特性 / 幼苗半匍匐；株高 70 cm 左右，株型紧凑，叶片下部较窄，上部短宽而挺，茎、叶蜡质重。穗长方形，顶芒，穗长 7~8 cm，穗粒数 26~30 粒；白粒，卵形，半角质，千粒重 40 g 左右，容重 780 g/L 左右。抗小麦三锈病，不抗条中 29 号小种，感白粉病；弱冬性，在烟台市早播易受冻害；耐肥水，抗倒伏；早熟，成熟期比济南 13 早 4d 左右，落黄较好。

/ 基因信息 / 硬度基因：*Pinb-D1*（硬）、*Pinb2-V2*（硬）；开花基因：*TaELF3-D1-1*（晚）、*PRR73A1*（早）；穗粒数基因：*TEF-7A*（低）；籽粒颜色基因：*R-B1a*（白）；粒重相关基因：*TaGS2-A1a*（低）、*TaGS5-A1a*（低）、*TaTGW-7Aa*（高）、*TaCwi-4A-T*、*TaMoc-2433*（*Hap-L*）（低）、*GW2-6A*（低）；木质素基因：*COMT-3Bb*（低）；穗发芽基因：*TaSdr-A1a*（低）；多酚氧化酶基因：*Ppo-D1b*（高）；黄色素基因：*TaPds-B1a*（高）；谷蛋白亚基基因：*Glu-A1*（N）、*Glu-B3d*；籽粒蛋白积累基因：*NAM-6A1c*；抗叶锈病基因：*Lr14a*。

/ 产量表现 / 1983—1985 年参加山东省高肥组区域试验，两年平均亩产 383.5 kg，比对照济南 13 增产 9.1%，居第五位，在鲁南、鲁西南地区增产 13.0%。1984—1985 年参加山东省生产试验，平均亩产 368.9 kg，比对照济南 13 增产 26.1%。

/ 生产应用 / 适合鲁南地区中上肥水条件下作晚茬麦种植。该品种推广面积较小，1985—1987 年平均种植 26 万亩左右。

10cm

cm

cm

鲁麦 10 号

省库编号：LM140256　国库编号：ZM015839

/ 品种来源 / 原系号：德州 198。德州地区农业科学研究所以坝 4131 为母本、运麦 13 为父本进行杂交，后代经田间筛选与室内鉴定而育成。1987 年通过山东省农作物品种审定委员会审定，审定编号：鲁种审字第 0059 号。

/ 特征特性 / 幼苗匍匐，生长势较强；株高 100 cm 左右，株型紧凑，茎叶蜡质重，分蘖力中等，成穗率高。穗纺锤形，长芒，白壳，穗长 8 cm 左右，穗粒数 25 粒左右；白粒，卵形，角质，千粒重 40 g 以上。在田间自然发病条件下，轻感条锈病、叶锈病和白粉病；冬性；抗盐碱能力强，在中度盐碱地增产效果明显；秸秆粗壮有弹性，抗倒伏；中熟，在德州全生育期 248d 左右，落黄好。

/ 基因信息 / 硬度基因：*Pinb-D1*（硬）、*Pinb2-V2*（软）；开花基因：*TaELF3-D1-1*（晚）、*PRR73A1*（早）；穗粒数基因：*TEF-7A*（低）；籽粒颜色基因：*R-B1b*（红）；粒重相关基因：*TaGS-D1a*（高）、*TaGS5-A1b*（高）、*TaCwi-4A-C*、*TaMoc-2433*（*Hap-L*）（低）、*GW2-6A*（高）；木质素基因：*COMT-3Ba*（高）；穗发芽基因：*TaSdr-A1b*（高）；过氧化物酶基因：*TaPod-A1*（低）；黄色素基因：*TaPds-B1a*（高）；籽粒蛋白积累基因：*NAM-6A1a*；抗叶锈病基因：*Lr14a*、*Lr46*。

/ 品质表现 / 2019 年济南试验基地取样测试结果：籽粒粗蛋白含量 15.07%，湿面筋含量 39.40%，沉降值 31 mL，吸水率 60 mL/100g，形成时间 3.3 min，稳定时间 4 min。

/ 产量表现 / 1982—1983 年在德州地区中度盐碱地多点试验，平均亩产 167.57 kg，比对照德选 1 号增产 45.8%。1985—1986 年在中度盐碱地中等肥水条件下进行生产试验，平均亩产 262.25 kg，比德选 1 号增产 28.0%。

/ 生产应用 / 主要在山东德州、滨州、东营等地内陆盐碱地和部分滨海盐碱地种植，河北、河南盐碱地区也有种植，曾是山东省盐碱地对照品种，累计推广面积 110.9 万亩。

10cm

cm

cm

鲁麦11

省库编号：LM140008　国库编号：ZM015591

/ 品种来源 / 原系号：山农 114427。山东农业大学育成，杂交组合为矮孟牛Ⅳ型 / 山农辐 66，山农 311303 为其提纯复壮改良系。1988 年通过山东省农作物品种审定委员会审定，审定编号：鲁种审字第 0081 号。

/ 特征特性 / 幼苗半匍匐，起身前苗叶淡绿色，起身后转绿色，长相清秀；株高 90 cm 左右，穗下节间长，旗叶较长略上冲。穗长方形，穗层整齐，穗粒数 35 粒左右；白粒，卵圆形，角质，千粒重 45 g 以上。对条锈病近免疫，对叶中 3 号和山东 A 型叶锈病小种表现高抗和中抗，抗秆锈病，高抗白粉病；半冬性，可安全越冬；根系活力强，耐干旱；茎秆坚硬，抗倒伏；中熟，成熟时植株及籽粒脱水较慢，后期抗干热风，熟相好。

/ 基因信息 / 硬度基因：*Pinb-D1*（硬）、*Pinb2-V2*（软）；开花基因：*TaELF3-D1-1*（晚）、*PRR73A1*（早）；穗粒数基因：*TEF-7A*（低）；籽粒颜色基因：*R-B1a*（白）；粒重相关基因：*TaGS-D1b*（低）、*TaGS2-A1b*（高）、*TaGS5-A1b*（高）、*TaTGW-7Aa*（高）、*TaCwi-4A-C*、*TaMoc-2433*（*Hap-H*）（高）、*GW2-6A*（低）；木质素基因：*COMT-3Bb*（低）；穗发芽基因：*TaSdr-A1a*（低）；多酚氧化酶基因：*Ppo-A1b*（低）、*Ppo-D1b*（高）；过氧化物酶基因：*TaPod-A1*（高）；黄色素基因：*TaPds-B1a*（高）；谷蛋白亚基基因：*Glu-A1*（1）、*Glu-B3d*；籽粒蛋白积累基因：*NAM-6A1c*；抗叶锈病基因：*Lr14a*、*Lr46*、*Lr68*。

/ 品质表现 / 2019 年济南试验基地取样测试结果：籽粒粗蛋白含量 15.82%，湿面筋含量 38.00%，沉降值 20 mL，吸水率 61.3 mL/100g，形成时间 2.7 min，稳定时间 1.4 min。

/ 产量表现 / 1983—1985 年参加山东省小麦中肥组区域试验，两年平均亩产 330.05 kg，未达到选拔标准。在鲁南、鲁西南、胶东等地区比对照品种山农辐 63 平均增产 6.5%。1986 年宁阳县旱作条件下种植 823 亩，平均亩产 369 kg，较山农辐 63 增产 20.2%。

/ 生产应用 / 适合山东省除鲁北以外的绝大部分地区种植，在河南、苏北、皖北也有大面积种植。1985 年起大面积示范推广，1985—1996 年累计推广 2 583 万亩，其中 1989、1990 年年种植面积超过 500 万亩。1991 年以后，由于锈病生理小种的变化，特别是叶锈病的抗病性有所下降，种植面积逐年下降。

10cm

cm

cm

215953

省库编号：LM140009　国库编号：ZM 015592

/ 品种来源 / 山东农业大学以矮孟牛Ⅳ型为母本、山农辐66为父本进行杂交，于1985年选育而成。1989年通过山东省农作物品种审定委员会审定，审定编号：(89) 鲁农种审字第0003号。

/ 特征特性 / 幼苗匍匐，苗叶浓绿；株高75~80 cm，株型紧凑，旗叶上冲，分蘖力强，成穗率较高。穗近长方形，长芒，白壳，穗长8 cm左右，穗粒数36粒左右；白粒，椭圆形，半角质至角质，千粒重50~55 g，黑胚率高。高抗条锈病，中抗白粉病，纹枯病较重；冬性；茎秆粗壮，耐高肥水，抗倒伏能力强；中熟偏晚，抽穗较早，灌浆期长，抗干热风，熟相好；籽粒休眠期短，遇雨穗易发芽。

/ 基因信息 / 硬度基因：*Pinb-D1*（硬）、*Pinb2-V2*（硬）；开花基因：*TaELF3-D1-1*（晚）、*PRR73A1*（晚）；穗粒数基因：*TEF-7A*（低）；籽粒颜色基因：*R-B1a*（白）；粒重相关基因：*TaGS-D1a*（高）、*TaGS5-A1b*（高）、*TaTGW-7Aa*（高）、*TaCwi-4A-C*、*TaMoc-2433*（*Hap-L*）（低）、*GW2-6A*（低）；木质素基因：*COMT-3Bb*（低）；穗发芽基因：*TaSdr-A1a*（低）；多酚氧化酶基因：*Ppo-A1b*（低）；过氧化物酶基因：*TaPod-A1*（低）；黄色素基因：*TaPds-B1a*（高）；谷蛋白亚基基因：*Glu-A1*（1）、*Glu-B3d*；籽粒蛋白积累基因：*NAM-6A1c*；抗叶锈病基因：*Lr14a*。

/ 品质表现 / 2019年济南试验基地取样测试结果：籽粒粗蛋白含量13.96%，湿面筋含量35.50%，沉降值21 mL，吸水率58.8 mL/100g，形成时间3.3 min，稳定时间5.1 min。

/ 产量表现 / 1985—1987年参加山东省高肥组区域试验，在鲁南、鲁西南地区比对照济南13平均增产12.34%，在胶东地区增产10.9%。1991—1992年在河北省冀中南片水地进行试验，较对照冀麦24增产13.6%，居首位。

/ 生产应用 / 1985年开始推广种植，1991年桓台县鲁215953面积占全县小麦面积（41万亩）的97%，平均亩产453 kg，其中有10万亩攻关田平均亩产超过500 kg。1992年全国种植面积963.42万亩，其中山东省种植面积827.07万亩，为最大种植面积年份。1995年后面积降至100万亩以下。1985—1996年全国累计种植面积3 400万亩左右。1991年获国家计委、国家科委、财政部联合颁发的国家“七五”科技攻关重大成果奖。

10cm

cm

cm

鲁麦 12

省库编号：LM140138 国库编号：ZM015721

/ 品种来源 / 原系号：聊 83-1。聊城地区农业科学研究所以“洛 10/ 蚰包 //527 欧柔 / 矮丰 3 号”F_3 为母本、掖 1 为父本杂交育成。1989 年通过山东省农作物品种审定委员会审定，审定编号：鲁种审字第 0093 号。

/ 特征特性 / 幼苗匍匐，叶色深绿；株高 85~90 cm，茎秆粗壮，分蘖力中等，成穗率低。穗长方形，穗层整齐，长芒，白壳，穗粒数 36 粒左右；白粒，椭圆形，半角质，千粒重 44 g，容重 767 g/L。抗条锈病和叶锈病，轻感白粉病；冬性，越冬性好；茎秆坚硬，弹性大，抗倒性强；中熟，全生育期 244d，比济南 13 早熟 1~2d，较抗干热风，熟相一般。

/ 基因信息 / 硬度基因：*Pinb-D1*（软）、*Pinb2-V2*（软）；开花基因：*TaELF3-D1-1*（晚）、*PRR73A1*（早）；穗粒数基因：*TEF-7A*（高）；籽粒颜色基因：*R-B1a*（白）；粒重相关基因：*TaGS2-A1a*（低）、*TaGS5-A1b*（高）、*TaCwi-4A-T*、*TaMoc-2433*（*Hap-L*）（低）、*GW2-6A*（高）；木质素基因：*COMT-3Bb*（低）；穗发芽基因：*TaSdr-A1a*（低）；多酚氧化酶基因：*Ppo-D1a*（低）；过氧化物酶基因：*TaPod-A1*（高）；黄色素基因：*TaPds-B1a*（高）；谷蛋白亚基基因：*Glu-A1*（N）、*Glu-B3d*；籽粒蛋白积累基因：*NAM-6A1c*；抗叶锈病基因：*Lr14a*、*Lr46*。

/ 品质表现 / 2019 年济南试验基地取样测试结果：籽粒粗蛋白含量 14.56%，湿面筋含量 35.90%，沉降值 18 mL，吸水率 57.5 mL/100g，形成时间 2.5 min，稳定时间 3.1 min。

/ 产量表现 / 1985—1987 年参加山东省小麦高肥组区域试验，两年区域试验 28 点次平均亩产 417.55 kg，比对照济南 13 增产 8.14%，居首位；1987—1988 年参加生产试验，平均亩产 433.8 kg，比济南 13 增产 11.8%。在两年黄淮北片高肥组区域试验中，分别比对照种宝丰 7228 增产 11.63%和 8.43%。

/ 生产应用 / 适合山东省高肥水地块搭配种植。1985—1996 年全国累计种植面积 3 600 万亩左右，其中山东省种植面积 2 088.58 万亩，1996 年后少有种植。1992 年获山东省科技进步三等奖。

10cm

cm

cm

鲁麦13

省库编号：LM140126　国库编号：ZM015709

/ 品种来源 / 原系号：烟中144。烟台市农业科学研究所以“洛夫林13/71(17)6-1”F_6为母本、莱阳584为父本杂交选育而成。1989年通过山东省农作物品种审定委员会审定，审定编号：鲁种审字第0094号。

/ 特征特性 / 幼苗半匍匐，叶片较窄，深绿色，分蘖力强；成穗率中等，亩穗数40万穗左右；株高78 cm，叶片短挺上举，茎叶蜡质重。穗近长方形，长芒，白壳，穗粒数28~35粒；白粒，卵形，角质，千粒重39 g左右。高抗条锈、叶锈病，轻感白粉病；冬性，耐寒；抗旱，抗倒伏，不抗干热风；中晚熟，全生育期247d左右，比山农辐63晚熟1d，熟相一般。

/ 基因信息 / 硬度基因：*Pinb-D1*（硬）、*Pinb2-V2*（硬）；开花基因：*TaELF3-D1-1*（晚）、*PRR73A1*（早）；穗粒数基因：*TEF-7A*（高）；籽粒颜色基因：*R-B1a*（白）；粒重相关基因：*TaGS-D1a*（高）、*TaGS2-A1a*（低）、*TaGS5-A1a*（低）、*TaTGW-7Aa*（高）、*TaCwi-4A-C*、*TaMoc-2433*（*Hap-L*）（低）、*GW2-6A*（高）；穗发芽基因：*TaSdr-A1b*（高）；多酚氧化酶基因：*Ppo-A1b*（低）、*Ppo-D1b*（高）；过氧化物酶基因：*TaPod-A1*（高）；黄色素基因：*TaPds-B1a*（高）；谷蛋白亚基基因：*Glu-A1*（1）、*Glu-B3d*；籽粒蛋白积累基因：*NAM-6A1c*；抗叶锈病基因：*Lr46*。

/ 品质表现 / 2019年济南试验基地取样测试结果：籽粒粗蛋白含量15.38%，湿面筋含量38.70%，沉降值37 mL，吸水率61.7 mL/100g，形成时间7.3 min，稳定时间16.4 min。

/ 产量表现 / 1985—1987年参加山东省小麦中肥组区域试验，两年区试27点次平均亩产370.9 kg，比对照山农辐63增产3.08%，居首位；1987—1988年参加生产试验，平均亩产388.8 kg，比对照晋麦21增产1.7%。1988—1989年在山东省莱阳市冯格庄乡马岚村旱肥地种植千亩丰产方，平均亩产445.8 kg。其中，100亩亩产544.6 kg，1.66亩高产地块平均亩产616.0 kg。

/ 生产应用 / 适合胶东地区中肥水地块和旱而不薄地块推广利用。1986—1999年山东省累计种植面积2 000万亩，其中1991年山东省种植面积400.66万亩，为最大种植面积年份。

10cm

cm

cm

鲁麦 14

省库编号：LM130595 国库编号：ZM015710

/ 品种来源 / 原系号：烟 1604。烟台市农业科学研究所 1979 年以 C149 为母本、F4530 为父本进行有性杂交，于 1986 年育成。1990 年通过山东省农作物品种审定委员会审定，审定编号：鲁种审字第 0120 号；1992 年通过山西省农作物品种审定委员会认定；1993 年通过全国农作物品种审定委员会审定，审定编号：GS02001-1992。

/ 特征特性 / 幼苗匍匐，叶色深绿，苗期叶片细窄，分蘖力强，成穗率高，亩穗数 45 万穗左右；株高 79 cm 左右，叶片上冲，茎叶微带蜡粉。穗纺锤形，长芒，白壳，穗粒数 35 粒左右；白粒，椭圆形，角质，千粒重 40 g 左右，容重 765 g/L。高抗条锈病、叶锈病和秆锈病及白粉病，耐土传花叶病毒病和纹枯病。冬性，抗寒性好，较抗早春霜冻；抗旱性较好，经鉴定抗旱性为 2 级，属水旱两用品种；中熟，成熟期比济南 13 早 2d。

/ 基因信息 / 开花基因：*TaELF3-D1-1*（晚）；籽粒颜色基因：*R-B1a*（白）；粒重相关基因：*TaGS-D1a*（高）、*TaGS2-A1a*（低）、*TaGS5-A1a*（低）、*TaTGW-7Aa*（高）、*TaMoc-2433*（*Hap-L*）（低）；穗发芽基因：*TaSdr-A1a*（低）；多酚氧化酶基因：*Ppo-A1b*（低）、*Ppo-D1b*（高）；黄色素基因：*TaPds-B1a*（高）；谷蛋白亚基基因：*Glu-A1*（1）、*Glu-B3d*；籽粒蛋白积累基因：*NAM-6A1c*。

/ 品质表现 / 2019 年济南试验基地取样测试结果：籽粒粗蛋白含量 15.53%，湿面筋含量 40.90%，沉降值 35 mL，吸水率 61.3 mL/100g，形成时间 4.7 min，稳定时间 5.4 min。

/ 产量表现 / 1987—1989 年参加山东省小麦高肥组区域试验，两年 22 点次平均亩产 451.6 kg，比对照济南 13 增产 11.2%，居首位；1989—1990 年参加山东省生产试验，10 点次平均亩产 441.63 kg，比对照济南 13 增产 23.8%。1987—1989 年在黄淮麦区北片高肥组区域试验中，较对照宝丰 7228 和济南 13 分别增产 23.50%和 13.73%。

/ 生产应用 / 1989 年开始推广，先后在山东、山西、江苏、安徽、河北、河南六省的高中肥水条件下种植，曾是山东省区域试验对照品种。据不完全统计，到 2002 年全国累计种植面积 13 056.9 万亩。其中，1994 年全国年最大收获面积为 2 154.05 万亩。该品种是山东省 20 世纪 90 年代的当家品种，1992—1996 年间年种植面积均在 1 100 万亩以上，其中 1992 年种植面积 1 478.2 万亩，为最大种植面积年份，2000 年以后种植面积迅速下降。1993 年获山东省科技进步一等奖，1996 年获国家科技进步二等奖。

10cm

cm

cm

鲁麦 15

省库编号：LM140051　国库编号：ZM015634

/ 品种来源 / 原系号：太 836214。山东农业大学利用太谷核不育材料组配杂交组合“（Tal 扬麦 1 号 B1/ 矮孟牛 II 型）F_1 // 104-14”，于 1985 年育成。1990 年通过山东省农作物品种审定委员会审定，审定编号：鲁种审字第 0121 号；1996 年通过江苏省农作物品种审定委员会审定；1998 年通过全国农作物品种审定委员会审定，审定编号：国审麦 980010。

/ 特征特性 / 幼苗半匍匐，芽鞘淡绿，叶片色较淡，苗期生长势强，分蘖力较强，成穗率较高，亩穗数 40 万穗左右；株高 78 cm 左右，株型紧凑，旗叶小，叶片上冲，穗下节间长，穗层整齐。穗长方形，长芒，白壳，穗长 10 cm 左右，穗粒数 36 粒左右；白粒，卵形，腹沟浅，半角质，千粒重 42 g 左右，容重 771 g/L。高抗条锈病，兼抗叶锈病和秆锈病，对条中 22~28 号生理小种免疫，对条中 29 号小种表现高抗，中感白粉病；半冬性，春播能正常抽穗结实，对温度反应不敏感，耐寒性中等；较耐干旱；中早熟，全生育期 230~240d，较济南 13 早熟 3~4d，熟相好。

/ 基因信息 / 春化基因：*Vrn-D1a*（春性）；硬度基因：*Pinb-D1*（软）、*Pinb2-V2*（软）；开花基因：*TaELF3-D1-1*（晚）、*PRR73A1*（早）；穗粒数基因：*TEF-7A*（高）；籽粒颜色基因：*R-B1a*（白）；粒重相关基因：*TaGS-D1a*（高）、*TaGS2-A1b*（高）、*TaGS5-A1b*（高）、*TaTGW-7Aa*（高）、*TaCwi-4A-C*、*TaMoc-2433*（*Hap-L*）（低）、*GW2-6A*（低）；穗发芽基因：*TaSdr-A1a*（低）；多酚氧化酶基因：*Ppo-A1b*（低）；过氧化物酶基因：*TaPod-A1*（高）；黄色素基因：*TaPds-B1a*（高）；谷蛋白亚基基因：*Glu-A1*（1）、*Glu-B3d*；籽粒蛋白积累基因：*NAM-6A1c*。

/ 品质表现 / 2019 年济南试验基地取样测试结果：籽粒粗蛋白含量 15.75%，湿面筋含量 41.40%，沉降值 32 mL，吸水率 61.9 mL/100g，形成时间 4.5 min，稳定时间 5.1 min。

/ 产量表现 / 1987—1989 年参加山东省小麦高肥组区域试验，两年 22 点次平均亩产 438.5 kg，比对照济南 13 增产 8.0%；1989—1990 年参加生产试验，10 点次平均亩产 427.24 kg，比对照济南 13 增产 19.7%。1992 年郯城县沙墩乡株柏村种植 56.3 亩，实收 4.8 亩，平均亩产 591.85 kg。

/ 生产应用 / 该品种是利用我国独有的太谷核不育材料育成的第一个小麦品种。1989 年泰安市种植面积 20.7 万亩，1990 年山东省种植面积 100.38 万亩，1992—1994 年连续 3 年山东省种植面积均在 1 000 万亩以上，同时在江苏、安徽、河南、河北等省也有大面积种植。1989—2000 年全国累计推广面积 6 900 万亩。1994 年获山东省科技进步一等奖，1995 年获国家科技进步二等奖，1998 年获国家教委科技进步一等奖。

10cm

cm

cm

鲁麦 16

省库编号：LM12107　国库编号：ZM026003

/ 品种来源 / 原系号：828006。济宁市农业科学研究所以高 8 为母本、偃大 72-629 为父本进行杂交，F_1 种子用氦氖激光 10 000 J/cm^2 处理，从其后代中选育而成。1990 年通过山东省农作物品种审定委员会审定，审定编号：鲁种审字第 0122 号。

/ 特征特性 / 幼苗半匍匐，叶色浓绿，叶片宽、短、上举，分蘖力中等，成穗率较高，亩穗数 40 万~45 万穗；株高 80 cm 左右，株型紧凑。穗长方形，码密，长芒，白壳，穗粒数 33 粒左右；白粒，椭圆形，粉质，千粒重 38.5 g，容重 788 g/L。高抗条锈病，轻感叶锈病，中感白粉病；半冬性；茎秆韧性强，抗倒伏；成熟期较济南 13 早 3~4d，抗干热风，熟相好。

/ 基因信息 / 开花基因：*TaELF3-D1-1*（晚）、*PRR73A1*（早）；穗粒数基因：*TEF-7A*（低）；籽粒颜色基因：*R-B1a*（白）；粒重相关基因：*TaGS-D1a*（高）、*TaGS2-A1b*（高）、*TaTGW-7Aa*（高）、*TaMoc-2433*（*Hap-L*）（低）、*GW2-6A*（低）；穗发芽基因：*TaSdr-A1a*（低）；多酚氧化酶基因：*Ppo-D1b*（高）；过氧化物酶基因：*TaPod-A1*（高）；黄色素基因：*TaPds-B1b*（低）；谷蛋白亚基基因：*Glu-A1*（1）、*Glu-B3d*；籽粒蛋白积累基因：*NAM-6A1c*。

/ 品质表现 / 2019 年济南试验基地取样测试结果：籽粒粗蛋白含量 14.03%，湿面筋含量 32.20%，沉降值 24 mL，吸水率 55.4 mL/100g，形成时间 2.5 min，稳定时间 2.4 min。

/ 产量表现 / 1987—1989 年参加山东省小麦中肥组区域试验，两年 21 点次平均亩产 367.4 kg，比对照山农辐 63 增产 0.5%；1989—1990 年参加生产试验，平均亩产 403.3 kg，比对照晋麦 21 增产 27.5%。

/ 生产应用 / 适合鲁南、鲁西南地区亩产 300~350 kg 中上肥水地种植，在苏北、豫东等地也有种植。1991—1999 年全国累计种植面积 510.5 万亩，其中 1992 年山东省种植面积 128.8 万亩，为最大种植面积年份。1991 年获济宁市科技进步一等奖。

10cm

cm

cm

鲁麦 17

省库编号：LM140350 国库编号：ZM022722

/ 品种来源 / 原系号：莱农 8442。莱阳农学院以山前为母本、71（170）6（来自组合安徽 9 号 / 红壳欧柔白 // 拜尼莫 62）为父本杂交育成。1990 年通过山东省农作物品种审定委员会审定，审定编号：鲁种审字第 0123 号。

/ 特征特性 / 幼苗匍匐，叶片上举，分蘖力较强，成穗率较高；株高 90 cm 左右。穗纺锤形，长芒，白壳，穗粒数 26.1 粒左右；白粒，卵形，半角质，千粒重 44.7 g，容重 771g/L。抗条锈病，轻感叶锈和白粉病；冬性，抗寒性强；耐旱性较好；中熟，叶片功能期长，不早衰，熟相较好。

/ 基因信息 / 硬度基因：*Pinb-D1*（软）、*Pinb2-V2*（软）；开花基因：*TaELF3-D1-1*（晚）、*PRR73A1*（早）；穗粒数基因：*TEF-7A*（高）；籽粒颜色基因：*R-B1b*（红）；粒重相关基因：*TaGS2-A1b*（高）、*TaGS5-A1b*（高）、*TaTGW-7Aa*（高）、*TaCwi-4A-T*、*TaMoc-2433*（*Hap-L*）（低）、*GW2-6A*（低）；木质素基因：*COMT-3Ba*（高）；穗发芽基因：*TaSdr-A1b*（高）；黄色素基因：*TaPds-B1b*（低）；谷蛋白亚基基因：*Glu-A1*（1）；籽粒蛋白积累基因：*NAM-6A1a*；抗叶锈病基因：*Lr46*。

/ 品质表现 / 2019 年济南试验基地取样测试结果：籽粒粗蛋白含量 15.23%，湿面筋含量 34.90%，沉降值 34 mL，吸水率 55 mL/100g，形成时间 4 min，稳定时间 6.1 min。

/ 产量表现 / 1987—1989 年参加山东省小麦中肥组区域试验，两年 21 点次平均亩产 394.6 kg，比对照山农辐 63 增产 7.9%，居首位；1989—1990 年参加生产试验，6 点次平均亩产 380.1 kg，比晋麦 21 增产 20.2%。1986—1992 年在不同年份和地点进行示范试验，旱地种植比对照增产 12.0% ~62.8%，亩产 264.0~484.0 kg；中肥地块比对照增产 2.5% ~14.0%，亩产 324.0~449.0 kg。

/ 生产应用 / 适合鲁北、鲁中、胶东地区中肥水地种植。1990—1995 年累计推广面积 100 万亩左右，1992 年种植面积 15.2 万亩。1992 年定为山东省旱地组区域试验对照品种。1996 获山东省科技进步三等奖。

10cm

cm

cm

齐 8410

省库编号：LM140337 国库编号：ZM022708

/ 品种来源 / 齐河县农业科学研究所从杂交组合 7498/ 克山麦的后代经系统选育而成。1990 年通过山东省农作物品种审定委员会认定，认定文号：(90) 鲁农审字第 5 号。

/ 特征特性 / 幼苗匍匐，分蘖力较强，成穗率中等；株高 80 cm 左右。穗纺锤形，小穗排列较密，长芒，白壳，穗粒数 36 粒左右；白粒，椭圆形，角质，千粒重 40~44 g。抗病性较好；冬性，越冬性好；早熟，成育期比对照山农辐 63 早 3d。

/ 基因信息 / 硬度基因：*Pinb-D1*（软）、*Pinb2-V2*（软）；开花基因：*TaELF3-D1-1*（晚）；籽粒颜色基因：*R-B1b*（红）；粒重相关基因：*TaGS-D1a*（高）、*TaGS2-A1a*（低）、*TaGS5-A1b*（高）、*TaTGW-7Aa*（高）、*TaCwi-4A-T*、*TaMoc-2433*（*Hap-L*）（低）、*GW2-6A*（高）；木质素基因：*COMT-3Ba*（高）；穗发芽基因：*TaSdr-A1b*（高）；多酚氧化酶基因：*Ppo-A1a*（高）；过氧化物酶基因：*TaPod-A1*（高）；黄色素基因：*TaPds-B1a*（高）；谷蛋白亚基基因：*Glu-A1*（1）；籽粒蛋白积累基因：*NAM-6A1a*；抗叶锈病基因：*Lr14a*；抗黄花叶病毒病基因：*Sbmp 6061*。

/ 品质表现 / 2019 年济南试验基地取样测试结果：籽粒粗蛋白含量 12.91%，湿面筋含量 28.60%，沉降值 26 mL，吸水率 53.9 mL/100g，形成时间 1.7 min，稳定时间 4.4 min。

/ 产量表现 / 1985—1987 年参加山东省小麦晚播早熟组区域试验，两年平均亩产 371.8 kg，比对照山农辐 63 增产 6.5%；1987—1988 年参加山东省小麦生产试验，平均亩产 353.4 kg，比对照晋麦 21 增产 3.7%。

/ 生产应用 / 适合山东省北部地区中等肥水晚茬麦地、麦棉套作地种植。

10cm

cm

cm

滨州 4042

省库编号：LM140268　国库编号：ZM015851

/ 品种来源 / 原系号：804042。山东惠民地区农业科学研究所 1974 年以 76205（54405/ 欧柔）为母本、725439（济南 1 号 / 辉县红 // 济南矮 6 号）为父本杂交，于 1980 年选育而成。1990 年通过山东省农作物品种审定委员会认定，认定文号：(90) 鲁农审字第 5 号。

/ 特征特性 / 幼苗半匍匐，叶色深绿，紫叶耳，分蘖力中等，成穗率高；株高 80~95 cm，株型紧凑，穗层整齐，旗叶上挺。穗纺锤形，长芒，白壳，穗长 8 cm 左右，穗粒数 36 粒左右；白粒，卵形，半角质，千粒重 42 g 左右，容重 742 g/L。高抗条锈病，轻感白粉病；半冬性，耐寒性好；耐旱节水；中早熟，后期干热风为害轻，熟相好。

/ 基因信息 / 春化基因：*Vrn-D1a*（春性）；硬度基因：*Pinb-D1*（软）、*Pinb2-V2*（软）；开花基因：*TaELF3-D1-1*（晚）、*PRR73A1*（早）；穗粒数基因：*TEF-7A*（低）；籽粒颜色基因：*R-B1b*（红）；粒重相关基因：*TaGS-D1a*（高）、*TaGS2-A1b*（高）、*TaGS5-A1b*（高）、*TaCwi-4A-C*、*TaMoc-2433*（*Hap-L*）（低）、*GW2-6A*（高）；木质素基因：*COMT-3Ba*（高）；穗发芽基因：*TaSdr-A1b*（高）；多酚氧化酶基因：*Ppo-A1a*（高）、*Ppo-D1a*（低）；黄色素基因：*TaPds-B1a*（高）；籽粒蛋白积累基因：*NAM-6A1a*。

/ 品质表现 / 2019 年济南试验基地取样测试结果：籽粒粗蛋白含量 15.81%，湿面筋含量 41.40%，沉降值 35 mL，吸水率 62.4 mL/100g，形成时间 4.8 min，稳定时间 7.5 min。

/ 产量表现 / 1982—1984 年参加滨州地区品种比较试验，产量比对照山农辐 63 增产 14.2% ~ 19.1%。1985—1987 年参加山东省小麦中肥组区域试验，两年平均亩产 347.99 kg，比对照山农辐 63 增减不显著。之后，在鲁北地区中低肥水条件下示范种植，表现为抗旱、抗病、耐盐碱，比昌乐 5 号显著增产。

/ 生产应用 / 适合鲁北、鲁中地区中低肥水地种植。1988—1990 年滨州市科委组织大面积示范，产量比对照昌乐 5 号增产 18.8% 左右，3 年示范面积 19.95 万亩。1987—1992 年在滨州、东营、淄博等地累计种植面积 111 万亩左右。

10cm

cm

cm

滕州 1416

省库编号：LM140285 国库编号：ZM015868

/ 品种来源 / 滕州市种子公司以博爱 7023 作母本、济南 13 作父本杂交育成。1991 年通过山东省农作物品种审定委员会认定，认定文号：(91) 鲁农审字第 4 号。

/ 特征特性 / 幼苗半匍匐，分蘖力中等，成穗率高；株高 85 cm 左右，株型较紧凑，叶片上举。穗近长方形，顶芒，白壳，穗长 7 cm 左右，穗粒数 30 粒左右；白粒，椭圆形，半角质，千粒重 37 g 左右。耐病性较好，半冬性，耐旱，中熟。

/ 基因信息 / 硬度基因：*Pinb-D1*（软）、*Pinb2-V2*（软）；开花基因：*PRR73A1*（早）；穗粒数基因：*TEF-7A*（高）；籽粒颜色基因：*R-B1a*（白）；粒重相关基因：*TaGS-D1a*（高）、*TaGS2-A1b*（高）、*TaGS5-A1b*（高）、*TaTGW-7Aa*（高）、*TaCwi-4A-T*、*TaMoc-2433*（*Hap-L*）（低）、*GW2-6A*（低）；木质素基因：*COMT-3Bb*（低）；穗发芽基因：*TaSdr-A1a*（低）；多酚氧化酶基因：*Ppo-A1b*（低）、*Ppo-D1b*（高）；过氧化物酶基因：*TaPod-A1*（高）；黄色素基因：*TaPds-B1b*（低）；谷蛋白亚基基因：*Glu-B3d*；籽粒蛋白积累基因：*NAM-6A1c*；抗叶锈病基因：*Lr14a*、*Lr46*。

/ 品质表现 / 2019 年济南试验基地取样测试结果：籽粒粗蛋白含量 14.35%，湿面筋含量 32.00%，沉降值 19 mL，吸水率 58.7 mL/100g，形成时间 1.9 min，稳定时间 1.3 min。

/ 产量表现 / 1985—1987 年参加山东省小麦高肥组区域试验，产量与对照相当。后在济宁、枣庄一带中等或中下肥水条件下示范种植，表现比当地推广品种高产稳产，面积逐步扩大。

/ 生产应用 / 适合在山东南部地区中产地块种植利用。种植面积较小，推广应用年限较短。

10cm

cm

cm

PH82-2-2

省库编号：LM140001　国库编号：ZM015584

/ 品种来源 / 山东农业大学利用 ^{60}Co-γ 射线处理中国科学院西北植物研究所远缘杂交的 F_3 代材料，经系统选育而成。1992 年通过山东省农作物品种审定委员会认定，认定文号：(92) 鲁农审字第 4 号。

/ 特征特性 / 分蘖力强，成穗率高；株高 85 cm 左右。穗纺锤形，长芒，白壳，穗粒数 30 粒左右；白粒，卵形，角质，千粒重 40~42 g，容重 810~830 g/L。高抗条锈病和秆锈病；半冬性，耐旱，耐晚播，早熟。

/ 基因信息 / 硬度基因：*Pinb-D1*（软）、*Pinb2-V2*（硬）；开花基因：*TaELF3-D1-1*（晚）、*PRR73A1*（晚）；籽粒颜色基因：*R-B1a*（白）；粒重相关基因：*TaGS-D1a*（高）、*TaGS2-A1b*（高）、*TaGS5-A1b*（高）、*TaCwi-4A-C*、*TaMoc-2433*（*Hap-L*）（低）、*GW2-6A*（低）；穗发芽基因：*TaSdr-A1a*（低）；多酚氧化酶基因：*Ppo-A1b*（低）；黄色素基因：*TaPds-B1a*（高）；谷蛋白亚基基因：*Glu-B3d*；籽粒蛋白积累基因：*NAM-6A1c*；抗叶锈病基因：*Lr14a*、*Lr46*。

/ 品质表现 / 2019 年济南试验基地取样测试结果：籽粒粗蛋白含量 14.40%，湿面筋含量 35.80%，沉降值 39 mL，吸水率 59.2 mL/100g，形成时间 5 min，稳定时间 15.5 min。

/ 产量表现 / 1987—1989 年参加山东省小麦新品种（系）中肥组区域试验，两年平均亩产 341.9 kg，比对照山农辐 63 减产 6.5%。1990—1992 年在东阿县进行 20 万亩示范种植，平均亩产 400 kg 左右。

/ 生产应用 / 1990 年山东省种植面积 28 万亩，1993 年和 1994 年种植面积都在 56 万亩左右，1998—2000 年每年种植面积 10 万 ~20 万亩。1993 年获国家技术发明二等奖。

10cm

cm

cm

鲁麦 18

省库编号：LM140340　国库编号：ZM022721

/ 品种来源 / 原系号：8641012。原泰安市农业科学研究所选育，杂交组合为 86026/8-038// 沛县 3041-1。1993 年通过山东省农作物品种审定委员会审定，审定编号：鲁种审字第 0142 号。

/ 特征特性 / 株高 85 cm 左右，株型紧凑，叶短、窄、挺。穗纺锤形，长芒，白壳，穗长 7 cm 左右，穗粒数 36 粒左右；白粒，卵形，半角质，千粒重 40~45 g，容重 800~810 g/L。轻感白粉病、条锈病；半冬性，耐寒性好；早熟，成熟期比鲁麦 13 早 2~3d，熟相中等。

/ 基因信息 / 春化基因：*Vrn-D1a*（春性）；硬度基因：*Pinb-D1*（硬）、*Pinb2-V2*（软）；开花基因：*TaELF3-D1-1*（晚）、*PRR73A1*（晚）；穗粒数基因：*TEF-7A*（低）；籽粒颜色基因：*R-B1a*（白）；粒重相关基因：*TaGS-D1a*（高）、*TaGS2-A1b*（高）、*TaGS5-A1b*（高）、*TaTGW-7Ab*（低）、*TaCwi-4A-C*、*TaMoc-2433*（*Hap-L*）（低）、*GW2-6A*（低）；穗发芽基因：*TaSdr-A1a*（低）；多酚氧化酶基因：*Ppo-A1b*（低）；过氧化物酶基因：*TaPod-A1*（低）；黄色素基因：*TaPds-B1a*（高）；谷蛋白亚基基因：*Glu-A1*（N）、*Glu-B3d*；籽粒蛋白积累基因：*NAM-6A1c*；抗叶锈病基因：*Lr14a*。

/ 品质表现 / 2019 年济南试验基地取样测试结果：籽粒粗蛋白含量 15.26%，湿面筋含量 39.60%，沉降值 25 mL，吸水率 58.3 mL/100g，形成时间 2.5 min，稳定时间 1.6 min。

/ 产量表现 / 1989—1990 年参加山东省小麦新品种（系）中肥组预备试验，7 点次平均亩产 365.1 kg，比对照晋麦 21 增产 28.4%，居 20 个参试品种之首；1990—1992 年参加山东省中肥组区域试验，两年 32 点次平均亩产 398.1 kg，比对照鲁麦 13 增产 3.2%，居第一位；1991—1992 年进入山东省小麦生产试验，11 点次平均亩产 434.7 kg，较对照鲁麦 13 增产 7.3%。

/ 生产应用 / 适合山东省亩产 300~400 kg 中肥水地块种植，山东省大部分地区及苏北、皖北有种植。1993—2013 年山东省累计种植面积 721.95 万亩。其中，1994 年山东省种植面积 126.25 万亩，为最大种植面积年份；2013 年种植面积 3.5 万亩。1995 年获泰安市科技进步一等奖。

10cm

cm

cm

鲁麦19

省库编号：LM140347　国库编号：ZM022719

/ 品种来源 / 原系号：济旱044。山东省农业科学院作物研究所选育，组合为7014/中苏681//F16-71。1993年通过山东省农作物品种审定委员会审定，审定编号：鲁种审字第0143号；1996年通过国家农作物品种审定委员会审定，审定编号：GS02001-1995。

/ 特征特性 / 幼苗葡匐，叶片宽绿，无蜡质，分蘖力较强，成穗率较高；株高95 cm左右，株型较好。穗纺锤形，长芒，白壳，穗粒数25~30粒；白粒，卵形，半角质，饱满，千粒重39.7 g，容重788 g/L。较抗条锈病、叶锈病，感白粉病；冬性，抗寒；抗旱，较耐瘠薄；中熟，落黄好。

/ 基因信息 / 硬度基因：*Pinb-D1*（硬）；开花基因：*TaELF3-D1-1*（晚）、*PRR73A1*（早）；穗粒数基因：*TEF-7A*（低）；籽粒颜色基因：*R-B1a*（白）；粒重相关基因：*TaGS-D1a*（高）、*TaGS2-A1a*（低）、*TaGS5-A1b*（高）、*TaTGW-7Aa*（高）、*TaCwi-4A-C*、*TaMoc-2433*（*Hap-H*）（高）、*GW2-6A*（低）；穗发芽基因：*TaSdr-A1a*（低）；过氧化物酶基因：*TaPod-A1*（低）；黄色素基因：*TaPds-B1a*（高）；谷蛋白亚基基因：*Glu-A1*（1）、*Glu-B3d*；籽粒蛋白积累基因：*NAM-6A1c*；抗叶锈病基因：*Lr14a*。

/ 品质表现 / 2019年济南试验基地取样测试结果：籽粒粗蛋白含量14.79%，湿面筋含量36.30%，沉降值30 mL，吸水率61.3 mL/100g，形成时间3.5 min，稳定时间3.1 min。

/ 产量表现 / 1989—1991年参加山东省小麦新品种（系）旱地组区域试验，两年16点次平均亩产297.0 kg，比对照鲁麦3号增产7.4%，居第二位；1991—1992年参加山东省小麦生产试验，平均亩产302.9 kg，比省内旱薄地主栽品种科红1号增产28.1%，居第一位。1987—1988年参加国家黄淮冬麦区旱地品种区域试验，平均亩产379.2 kg，比对照渭麦5号增产13.5%，居第二位。

/ 生产应用 / 适合山东省亩产300 kg左右生产水平的旱薄地种植，曾是山东省旱地对照品种。该品种在山东、陕西、山西等一般旱地有较大种植面积，在甘肃、宁夏、河北等地也有一定种植面积。1991—2005年累计种植面积831.6万亩。1997年获山东省科技进步三等奖。

10cm

cm

cm

鲁麦 20

省库编号：LM140418　国库编号：ZM022785

/ 品种来源 / 原系号 883004，代号鲁原早。山东省农业科学院原子能应用研究所用 CO_2 激光与快中子复合处理 70-4-92-1 小麦干种子，选育出早熟变异系 321E，再经 ^{60}Co-γ 射线辐照花粉诱变，系统选育而成。1993 年通过山东省农作物品种审定委员会审定，审定编号：鲁种审字第 0144 号。

/ 特征特性 / 幼苗半匍匐，浅绿色，叶片稍披；株高 80 cm 左右，株型紧凑，秆细而韧。穗纺锤形，长芒，红壳，穗粒数 30 粒左右；白粒，椭圆形，半角质，千粒重 39 g，容重 741 g/L。高抗条锈病，轻感白粉病；春性，春化反应迟钝；较抗旱；抽穗早，落黄好。晚播早熟，全生育期 220d 左右，成熟期比鲁麦 15 早 4d 左右。

/ 基因信息 / 1B/1R。硬度基因：*Pinb-D1*（软）、*Pinb2-V2*（软）；开花基因：*TaELF3-D1-1*（晚）、*PRR73A1*（晚）；穗粒数基因：*TEF-7A*（低）；籽粒颜色基因：*R-B1a*（白）；粒重相关基因：*TaGS-D1a*（高）、*TaGS2-A1b*（高）、*TaGS5-A1b*（高）、*TaTGW-7Aa*（高）、*TaMoc-2433*（*Hap-L*）（低）、*GW2-6A*（高）；穗发芽基因：*TaSdr-A1a*（低）；多酚氧化酶基因：*Ppo-D1a*（低）；过氧化物酶基因：*TaPod-A1*（低）；黄色素基因：*TaPds-B1b*（低）；谷蛋白亚基基因：*Glu-A1*（1）、*Glu-B3d*；籽粒蛋白积累基因：*NAM-6A1c*。

/ 品质表现 / 2019 年济南试验基地取样测试结果：籽粒粗蛋白含量 15.14%，湿面筋含量 39.10%，沉降值 37 mL，吸水率 60.2 mL/100g，形成时间 4.2 min，稳定时间 3.4 min。

/ 产量表现 / 1989—1991 年参加山东省小麦新品种（系）晚播早熟组区域试验，两年 14 点次平均亩产 337.7 kg，比对照晋麦 21 增产 21.0%，居第二位；1991—1992 年参加山东省小麦生产试验，7 点次平均亩产 269.5 kg，比对照鲁麦 15 减产 4.2%，减产不显著。1990 年武城县 300 亩麦棉两熟示范田，平均亩产 360 kg，其中 3.5 亩高产地块亩产 451.4 kg。

/ 生产应用 / 适合棉区麦棉两熟或晚茬麦亩产 300 kg 左右中肥水条件种植。1991—1996 年累计推广面积 806.5 万亩。其中，1996 年最大种植面积为 282 万亩，占全山东晚茬麦面积的 28.2%。

10cm

cm

cm

潍 9133

省库编号：LM140032 国库编号：ZM025952

/ 品种来源 / 潍坊市农业科学研究所用快中子照射 70-4-92-1 小麦干种子，经系谱法选育而成。1993 年通过山东省农作物品种审定委员会认定，认定文号：(93）鲁农审字第 11 号。

/ 特征特性 / 幼苗匍匐，分蘖力强，成穗率较低，春季起身后叶深绿、上冲，抽穗后叶下披，株高 88 cm。穗长方形，长芒，白壳，穗粒数 36.3 粒；白粒，椭圆形，半角质，千粒重 42.0 g，容重 775 g/L。抗条锈病、叶锈病、白粉病；冬性，抗冻性好；耐旱，耐瘠，耐盐碱；下部节近实心，秆硬抗倒；全生育期 252 d，成熟期比济南 13 早 1 d，抗干热风。

/ 基因信息 / 春化基因：*Vrn-D1a*（春性）；硬度基因：*Pinb-D1*（软）、*Pinb2-V2*（软）；开花基因：*PRR73A1*（早）；穗粒数基因：*TEF-7A*（高）；籽粒颜色基因：*R-B1a*（白）；粒重相关基因：*TaGS-D1a*（高）、*TaGS2-A1b*（高）、*TaGS5-A1b*（高）、*TaTGW-7Aa*（高）、*TaCwi-4A-C*、*TaMoc-2433*（*Hap-L*）（低）、*GW2-6A*（低）；穗发芽基因：*TaSdr-A1a*（低）；多酚氧化酶基因：*Ppo-D1a*（低）；过氧化物酶基因：*TaPod-A1*（高）；黄色素基因：*TaPds-B1a*（高）；谷蛋白亚基基因：*Glu-A1*（N）、*Glu-B3d*；籽粒蛋白积累基因：*NAM-6A1c*；抗叶锈病基因：*Lr14a*。

/ 品质表现 / 2019 年济南试验基地取样测试结果：籽粒粗蛋白含量 14.24%，湿面筋含量 39.00%，沉降值 25 mL，吸水率 58.1 mL/100g，形成时间 2.3 min，稳定时间 1.6 min。

/ 产量表现 / 1988—1989 年参加山东省小麦新品种（系）高肥组区域试验，两年平均亩产 426.9 kg，比对照济南 13 增产 5.1%；1990 年参加山东省小麦生产试验，平均亩产 329.2 kg，比对照济南 13 增产 9.9%。1990 年邹平县赵家村种植 6.2 亩，平均产量 586.47 kg/ 亩。

/ 生产应用 / 是 20 世纪 90 年代潍坊市中上肥水地块主要搭配种植品种之一，累计种植面积 300 余万亩。

10cm

cm

cm

济核 02

省库编号：LM140200　国库编号：ZM015783

/ 品种来源 / 原系号：54367。山东省农业科学院作物研究所利用太谷核不育小麦（Ta1）做母本与山农辐 63 杂交，再与 775-1 复合杂交，选择 F_1 代优良可育单株，经系谱法选育而成。1993 年通过山东省农作物品种审定委员会认定，认定文号：(93) 鲁农审字第 11 号。

/ 特征特性 / 分蘖力强，成穗率高，亩穗数 42 万左右；株高 85 cm 左右，株型紧凑，叶片中挺。穗近长方形，长芒，白壳，穗粒数 36 粒左右；白粒，卵形，粉质，千粒重 40~42 g。轻感叶锈病，中感条锈病和白粉病；半冬性；耐旱性较好，较抗倒伏；中早熟，后期绿叶功能期长，抗干热风，落黄好。

/ 基因信息 / 1B/1R。硬度基因：*Pinb-D1*（软）、*Pinb2-V2*（软）；开花基因：*PRR73A1*（早）；穗粒数基因：*TEF-7A*（低）；籽粒颜色基因：*R-B1a*（白）；粒重相关基因：*TaGS-D1a*（高）、*TaGS2-A1b*（高）、*TaTGW-7Aa*（高）、*TaCwi-4A-T*、*TaMoc-2433*（*Hap-L*）（低）、*GW2-6A*（低）；木质素基因：*COMT-3Bb*（低）；穗发芽基因：*TaSdr-A1a*（低）；多酚氧化酶基因：*Ppo-A1b*（低）、*Ppo-D1b*（高）；过氧化物酶基因：*TaPod-A1*（低）；黄色素基因：*TaPds-B1a*（高）；谷蛋白亚基基因：*Glu-A1*（N）、*Glu-B3d*；籽粒蛋白积累基因：*NAM-6A1c*；抗叶锈病基因：*Lr14a*。

/ 品质表现 / 2019 年济南试验基地取样测试结果：籽粒粗蛋白含量 15.82%，湿面筋含量 37.80%，沉降值 32 mL，吸水率 57.7 mL/100g，形成时间 2.7 min，稳定时间 2.3 min。

/ 产量表现 / 1989—1991 年参加山东省小麦新品种（系）高肥组区域试验，两年 33 点次平均亩产 458.10 kg，较对照鲁麦 14 增产 2.48%，居参试种之首。1992 年秋播面积已达 75.82 万亩。

/ 生产应用 / 适合山东省亩产 400 kg 左右栽培水平地区推广。主要分布在鲁南、鲁西南及鲁中地区，1992—1996 年山东省累计种植面积 359.8 万亩，其中 1993 年种植面积 90.75 万亩，为最大种植面积年份。1996 年后为济南 16 所替代。

10cm

cm

cm

莱州 953

省库编号：LM140355　国库编号：ZM022727

/ 品种来源 / 莱州市农业科学研究所以“早 5× 掖 1” F_1 作母本、7832110-1 作父本杂交，经系统选育而成。1994 年通过山东省农作物品种审定委员会认定，认定文号：(94) 鲁农审字第 4 号。

/ 特征特性 / 幼苗匍匐，分蘖力强，成穗率偏低；株高 88 cm，株型紧凑，叶片中宽、挺直，穗下节间长，长相清秀。穗长方形，长芒，白壳，穗粒数 45 粒左右；白粒，椭圆形，角质，饱满，千粒重 48~52 g。对秆锈病免疫，中抗条锈病、叶锈病和白粉病，较抗纹枯病和赤霉病；冬性，耐寒性较好；基部节间短、充实、粗壮，抗倒伏能力强；根系发达，功能期长，熟相好；抗穗发芽。

/ 基因信息 / 1B/1R。春化基因：*Vrn-D1a*（春性）；硬度基因：*Pinb-D1*（软）、*Pinb2-V2*（硬）；开花基因：*TaELF3-D1-1*（晚）、*PRR73A1*（晚）；穗粒数基因：*TEF-7A*（低）；籽粒颜色基因：*R-B1b*（红）；粒重相关基因：*TaGS-D1a*（高）、*TaGS2-A1a*（低）、*TaGS5-A1b*（高）、*TaTGW-7Aa*（高）、*TaCwi-4A-C*、*TaMoc-2433*（*Hap-L*）（低）、*GW2-6A*（高）；木质素基因：*COMT-3Ba*（高）；穗发芽基因：*TaSdr-A1b*（高）；过氧化物酶基因：*TaPod-A1*（高）；黄色素基因：*TaPds-B1a*（高）；籽粒蛋白积累基因：*NAM-6A1a*；抗叶锈病基因：*Lr46*。

/ 品质表现 / 2019 年济南试验基地取样测试结果：籽粒粗蛋白含量 15.15%，湿面筋含量 39.00%，沉降值 21 mL，吸水率 56.4 mL/100g，形成时间 2 min，稳定时间 1.4 min。

/ 产量表现 / 1989—1991 年参加山东省小麦新品种（系）高肥组区域试验，两年平均亩产 439.6 kg，比对照鲁麦 14 减产 1.7%。1991—1996 年同地块连续 6 年亩产超 600 kg，最高亩产 650.7 kg。

/ 生产应用 / 1993 年山东省内秋播面积 146.3 万亩。1992—2001 年累计种植面积 1 871.5 万亩，1997 年种植面积 827.7 万亩，为最大种植面积年份。1997 年获山东省科技进步二等奖。

10cm

cm

cm

鲁麦21

省库编号：LM12161 国库编号：ZM025916

/ 品种来源 / 原系号：烟 886059。烟台市农业科学研究所以烟中 144 为母本、宝丰 7228 为父本进行杂交，经系谱法于 1991 年选育而成。1996 年通过山东省农作物品种审定委员会审定，审定编号：鲁种审字第 0199 号。

/ 特征特性 / 多穗型品种，分蘖成穗率较高，株型较紧凑；株高 83 cm，叶片较窄短、上举。穗纺锤形，长芒，白壳，穗粒数 34 粒左右；白粒，卵形，粉质，饱满，千粒重 39.1 g。经抗性接种鉴定，对条锈病、叶锈病、白粉病的抗性接近对照品种鲁麦 14。半冬性，抗寒性较强；抗旱能力强；成熟期稍晚于对照品种鲁麦 14，抗干热风能力强，落黄好。

/ 基因信息 / 1B/1R。硬度基因：*Pinb-D1*（硬）、*Pinb2-V2*（软）；开花基因：*TaELF3-D1-1*（晚）、*PRR73A1*（晚）；穗粒数基因：*TEF-7A*（高）；籽粒颜色基因：*R-B1a*（白）；粒重相关基因：*TaGS-D1b*（低）、*TaGS2-A1b*（高）、*TaGS5-A1b*（高）、*TaTGW-7Aa*（高）、*TaCwi-4A-C*、*TaMoc-2433*（*Hap-L*）（低）、*GW2-6A*（低）；穗发芽基因：*TaSdr-A1a*（低）；多酚氧化酶基因：*Ppo-D1b*（高）；过氧化物酶基因：*TaPod-A1*（低）；黄色素基因：*TaPds-B1b*（低）；谷蛋白亚基基因：*Glu-A1*（1）、*Glu-B3d*；籽粒蛋白积累基因：*NAM-6A1c*；抗叶锈病基因：*Lr14a*。

/ 品质表现 / 2019 年济南试验基地取样测试结果：籽粒粗蛋白含量 14.06%，湿面筋含量 32.40%，沉降值 18 mL，吸水率 56.9 mL/100g，形成时间 2 min，稳定时间 1.1 min。

/ 产量表现 / 1993—1995 年参加山东省小麦新品种（系）高肥乙组区域试验，两年平均亩产 486.87 kg，比对照鲁麦 14 增产 3.65%，居第一位；1994—1995 年参加山东省小麦生产试验，平均亩产 453.34 kg，比对照鲁麦 14 增产 2.15%。在旱肥地种植曾创造出亩产 693.64 kg 的高产记录。

/ 生产应用 / 适合山东省亩产 450kg 左右栽培条件下推广利用，是山东省 20 世纪 90 年代中后期主栽品种之一，也是山东省旱地对照品种。1995—2005 年全国累计种植面积 8 515.5 万亩。1996—2019 年山东省累计种植面积 7 105.38 万亩。其中，1998 年种植面积 1 094.6 万亩，为最大种植面积年份。2000 年获山东省科技进步二等奖。

10cm

cm

cm

鲁麦 22

省库编号：LM12162 国库编号：ZM025897

/ 品种来源 / 原系号：泰港 83(3)-113。原泰安市郊区下港乡种子站配制杂交组合：(泰山 2 号变异株 / 烟农 15）F_1// 京花 1 号，经系统选育于 1991 年育成。1996 年通过山东省农作物品种审定委员会审定，审定编号：鲁种审字第 0200 号。

/ 特征特性 / 大穗型品种，分蘖成穗率较低，亩穗数 30 万 ~32 万穗；株高 87 cm，旗叶挺直，株型紧凑。穗纺锤形，长芒，白壳，穗粒数 40 粒左右；白粒，卵形，半角质，千粒重 47.8 g。经抗性接种鉴定，中抗或轻感条锈病、叶锈病主要流行小种，高抗白粉病。半冬性，抗寒性中等；秆硬，抗倒伏；熟期比鲁麦 14 晚 2 d。

/ 基因信息 / 硬度基因：*Pinb-D1*（软）、*Pinb2-V2*（软）；开花基因：*TaELF3-D1-1*（晚）、*PRR73A1*（早）；穗粒数基因：*TEF-7A*（高）；籽粒颜色基因：*R-B1a*（白）；粒重相关基因：*TaGS-D1b*（低）、*TaGS2-A1a*（低）、*TaGS5-A1b*（高）、*TaTGW-7Aa*（高）、*TaCwi-4A-C*、*TaMoc-2433*（*Hap-L*）（低）、*GW2-6A*（低）；多酚氧化酶基因：*Ppo-A1b*（低）、*Ppo-D1a*（低）；过氧化物酶基因：*TaPod-A1*（高）；黄色素基因：*TaPds-B1b*（低）；谷蛋白亚基基因：*Glu-A1*（N）、*Glu-B3d*；籽粒蛋白积累基因：*NAM-6A1c*；抗叶锈病基因：*Lr46*。

/ 品质表现 / 2019 年济南试验基地取样测试结果：籽粒粗蛋白含量 13.77%，湿面筋含量 38.10%，沉降值 25 mL，吸水率 56.2 mL/100g，形成时间 1.8 min，稳定时间 4.8 min。

/ 产量表现 / 1993—1995 年参加山东省小麦新品种（系）高肥甲组区域试验，两年平均亩产 477.36 kg，比对照种鲁麦 14 增产 1.44%，居第一位；1994—1995 年参加山东省小麦生产试验，平均亩产 454.32 kg，比对照增产 2.37%。1995 年大汶口镇颜南村 22 亩测产，平均亩产 611.34 kg；1997 年 6 月，滕州市级索镇千佛阁村 50 亩生产田测产，平均亩产 633.7 kg。

/ 生产应用 / 适合鲁中、鲁南地区亩产 500 kg 以上的高产地块种植。曾是鲁中、鲁西、鲁西南地区当家品种之一，在江苏徐州、安徽宿县及河北沧州等地也有小面积种植。1995—2008 年山东省累计种植面积 2 740.54 万亩。其中，1998 年种植面积 729.7 万亩，为最大种植面积年份；2008 年山东省种植面积 1.2 万亩，之后少有种植。1999 年获山东省科技进步一等奖。

10cm

cm

cm

鲁麦 23

省库编号：LM12138 国库编号：ZM025915

/ 品种来源 / 原系号：滨州 89-2。原胜利油田滨南马坊农场以鲁麦 8 号为母本、高赖氨酸小麦“大粒矮”为父本杂交选育，于 1991 年育成。1996 年通过山东省农作物品种审定委员会审定，审定编号：鲁种审字第 0201 号。

/ 特征特性 / 幼苗匍匐，叶色浓绿，分蘖成穗率较低；株高 88 cm，株型紧凑。穗近长方形，长芒，下部芒较短而弯曲，白壳，穗长 10 cm 左右，穗粒数 44 粒左右，属大穗型品种；白粒，卵形，角质，千粒重 46.5 g，容重 769.7 g/L。经抗性接种鉴定，对条锈病、叶锈病主要流行小种中感，对白粉病中抗。冬性，抗寒性能力强；秆硬抗倒；熟期比鲁麦 14 晚 2d。

/ 基因信息 / 硬度基因：*Pinb-D1*（软）、*Pinb2-V2*（硬）；开花基因：*TaELF3-D1-1*（晚）、*PRR73A1*（早）；穗粒数基因：*TEF-7A*（高）；籽粒颜色基因：*R-B1a*（白）；粒重相关基因：*TaGS-D1b*（低）、*TaGS2-A1b*（高）、*TaGS5-A1b*（高）、*TaTGW-7Aa*（高）、*TaCwi-4A-T*、*TaMoc-2433*（*Hap-L*）（低）、*GW2-6A*（低）；木质素基因：*COMT-3Bb*（低）；多酚氧化酶基因：*Ppo-A1b*（低）；过氧化物酶基因：*TaPod-A1*（低）；黄色素基因：*TaPds-B1a*（高）；谷蛋白亚基基因：*Glu-A1*（1）、*Glu-B3d*；籽粒蛋白积累基因：*NAM-6A1c*；抗叶锈病基因：*Lr46*。

/ 品质表现 / 2019 年济南试验基地取样测试结果：籽粒粗蛋白含量 14.94%，湿面筋含量 42.40%，沉降值 24 mL，吸水率 60.6 mL/100g，形成时间 2.2 min，稳定时间 1.2 min。

/ 产量表现 / 1993—1995 年参加山东省小麦新品种（系）高肥甲组区域试验，两年平均亩产 466.93 kg，产量与对照鲁麦 14 相当；1994—1995 年参加山东省小麦生产试验，平均亩产 461.17 kg，比对照鲁麦 14 增产 3.91%。1997 年寿光市寒桥镇北徐村 20 亩高产攻关田实打 2 亩，平均亩产 658.4 kg。

/ 生产应用 / 适合鲁北、鲁西北地区亩产 500 kg 以上的高产地块种植。1995—2019 年山东省累计种植面积 5 096.7 万亩。其中，1997 年山东省种植面积 955.8 万亩，为最大种植面积年份；2019 年种植面积 8.2 万亩。除山东外，在河北、河南、山西、陕西等省也有一定种植面积。

10cm

cm

cm

淄农 033

省库编号：LM140368　国库编号：ZM022740

/ 品种来源 / 原淄博市农业科学研究所以“744433/74-0133”的 F_3 为母本，与“洛夫林 13/淄选 2 号”的 F_3 配制复合杂交选育而成。1996 年通过山东省农作物品种审定委员会审定，审定文号：(96) 鲁农审字第 1 号。

/ 特征特性 / 幼苗匍匐，分蘖力强，成穗率较低；株高 90 cm，株型紧凑，蜡质较重，茎秆粗壮，亩穗数 30 万左右。穗长方形，长芒，白壳，穗长 10 cm 左右，穗粒数 38~42 粒；白粒，卵形，角质，千粒重 48.3~53 g，容重 794 g/L。较抗锈病和白粉病；弱冬性，抗倒伏，中熟，落黄一般。

/ 基因信息 / 1B/1R。硬度基因：*Pinb-D1*（软）、*Pinb2-V2*（软）；开花基因：*TaELF3-D1-1*（晚）、*PRR73A1*（早）；穗粒数基因：*TEF-7A*（高）；籽粒颜色基因：*R-B1a*（白）；粒重相关基因：*TaGS-D1b*（低）、*TaGS2-A1b*（高）、*TaGS5-A1b*（高）、*TaTGW-7Aa*（高）、*TaCwi-4A-T*、*TaMoc-2433*（*Hap-L*）（低）、GW2-6A（高）；木质素基因：*COMT-3Bb*（低）；穗发芽基因：*TaSdr-A1a*（低）；多酚氧化酶基因：*Ppo-A1b*（低）、*Ppo-D1a*（低）；过氧化物酶基因：*TaPod-A1*（高）；黄色素基因：*TaPds-B1a*（高）；谷蛋白亚基基因：*Glu-A1*（1）、*Glu-B3d*；籽粒蛋白积累基因：*NAM-6A1c*；抗叶锈病基因：*Lr46*。

/ 品质表现 / 2019 年济南试验基地取样测试结果：籽粒粗蛋白含量 15.63%，湿面筋含量 36.80%，沉降值 30 mL，吸水率 58.8 mL/100g，形成时间 2.7 min，稳定时间 1.9 min。

/ 产量表现 / 1990—1992 年参加山东省小麦高肥组区域试验，平均亩产 455.5 kg，比对照鲁麦 14 增产 1.88%，居第三位。1992 年胜利油田试点亩产 693.5 kg，创小区域试验验高产纪录。

/ 生产应用 / 适合山东省中高肥地块种植，至 1998 年夏收累计种植面积 300 余万亩，其中 1996 年秋播面积 76.1 万亩，为最大种植面积年份。1997 年获农业部丰收计划二等奖。

10cm

cm

cm

济南 16

省库编号：LM140403　国库编号：ZM022762

/ 品种来源 / 原系号：54368。山东省农业科学院作物研究所利用太谷核不育小麦（Ta1）作母本，与山农辐 63 杂交，再与 775-1 复合杂交，选择 F_1 代优良可育单株，经系谱法选育而成。1998 年通过山东省农作物品种审定委员会审定，审定编号：鲁种审字第 0253 号。

/ 特征特性 / 幼苗半匍匐，分蘖力强，成穗率高；株高 80 cm 左右，旗叶上冲，倒 2 叶偏大，亩穗数 45 万穗左右。穗近长方形，长芒，白壳，穗粒数 35 粒左右；白粒，椭圆形，半角质，千粒重 38.9 g，容重 759.1 g/L。感条锈病和白粉病，中抗叶锈病；半冬性；中熟偏晚，抗干热风，后期绿叶功能期长，落黄好。

/ 基因信息 / 1B/1R。硬度基因：*Pinb-D1*（硬）、*Pinb2-V2*（软）；开花基因：*TaELF3-D1-1*（晚）、*PRR73A1*（早）；穗粒数基因：*TEF-7A*（低）；籽粒颜色基因：*R-B1a*（白）；粒重相关基因：*TaGS-D1a*（高）、*TaGS5-A1b*（高）、*TaTGW-7Aa*（高）、*TaCwi-4A-T*、*TaMoc-2433*（*Hap-L*）（低）、*GW2-6A*（低）；木质素基因：*COMT-3Bb*（低）；穗发芽基因：*TaSdr-A1a*（低）；过氧化物酶基因：*TaPod-A1*（低）；黄色素基因：*TaPds-B1a*（高）；谷蛋白亚基基因：*Glu-B3d*；籽粒蛋白积累基因：*NAM-6A1c*。

/ 品质表现 / 2019 年济南试验基地取样测试结果：籽粒粗蛋白含量 13.75%，湿面筋含量 31.30%，沉降值 24 mL，吸水率 58.4 mL/100g，形成时间 3.8 min，稳定时间 3.9 min。

/ 产量表现 / 1995—1996 年参加小麦区试预备试验，平均亩产 462.83 kg，比对照鲁麦 14 减产 3.47%；1996—1997 年参加山东省小麦高肥组区域试验，平均亩产 556.2 kg，比对照鲁麦 14 增产 7.8%，居第一位。该品种是我国利用太谷核不育小麦育成的第一个实打亩产超过 600 kg 的品种。

/ 生产应用 / 适合山东省中高肥水条件下种植。1993—2007 年山东省累计种植面积达 4 353.31 万亩，其中 1998 年种植面积 1 027.2 万亩，为最大种植面积年份。2007 年山东省种植面积下降至 3 万亩，之后少有种植。2000 年获山东省科技进步一等奖。

10cm

cm

cm

济南 17

省库编号：LM12112　国库编号：ZM025903

/ 品种来源 / 原系号：924142。山东省农业科学院作物研究所以临汾 5064 为母本、鲁麦 13 为父本组配杂交，系谱法选育结合室内品质鉴定而育成。1999 年通过山东省农作物品种审定委员会审定，审定编号：鲁种审字第 0262 号。

/ 特征特性 / 幼苗半匍匐，分蘖力强，成穗率高，亩穗数 40 万~45 万穗；株高 77 cm，株型紧凑，叶片上冲。穗纺锤形，顶芒，白壳，穗粒数 30~35 粒；白粒，椭圆形，角质，千粒重 36 g，容重 748.9 g/L。中感条锈病、叶锈病和白粉病；冬性，耐寒性好；较抗倒伏；中早熟，成熟期比鲁麦 14 早 2 d，落黄性一般。

/ 基因信息 / 硬度基因：*Pinb-D1*（硬）；开花基因：*TaELF3-D1-1*（晚）、*PRR73A1*（早）；籽粒颜色基因：*R-B1a*（白）；粒重相关基因：*TaGS-D1a*（高）、*TaGS2-A1a*（低）、*TaGS5-A1a*（低）、*TaTGW-7Aa*（高）、*TaMoc-2433*（*Hap-L*）（低）；穗发芽基因：*TaSdr-A1a*（低）；多酚氧化酶基因：*Ppo-A1b*（低）、*Ppo-D1b*（高）；黄色素基因：*TaPds-B1b*（低）；谷蛋白亚基基因：*Glu-A1*（1）、*Glu-D1*（2+12）、*Glu-B3d*；籽粒蛋白积累基因：*NAM-6A1c*；抗叶锈病基因：*Lr46*。

/ 品质表现 / 2019 年济南试验基地取样测试结果：粗蛋白含量 15.16%，湿面筋含量 36.6%，沉降值 37 mL，吸水率 62.3 mL/100g，形成时间 7.7 min，稳定时间 17.2 min。面包评分 81.6 分，馒头评分 89 分。

/ 产量表现 / 1996—1998 年参加山东省小麦高肥乙组区域试验，两年平均亩产 502.9 kg，比对照鲁麦 14 增产 4.52%，居第一位；1998 年参加山东省小麦生产试验，平均亩产 471.25 kg，比对照鲁麦 14 增产 5.8%。2000 年邹平县焦桥镇 25 亩高产田，实打 1.04 亩，平均亩产 605.5 kg，创我国强筋面包小麦高产纪录。

/ 生产应用 / 适合山东省中高肥水条件下作为强筋小麦种植。1998—2019 年全国累计种植面积 6 043.48 万亩，其中山东省种植面积 6 501.19 万亩；2000 年全国种植面积 1 114.00 万亩，其中山东省种植面积 1 049.00 万亩，均为最大种植面积年份；2003—2014 年，山东省年种植面积一直保持在 150 万~200 万亩，2019 年山东省种植面积 105.54 万亩。该品种 2001 年获山东省科技进步二等奖，2003 年获国家科技进步二等奖。

10cm

cm

cm

烟农 18

省库编号：LM12133 国库编号：ZM026009

/ 品种来源 / 原系号：烟 D27。山东省烟台市农业科学研究院以“中 144/ 寨 5241”的 F_5 代系为母本，小黑麦遗 8 为父本，杂交选育而成。1999 年通过山东省农作物品种审定委员会审定，审定编号：鲁种审字第 0276 号；2001 年通过陕西省农作物品种审定委员会审定，审定编号：陕审麦 2001005。

/ 特征特性 / 幼苗半匍匐，分蘖力强，成穗率高；株高 86 cm，叶片宽而披散，具蜡被。穗纺锤形，长芒，白壳，穗长 8 cm 左右，穗粒数 35 粒左右；白粒，椭圆形，半角质，千粒重 35.4 g，容重 781.03 g/L。中抗白粉病，抗三锈（条锈、叶锈、秆锈）；半冬性；不抗倒伏；抗旱性强，抗旱指数为 1.171。

/ 基因信息 / 1B/1R。硬度基因：*Pinb-D1*（硬）、*Pinb2-V2*（软）；开花基因：*TaELF3-D1-1*（晚）、*PRR73A1*（早）；穗粒数基因：*TEF-7A*（低）；籽粒颜色基因：*R-B1a*（白）；粒重相关基因：*TaGS2-A1a*（低）、*TaGS5-A1b*（高）、*TaTGW-7Aa*（高）、*TaCwi-4A-T*、*TaMoc-2433*（*Hap-L*）（低）、*GW2-6A*（低）；多酚氧化酶基因：*Ppo-D1a*（低）；过氧化物酶基因：*TaPod-A1*（高）；黄色素基因：*TaPds-B1a*（高）；谷蛋白亚基基因：*Glu-A1*（1）、*Glu-D1*（5+10）、*Glu-B3d*；籽粒蛋白积累基因：*NAM-6A1c*；抗叶锈病基因：*Lr14a*、*Lr68*。

/ 品质表现 / 2019 年济南试验基地取样测试结果：籽粒粗蛋白含量 13.09%，湿面筋含量 32.80%，沉降值 30 mL，吸水率 57.9 mL/100g，形成时间 8.2 min，稳定时间 12 min。

/ 产量表现 / 1996—1998 年参加山东省小麦旱地组区域试验，两年平均亩产 401.56 kg，比对照鲁麦 19 和鲁麦 21 分别增产 21.1% 和 0.81%；1998 年参加山东省小麦生产试验，平均亩产 418.36 kg，比对照鲁麦 21 增产 1.88%。

/ 生产应用 / 该品种为抗旱弱筋小麦品种，适合山东省亩产 300~400 kg 旱地条件下种植。1998—2007 年山东省累计种植面积 317.6 万亩，其中 2000 年种植面积 97 万亩，为最大种植面积年份。2003 年陕西省种植面积 102 万亩，累计种植面积 270 万亩。2004 年被农业部确定为四大粮食作物主导品种之一。2007 年获烟台市科技进步一等奖。

10cm

cm

cm

滨麦1号

省库编号：LM12250　国库编号：ZM026014

/ 品种来源 / 原系号：滨州884002。原滨州地区农业科学研究所以原冬94为母本、临旱256为父本组配杂交组合，经系谱法选育而成。1999年通过山东省农作物品种审定委员会审定，审定编号：鲁种审字第0277号。

/ 特征特性 / 幼苗半直立，分蘖力强，成穗率高，亩穗数35万左右；株高86 cm。穗纺锤形，顶芒，白壳，穗粒数35粒左右；白粒，椭圆形，角质，千粒重52.5 g，容重739 g/L。较抗条锈病、叶锈病和白粉病；半冬性；抗旱，节水，耐盐；抗倒伏性差。中熟，抗干热风，落黄好。

/ 基因信息 / 1B/1R。春化基因：*Vrn-D1a*（春性）；硬度基因：*Pinb-D1*（硬）、*Pinb2-V2*（软）；开花基因：*TaELF3-D1-1*（晚）、*PRR73A1*（早）；穗粒数基因：*TEF-7A*（高）；籽粒颜色基因：*R-B1b*（红）；粒重相关基因：*TaGS-D1a*（高）、*TaGS2-A1b*（高）、*TaGS5-A1b*（高）、*TaTGW-7Aa*（高）、*TaCwi-4A-C*、*TaMoc-2433*（*Hap-L*）（低）、*GW2-6A*（低）；木质素基因：*COMT-3Ba*（高）；穗发芽基因：*TaSdr-A1b*（高）；过氧化物酶基因：*TaPod-A1*（低）；黄色素基因：*TaPds-B1a*（高）；谷蛋白亚基基因：*Glu-A1*（1）、*Glu-D1*（5+10）；籽粒蛋白积累基因：*NAM-6A1a*；抗叶锈病基因：*Lr14a*、*Lr46*；抗黄花叶病毒病基因：*Sbmp 6061*。

/ 品质表现 / 2019年济南试验基地取样测试结果：籽粒粗蛋白含量12.94%，湿面筋含量29.30%，沉降值20 mL，吸水率58.2 mL/100g，形成时间5.8 min，稳定时间5.1 min。

/ 产量表现 / 1993—1995年参加山东省小麦旱地区域试验，两年平均亩产367.93 kg，比对照鲁麦17增产6.63%，居第二位；1996年参加山东省小麦生产试验，平均亩产268.63 kg，比对照增产2.9%。

/ 生产应用 / 适合鲁北亩产250 kg左右旱地条件下种植。1996年该品种获示范证，在滨州、东营、潍坊及河北沧州等地有一定种植面积，累计推广面积300万亩左右。

10cm

cm

cm

济宁 13

省库编号：LM12177　国库编号：ZM025898

/ 品种来源 / 原系号：936098。原济宁市农业科学研究所以“烟 1934/82(4)046”的 F_1 为母本，“聊 83-1/2114”的 F_1 为父本，组配杂交组合，系谱法选育而成。2000 年通过山东省农作物品种审定委员会审定，审定编号：鲁种审字第 0314 号。

/ 特征特性 / 幼苗匍匐，分蘖力中等，成穗率稍低；株高 83 cm 左右，株型紧凑，旗叶、倒 2 叶较大，夹角较小。穗圆锥形，长芒，白壳，大穗型品种；白粒，椭圆形，角质，千粒重 47.1 g，容重 770.0 g/L。经抗性接种鉴定，高抗条锈病，高感叶锈病，中感白粉病。半冬性；较抗倒伏；后期较耐高温；全生育期 248 d，比鲁麦 14 晚熟 4 d，落黄好。

/ 基因信息 / 1B/1R。硬度基因：*Pinb-D1*（硬）、*Pinb2-V2*（硬）；开花基因：*TaELF3-D1-1*（晚）、*PRR73A1*（早）；穗粒数基因：*TEF-7A*（高）；籽粒颜色基因：*R-B1b*（红）；粒重相关基因：*TaGS-D1a*（高）、*TaGS5-A1b*（高）、*TaTGW-7Aa*（高）、*TaMoc-2433*（*Hap-L*）（低）、*GW2-6A*（高）；木质素基因：*COMT-3Ba*（高）；穗发芽基因：*TaSdr-A1b*（高）；多酚氧化酶基因：*Ppo-A1a*（高）；过氧化物酶基因：*TaPod-A1*（低）；黄色素基因：*TaPds-B1a*（高）；谷蛋白亚基基因：*Glu-A1*（1）；籽粒蛋白积累基因：*NAM-6A1a*；抗叶锈病基因：*Lr14a*、*Lr68*。

/ 品质表现 / 2019 年济南试验基地取样测试结果：籽粒粗蛋白含量 13.95%，湿面筋含量 36.80%，沉降值 20 mL，吸水率 57.9 mL/100g，形成时间 3.7 min，稳定时间 3.1 min。

/ 产量表现 / 1997、1998 年度参加山东省小麦高肥甲组区域试验，两年平均亩产 511.8 kg，比对照鲁麦 14 增产 5.35%，居第一位；1999 年参加山东省个小麦生产试验，平均亩产 548.8 kg，比对照鲁麦 14 增产 7.95%。1999 年、2000 年济宁市农业科学研究所分别种植 3 亩和 5 亩高产攻关田，测产平均亩产分别为 613.7 kg 和 634 kg。

/ 生产应用 / 适合山东省中高肥水条件下种植，主要在鲁南、鲁西南推广利用。1998—2006 年山东省累计种植面积 917.4 万亩，其中 2001 年种植面积 329.6 万亩，为最大种植面积年份。2006 年山东省种植面积 3 万亩，之后少有种植。2001 年获济宁市科技进步一等奖，2002 年获山东省科技进步三等奖。

10cm

cm

cm

济南 18

省库编号：LM12123　国库编号：ZM026006

/ 品种来源 / 原系号：0065。山东省农业科学院作物研究所利用生物技术将鲁牧 1 号牧草 DNA 导入小麦品系 86(6)02，对后代变异群体进行系统选育而成。2000 年通过山东省农作物品种审定委员会审定，审定编号：鲁种审字第 0320 号。

/ 特征特性 / 幼苗半匍匐，分蘖力强，成穗率高，亩穗数 40 万 ~45 万穗；株高 90 cm 左右，株型紧凑。穗纺锤形，长芒，白壳，穗粒数 30~35 粒；白粒，椭圆形，角质，千粒重 40 g 左右，容重 778 g/L。高抗条锈病和白粉病，中抗叶锈病；冬性，早春起身较慢，后期生长发育快；耐盐碱及抗冻性与鲁麦 10 号相当；抗旱性强，茎秆弹性好，较抗倒伏；中熟，全生育期 243 d。

/ 基因信息 / 硬度基因：*Pinb-D1*（硬）、*Pinb2-V2*（软）；开花基因：*TaELF3-D1-1*（晚）、*PRR73A1*（早）；穗粒数基因：*TEF-7A*（低）；籽粒颜色基因：*R-B1a*（白）；粒重相关基因：*TaGS-D1a*（高）、*TaGS2-A1a*（低）、*TaGS5-A1b*（高）、*TaTGW-7Aa*（高）、*TaCwi-4A-C*、*TaMoc-2433*（*Hap-L*）（低）、*GW2-6A*（低）；木质素基因：*COMT-3Bb*（低）；多酚氧化酶基因：*Ppo-D1b*（高）；过氧化物酶基因：*TaPod-A1*（低）；黄色素基因：*TaPds-B1a*（高）；谷蛋白亚基基因：*Glu-A1*（N）、*Glu-B3d*；籽粒蛋白积累基因：*NAM-6A1c*。

/ 品质表现 / 2019 年济南试验基地取样测试结果：籽粒粗蛋白含量 16.25%，湿面筋含量 43.90%，沉降值 34 mL，吸水率 63 mL/100g，形成时间 3.8 min，稳定时间 3.6 min。

/ 产量表现 / 1997—1998 年参加山东省耐盐碱小麦委托区域试验，两年平均亩产 328.81 kg，比对照鲁麦 10 增产 8.57%；1999 年参加山东省耐盐碱小麦生产试验，平均亩产 268.63 kg，比对照鲁麦 10 号增产 8.7%。

/ 生产应用 / 适合鲁北、鲁西北旱地和盐碱地（土壤含盐量 0.1% ~ 0.3%）种植。1997—2000 年累计种植面积 286 万亩。其中，山东省累计种植面积 263.5 万亩，河北沧州、衡水等地种植面积 22.5 万亩。2001 年获山东省科技进步二等奖。

10cm

cm

cm

菏麦 13

省库编号：LM12252　国库编号：ZM026016

/ 品种来源 / 原系号：菏 89-1460139。原菏泽地区农业科学研究所以沛 304-1 为母本、鲁麦 4 号为父本进行杂交，F_1 种子经 ^{60}Co-γ 射线 6.45C/kg 处理，分离群体经系谱法选育而成。2000 年通过山东省农作物品种审定委员会审定，审定编号：鲁种审字第 0325 号。

/ 特征特性 / 幼苗匍匐，早春分蘖成穗率高，亩穗数 45 万穗左右；株高 81 cm 左右，叶片上冲，株型紧凑；穗纺锤形，长芒，白壳，穗长 8~9 cm，穗粒数 30~35 粒；白粒，卵形，角质，千粒重 45 g 左右，容重 761 g/L 左右。高抗条锈病和白粉病，中感叶锈病，中抗叶枯病；弱冬性；早熟，全生育期 227d 左右，比鲁麦 15 早熟 2 d，抗干热风，落黄好。

/ 基因信息 / 硬度基因：*Pinb-D1*（硬）、*Pinb2-V2*（硬）；开花基因：*TaELF3-D1-1*（晚）、*PRR73A1*（早）；穗粒数基因：*TEF-7A*（低）；籽粒颜色基因：*R-B1b*（红）；粒重相关基因：*TaGS2-A1a*（低）、*TaTGW-7Aa*（高）、*TaCwi-4A-C*、*TaMoc-2433*（*Hap-L*）（低）、*GW2-6A*（低）；木质素基因：*COMT-3Ba*（高）；穗发芽基因：*TaSdr-A1b*（高）；多酚氧化酶基因：*Ppo-D1b*（高）；黄色素基因：*TaPds-B1a*（高）；籽粒蛋白积累基因：*NAM-6A1a*；抗叶锈病基因：*Lr46*。

/ 品质表现 / 2019 年济南试验基地取样测试结果：籽粒粗蛋白含量 14.37%，湿面筋含量 38.50%，沉降值 30 mL，吸水率 60.6 mL/100g，形成时间 3.7 min，稳定时间 4.5 min。

/ 产量表现 / 1993—1995 年参加山东省晚播早熟组区域试验，两年平均亩产 406.28 kg，比对照鲁麦 15 增产 5.31%。1996 年高产攻关试验 2.3 亩，实打亩产 587.6 kg。

/ 生产应用 / 适合鲁南、鲁西南地区晚播种植。1997—2003 年在鲁西南、鲁南累计推广面积 300 余万亩，其中 1999 年面积最大为 78 万亩。2003 年获菏泽市科技进步一等奖。

10cm

cm

cm

潍麦 6 号

省库编号：LM12110 国库编号：ZM026004

/ 品种来源 / 原系号：潍 3246。潍坊市农业科学院以 77107-15-7-4 为母本、7770-5 为父本组配杂交，经系统选育而成。2000 年通过山东省农作物品种审定委员会审定，审定编号：鲁种审字第 0328 号。

/ 特征特性 / 幼苗半匍匐，叶片稍大，冬前分蘖较多，分蘖成穗率高，亩穗数 40 万穗左右；株高 86 cm 左右。穗纺锤形，长芒，白壳，穗粒数 35 粒左右；白粒，椭圆形，角质，籽粒饱满，千粒重 45 g 左右，容重 798 g/L。高抗条锈病，中抗叶锈病、白粉病和叶枯病；半冬性，抗寒性好；茎秆韧性好，抗倒伏；中晚熟，全生育期 249 d 左右，略晚于鲁麦 14，熟相好。

/ 基因信息 / 硬度基因：*Pinb-D1*（硬）、*Pinb2-V2*（硬）；开花基因：*TaELF3-D1-1*（晚）、*PRR73A1*（早）；穗粒数基因：*TEF-7A*（高）；籽粒颜色基因：*R-B1a*（白）；粒重相关基因：*TaGS-D1a*（高）、*TaGS2-A1a*（低）、*TaGS5-A1b*（高）、*TaTGW-7Aa*（高）、*TaCwi-4A-C*、*TaMoc-2433*（*Hap-L*）（低）、*GW2-6A*（低）；穗发芽基因：*TaSdr-A1a*（低）；多酚氧化酶基因：*Ppo-A1b*（低）；过氧化物酶基因：*TaPod-A1*（低）；黄色素基因：*TaPds-B1b*（低）；谷蛋白亚基基因：*Glu-A1*（1）、*Glu-B3d*；籽粒蛋白积累基因：*NAM-6A1c*；抗叶锈病基因：*Lr46*。

/ 品质表现 / 2019 年济南试验基地取样测试结果：籽粒粗蛋白含量 14.72%，湿面筋含量 37.00%，沉降值 38 mL，吸水率 64.2 mL/100g，形成时间 4.5 min，稳定时间 8 min。

/ 产量表现 / 1994—1995 年参加山东省小麦高肥乙组区域试验，两年平均亩产 466.9 kg，比对照鲁麦 14 减产 0.59%，居第三位。

/ 生产应用 / 适合潍坊、东营中高肥水地块推广利用。在山东省累计推广面积 200 万亩以上。

10cm

cm

cm

山农优麦 2 号

省库编号：LM12251 国库编号：ZM026015

/ 品种来源 / 原系号：PH920691。山东农业大学以 PH85-115-2 为母本、“79401/ 鲁麦 11” 为父本组配杂交，经系统选育而成。2000 年通过山东省农作物品种审定委员会审定，审定编号：鲁种审字第 0333 号；2009 年通过国家农作物品种审定委员会审定，审定编号：国审麦 2009021。

/ 特征特性 / 幼苗半直立，分蘖成穗率高，亩穗数 35 万穗左右；株高 90 cm 左右。穗近长方形，长芒，白壳，穗粒数 35 粒左右；白粒，椭圆形，角质，千粒重 44.2 g，容重 781.2 g/L；抗叶锈病，中抗条锈病、白粉病和叶枯病；冬性；抗旱，抗倒伏；中熟，全生育期 243 d，与对照鲁麦 21 相当。

/ 基因信息 / 硬度基因：*Pinb-D1*（硬）、*Pinb2-V2*（软）；开花基因：*TaELF3-D1-1*（晚）、*PRR73A1*（早）；穗粒数基因：*TEF-7A*（高）；籽粒颜色基因：*R-B1a*（白）；粒重相关基因：*TaGS-D1a*（高）、*TaGS2-A1b*（高）、*TaGS5-A1b*（高）、*TaTGW-7Aa*（高）、*TaCwi-4A-C*、*TaMoc-2433*（*Hap-L*）（低）、*GW2-6A*（低）；穗发芽基因：*TaSdr-A1a*（低）；多酚氧化酶基因：*Ppo-A1b*（低）；过氧化物酶基因：*TaPod-A1*（高）；黄色素基因：*TaPds-B1a*（高）；谷蛋白亚基基因：*Glu-A1*（1）、*Glu-B3d*；籽粒蛋白积累基因：*NAM-6A1c*；抗叶锈病基因：*Lr14a*、*Lr46*。

/ 品质表现 / 2019 年济南试验基地取样测试结果：籽粒粗蛋白含量 15.63%，湿面筋含量 36.00%，沉降值 43 mL，吸水率 61.6 mL/100g，形成时间 5.2 min，稳定时间 8.8 min。

/ 产量表现 / 1997—1998 年参加山东省小麦旱地组区域试验，两年平均亩产 387.21 kg，比对照鲁麦 19 和鲁麦 21 分别增产 16.8% 和减产 2.9%；1999 年参加山东省小麦生产试验，平均亩产 413.3 kg，比对照鲁麦 21 增产 1.4%。

/ 生产应用 / 适合山东省亩产 300~400 kg 的旱地种植。2000—2019 年山东省累计种植面积 206.18 万亩。其中，2002 年种植面积 79.48 万亩，为最大年种植面积；2019 年种植面积 6.9 万亩。

10cm

cm

cm

烟农 19

省库编号：LM12137　国库编号：ZM028367

/ 品种来源 / 原系号：烟优 361。山东省烟台市农业科学研究院以烟 1933 为母本，陕 82-29 为父本组配杂交，经系统选育而成。2001 年通过山东省农作物品种审定委员会审定，审定编号：鲁农审字 [2001]001 号。该品种还先后通过江苏省（苏审麦 200102）、山西省（晋审麦 2004003）、安徽省 [皖农种 (2005)28 号]、河南省（豫审证字 2005106 号）和北京市（京审麦 2006001）的农作物品种审定委员会审定。

/ 特征特性 / 幼苗半匍匐，叶色黄绿，分蘖力强，成穗率中等，亩穗数 40 万 ~45 万穗；株高 84.1 cm，株型较紧凑。穗纺锤形，长芒，白壳，穗粒数 40 粒左右；白粒，角质，千粒重 36.4 g，容重 766.0 g/L。经抗病性鉴定，中感条锈病、叶锈病，高感白粉病。抗穗发芽；冬性；抗干旱能力强，适应性广，属节水型品种；抗倒性一般；中晚熟，全生育期 245 d，后期绿叶面积持续时间长。

/ 基因信息 / 硬度基因：*Pinb-D1*（硬）；开花基因：*PRR73A1*（早）；籽粒颜色基因：*R-B1a*（白）；粒重相关基因：*TaGS-D1a*（高）、*TaGS2-A1b*（高）、*TaGS5-A1a*（低）、*TaTGW-7Aa*（高）、*TaMoc-2433*（*Hap-L*）（低）；穗发芽基因：*TaSdr-A1a*（低）；多酚氧化酶基因：*Ppo-A1b*（低）；黄色素基因：*TaPds-B1a*（高）；谷蛋白亚基基因：*Glu-A1*（1）；籽粒蛋白积累基因：*NAM-6A1c*；抗叶锈病基因：*Lr14a*、*Lr46*；抗黄花叶病毒病基因：*Sbmp 6061*。

/ 品质表现 / 1999—2000 年山东省生产试验统一取样测试：籽粒粗蛋白含量 15.1%，湿面筋 33.5%，沉降值 40.2 mL，吸水率 57.24 mL/100g，稳定时间 13.5 min，断裂时间 14.2 min，公差指数 19 BU，弱化度 24 BU，评价值 61。

/ 产量表现 / 1997—1999 年参加山东省小麦高肥乙组区域试验，两年平均亩产 483.6 kg，比对照鲁麦 14 减产 0.3%；1999—2000 年参加山东省小麦生产试验，平均亩产 497.4 kg，比对照鲁麦 14 增产 1.3%。1999—2001 年江苏省淮北片小麦良种区域试验，比对照陕 229 增产 11.62%，平均 499.67 kg/ 亩；2000—2001 年江苏省淮北片小麦良种生产试验，平均亩产 505.46 kg，比对照陕 229 增产 12.49%，居首位。

/ 生产应用 / 该品种为广适节水型强筋小麦品种，适合山东、江苏、安徽等省中高肥水地块种植，连续多年被农业部确定为小麦主导品种和重点推广的优质专用小麦品种。2001—2019 年山东省累计推广 5 956.28 万亩，其中 2005 年种植面积 1 040.27 万亩，为最大种植面积年份。2002 年获国家“十五”第一批新品种后补助和科技部“国家首批农业科技成果转化资金项目”资助；2005 年被科技部列入“国家科技成果重点推广计划”。2004 年获山东省科技进步一等奖；2007 年获国家科技进步二等奖。

10cm

cm

cm

济麦 19

省库编号：LM12181　国库编号：ZM025901

/ 品种来源 / 原系号：935031。山东省农业科学院作物研究所以鲁麦 13 为母本、临汾 5064 为父本组配杂交，系谱法选育而成。2001 年通过山东省农作物品种审定委员会审定，审定编号：鲁农审字 [2001]002 号；2003 年通过国家农作物品种审定委员会审定，审定编号：国审麦 2003014。

/ 特征特性 / 幼苗半匍匐，叶片浓绿，分蘖力强，成穗率较高，亩穗数 38 万穗左右；株高 82.9 cm，旗叶短宽挺立，株型较紧凑。穗近长方形，长芒，白壳，穗粒数35粒左右；白粒，角质，椭圆形，千粒重 45 g 左右，容重 764.6 g/L。抗病性鉴定结果：高感条锈病，中感叶锈病，高抗白粉病。冬性，越冬性好；中熟，生育期 244 d，落黄好。

/ 基因信息 / 硬度基因：*Pinb-D1*（软）、*Pinb2-V2*（软）；开花基因：*TaELF3-D1-1*（晚）、*PRR73A1*（晚）；穗粒数基因：*TEF-7A*（高）；籽粒颜色基因：*R-B1a*（白）；粒重相关基因：*TaGS-D1a*（高）、TaGS2-A1a（低）、*TaTGW-7Aa*（高）、*TaCwi-4A-C*、*TaMoc-2433*（*Hap-L*）（低）、*GW2-6A*（低）；穗发芽基因：*TaSdr-A1a*（低）；多酚氧化酶基因：*Ppo-A1b*（低）；过氧化物酶基因：*TaPod-A1*（低）；黄色素基因：*TaPds-B1b*（低）；谷蛋白亚基基因：*Glu-B3d*；籽粒蛋白积累基因：*NAM-6A1c*；抗叶锈病基因：*Lr14a*、*Lr46*、*Lr68*。

/ 品质表现 / 1999—2000 年山东省小麦生产试验统一取样测试：籽粒粗蛋白含量 13.69%，湿面筋含量 31.2%，沉降值 32.8 mL，吸水率 59.34 mL/100g，稳定时间 3.9 min，断裂时间 5.8 min，公差指数 44 BU，弱化度 62 BU，评价值 52 分。

/ 产量表现 / 1997—1999 年参加山东省小麦高肥乙组区域试验，两年平均亩产 512.7 kg，比对照鲁麦 14 增产 5.7%，居第一位；1999—2000 年参加生产试验，平均亩产 508.6 kg，比对照鲁麦 14 增产 7.5%，居第一位。1998—2000 年参加国家黄淮北片冬小麦水地组区域试验，两年平均亩产 488.03 kg，较对照鲁麦 14 增产 7.45%；2000—2001 年参加国家黄淮北片冬小麦水地组生产试验，平均亩产 457.31 kg，较对照品种增产 3.2%。2000 年菏泽市实打平均亩产 650.4 kg。

/ 生产应用 / 适合山东省亩产 400~500 kg 地块种植，曾是山东省区域试验对照品种。1999—2019 年全国累计种植面积 6 237.3 万亩，其中山东省累计种植面积 5 705.2 万亩。2001 年山东省种植面积 1 212.0 万亩，为山东省最大种植面积年份；2004 年全国种植面积 1 304 万亩，为全国最大种植面积年份，其中山东省种植面积 1 079.3 万亩。2005 年后种植面积迅速下降，2018 年山东省种植面积仅 0.12 万亩。2003 年获山东省科技进步一等奖，2005 年获国家科技进步二等奖。

10cm

cm

cm

莱州 95021

省库编号：LM12175　国库编号：ZM025899

/ 品种来源 / 原系号：95021。原莱州市农业科学院从引进的高代品系 935021 中选出抗寒单株培育而成，组合为济南 13/ 烟中 144// 偃麦杂种 / 烟中 153。2001 年通过山东省农作物品种审定委员会审定，审定编号：鲁农审字 [2001]003 号。

/ 特征特性 / 幼苗半匍匐，春季起身拔节较早，抽穗后叶片短、宽、挺，分蘖力强，成穗率较高，亩穗数 40 万穗左右；株高 82.5 cm，株型较紧凑。穗近长方形，长芒，白壳，穗粒数 35 粒左右；白粒，卵圆形，角质，千粒重 36.9 g，容重 761.6 g/L。抗病性鉴定结果：高感条锈病，中抗叶锈病，高抗白粉病。半冬性，越冬性好；抗倒性一般。生育期 244 d。

/ 基因信息 / 硬度基因：*Pinb-D1*（硬）、*Pinb2-V2*（软）；开花基因：*TaELF3-D1-1*（晚）、*PRR73A1*（晚）；穗粒数基因：*TEF-7A*（高）；籽粒颜色基因：*R-B1b*（红）；粒重相关基因：TaGS2-*A1a*（低）、*TaTGW-7Aa*（高）、*TaCwi-4A-T*、*TaMoc-2433*（*Hap-L*）（低）、*GW2-6A*（低）；木质素基因：*COMT-3Ba*（高）；穗发芽基因：*TaSdr-A1b*（高）；多酚氧化酶基因：*Ppo-D1b*（高）；过氧化物酶基因：*TaPod-A1*（高）；黄色素基因：*TaPds-B1a*（高）；籽粒蛋白积累基因：*NAM-6A1a*。

/ 品质表现 / 1999—2000 年山东省生产试验统一取样测试：粗蛋白含量 14.16%，湿面筋含量 34.2%，沉降值 32.8 mL，吸水率 57.6 mL/100g。稳定时间 7.2 min，断裂时间 8.9 min，公差指数 30 BU，弱化度 46 BU，评价值 57。

/ 产量表现 / 1997—1999 年参加山东省小麦高肥乙组区域试验，2 年平均亩产 497.6 kg，比对照鲁麦 14 增产 2.6%；1999—2000 年参加山东省小麦生产试验，平均亩产 496.5 kg，比对照鲁麦 14 增产 4.9%。山东省“三　工程”高产攻关组在平度市蓼兰种植 20 亩攻关田，平均亩产 657.84 kg。

/ 生产应用 / 适合山东省亩产 400~500 kg 地块种植。1998—2008 年山东省累计种植面积 516 万亩。其中，2000 年种植面积 103 万亩，为最大种植面积年份；2008 年种植面积降至 2 万亩，之后少有种植。

10cm

cm

cm

金铎 1 号

省库编号：LM12184　国库编号：ZM030650

/ 品种来源 / 原系号：032。巨野县科委以 81-2-42 为母本、鲁麦 1 号为父本杂交选育而成。2001 年通过山东省农作物品种审定委员会审定，审定编号：鲁农审字 [2001]004 号。

/ 特征特性 / 幼苗匍匐，叶色浓绿，叶片长、下垂；株高 82.4 cm，株型紧凑。穗纺锤形，长芒，白壳，穗粒数 36 粒左右；白粒，椭圆形，粉质，千粒重 41.1 g，容重 767.7 g/L。区域试验田间表现抗条锈病、白粉病，后期轻感叶锈病。半冬性；抗倒性一般；早熟，生育期 220 d，比对照鲁麦 15 晚熟 2 d。

/ 基因信息 / 硬度基因：*Pinb-D1*（软）、*Pinb2-V2*（软）；开花基因：*TaELF3-D1-1*（晚）、*PRR73A1*（早）；穗粒数基因：*TEF-7A*（低）；籽粒颜色基因：*R-B1b*（红）；粒重相关基因：*TaGS-D1a*（高）、*TaGS2-A1b*（高）、*TaGS5-A1b*（高）、*TaTGW-7Aa*（高）、*TaCwi-4A-C*、*TaMoc-2433*（*Hap-L*）（低）、*GW2-6A*（低）；木质素基因：*COMT-3Ba*（高）；穗发芽基因：*TaSdr-A1b*（高）；过氧化物酶基因：*TaPod-A1*（低）；黄色素基因：*TaPds-B1a*（高）；谷蛋白亚基基因：*Glu-A1*（1）；籽粒蛋白积累基因：*NAM-6A1a*。

/ 品质表现 / 2019 年济南试验基地取样测试结果：籽粒粗蛋白含量 14.67%，湿面筋含量 38.50%，沉降值 21 mL，吸水率 56.4 mL/100g，形成时间 2.3 min，稳定时间 1.3 min。

/ 产量表现 / 1997—1999 年参加山东省小麦晚播早熟组区域试验，2 年平均亩产 420.6 kg，比对照鲁麦 15 增产 9.95%，居第一位；1999—2000 年参加山东省小麦生产试验，平均亩产 489.8 kg，比对照鲁麦 15 增产 9.3%，居第一位。

/ 生产应用 / 适合作鲁南、鲁西南地区晚茬麦种植。1998—2010 年山东省累计种植面积 265 万亩。其中，2004 年种植面积 43 万亩，为最大种植面积年份；2010 年山东省种植面积 1 万亩，之后少有种植。

10cm

cm

cm

淄麦 12

省库编号：LM12135　国库编号：ZM028369

/ 品种来源 / 淄博市农业科学研究所以 917065 为母本、910292 为父本杂交选育而成。2001 年通过山东省农作物品种审定委员会审定，审定编号：鲁农审字 [2001]030 号。

/ 特征特性 / 幼苗半匍匐，分蘖力较强，成穗率 28.7%，亩穗数 32.3 万穗；株高 82.4 cm，株型较紧凑。穗长方形，长芒，白壳，穗粒数 41 粒；白粒，卵圆形，角质，千粒重 42.9 g，容重 798 g/L。经抗病性接种鉴定，高感条锈病，中感叶锈病，高感白粉病，有黑胚现象。冬性；耐肥水，抗倒伏；中熟，生育期 243 d，熟相中等。

/ 基因信息 / 硬度基因：*Pinb-D1*（硬）、*Pinb2-V2*（软）；开花基因：*TaELF3-D1-1*（晚）、*PRR73A1*（晚）；穗粒数基因：*TEF-7A*（高）；籽粒颜色基因：*R-B1a*（白）；粒重相关基因：*TaGS2-A1b*（高）、*TaGS5-A1b*（高）、*TaTGW-7Ab*（低）、*TaCwi-4A-C*、*TaMoc-2433*（*Hap-L*）（低）、*GW2-6A*（高）；穗发芽基因：*TaSdr-A1b*（高）；多酚氧化酶基因：*Ppo-A1b*（低）；过氧化物酶基因：*TaPod-A1*（低）；黄色素基因：*TaPds-B1b*（低）；谷蛋白亚基基因：*Glu-A1*（1）、*Glu-D1*（5+10）、*Glu-B3d*；籽粒蛋白积累基因：*NAM-6A1c*；抗叶锈病基因：*Lr14a*、*Lr46*。

/ 品质表现 / 2001 年山东省小麦生产试验点统一取样测试：籽粒粗蛋白（干基）含量 14.46%，白度 75.6%，湿面筋含量 33.0%，沉降值 49.0 mL，吸水率 61.8 mL/100g，形成时间 6.0 min，稳定时间 12.0 min，断裂时间 14.0 min，软化度 45 BU，评价值 66。面包评分 95.5 分，面条评分 83 分。具有 7 + 8、5 + 10 高分子量麦谷蛋白亚基。

/ 产量表现 / 1998—2000 年参加山东省小麦高肥甲组区域试验，2 年平均亩产 533.5 kg，比对照鲁麦 14 增产 2.43%；2000—2001 年参加山东省小麦生产试验，平均亩产 541.2 kg，比对照鲁麦 14 增产 7.21%。

/ 生产应用 / 适合山东省高肥水条件下作强筋专用小麦品种种植。2000—2008 年山东省累计种植面积约 2 200 万亩。其中，2002 年种植面积 478 万亩，为最大种植面积年份；2008 年种植面积降至 49 万亩，之后只有零星种植，2019 年种植面积 0.1 万亩。2005 年获山东省科技进步三等奖。

10cm

cm

cm

滨麦 3 号

省库编号：LM12126　国库编号：ZM026007

/ 品种来源 / 原系号：阳 9431821。滨州市阳信县种子公司从鲁麦 21 穗行、株行圃中系统选育而成。2001 年通过山东省农作物品种审定委员会审定，审定编号：鲁农审字 [2001]031 号。

/ 特征特性 / 幼苗匍匐，分蘖力强，成穗率 40.3%，亩穗数 42.6 万穗，株高 83.6 cm，株型紧凑。穗纺锤形，长芒，白壳，穗粒数 36.0 粒；白粒，卵圆形，粉质，饱满，千粒重 38.2 g，容重 786 g/L。经抗病性接种鉴定，高抗条锈、叶锈病，中抗白粉病。冬性；较抗倒伏；中熟，全生育期 240 d 左右，熟相好。

/ 基因信息 / 硬度基因：*Pinb-D1*（软）、*Pinb2-V2*（软）；开花基因：*TaELF3-D1-1*（晚）、*PRR73A1*（早）；穗粒数基因：*TEF-7A*（高）；籽粒颜色基因：*R-B1b*（红）；粒重相关基因：*TaGS2-A1b*（高）、*TaGS5-A1b*（高）、*TaTGW-7Aa*（高）、*TaCwi-4A-C*、*TaMoc-2433*（*Hap-L*）（低）、*GW2-6A*（低）；木质素基因：*COMT-3Ba*（高）；穗发芽基因：*TaSdr-A1b*（高）；多酚氧化酶基因：*Ppo-A1a*（高）、*Ppo-D1b*（高）；过氧化物酶基因：*TaPod-A1*（高）；黄色素基因：*TaPds-B1b*（低）；谷蛋白亚基基因：*Glu-A1*（1）；籽粒蛋白积累基因：*NAM-6A1a*；抗叶锈病基因：*Lr46*。

/ 品质表现 / 2001 年山东省小麦生产试验点统一取样测试：籽粒粗蛋白含量（干基）12.92%，面粉白度 79.3%，湿面筋含量 27.6%，沉降值 27.9 mL，吸水率 54.44 mL/100g，形成时间 3.2 min，稳定时间 5.2 min，断裂时间 5.5 min，弱化度 110 BU，评价值 48。面条评分 83.0 分。

/ 产量表现 / 1999—2001 年参加山东省小麦高肥乙组区域试验，2 年平均亩产 550.0 kg，比对照鲁麦 14 增产 6.8%，居第一位；2000—2001 年区域同步生产试验，平均亩产 518.3 kg，比对照鲁麦 14 增产 2.7%。

/ 生产应用 / 适合山东省中高肥水条件下种植。2000—2003 年在山东省累计种植面积 193.9 万亩。其中，2002 年种植面积 68.9 万亩，为最大种植面积年份；2004 年下降至 17 万亩，2005 年少有种植。

10cm

cm

cm

潍麦 7 号

省库编号：LM12108　国库编号：ZM028375

/ 品种来源 /　原系号：潍 64225。潍坊市农业科学院配组杂交组合：临 550// 钱尼 / 中 312，经系谱法选育而成。2001 年通过山东省农作物品种审定委员会审定，审定编号：鲁农审字 [2001]032 号。

/ 特征特性 /　幼苗匍匐，叶片较细长、浓绿，分蘖力强，成穗率 34.1%，亩穗数 39.0 万穗；株高 80.7 cm，株型紧凑。穗长方形，长芒，白壳，穗粒数 39.2 粒；白粒，卵圆形，角质，饱满，千粒重 37.2 g，容重 766 g/L。经抗病性接种鉴定，高抗条锈、叶锈和白粉病。半冬性；抗倒伏性好；耐干热风；中熟，全生育期 243 d，熟相较好。

/ 基因信息 /　硬度基因：*Pinb-D1*（软）、*Pinb2-V2*（硬）；开花基因：*PRR73A1*（早）；穗粒数基因：*TEF-7A*（高）；籽粒颜色基因：*R-B1a*（白）；粒重相关基因：*TaGS-D1a*（高）、*TaGS2-A1b*（高）、*TaGS5-A1a*（低）、*TaTGW-7Aa*（高）、*TaCwi-4A-T*、*TaMoc-2433*（*Hap-L*）（低）、*GW2-6A*（低）；穗发芽基因：*TaSdr-A1a*（低）；多酚氧化酶基因：*Ppo-A1b*（低）、*Ppo-D1b*（高）；过氧化物酶基因：*TaPod-A1*（低）；黄色素基因：*TaPds-B1a*（高）；谷蛋白亚基基因：*Glu-A1*（*N*）、*Glu-D1*（5+10）、*Glu-B3d*；籽粒蛋白积累基因：*NAM-6A1c*；抗叶锈病基因：*Lr14a*、*Lr68*。

/ 品质表现 /　2001 年山东省小麦生产试验点统一取样测试：籽粒粗蛋白含量（干基）14.78%，面粉白度 71.6%，湿面筋含量 31.8%，沉降值 35.6 mL，吸水率 59.04 mL/100g，形成时间 4.5 min，稳定时间 8.5 min，断裂时间 10.0 min，软化度 65 BU，评价值 58。面条评分 86.5 分。

/ 产量表现 /　1998—2000 年参加山东省小麦高肥乙组区域试验，2 年平均亩产 533.7 kg，比对照鲁麦 14 增产 3.7%；2000—2001 年参加山东省小麦生产试验，平均亩产 534.9 kg，比对照鲁麦 14 增产 5.95%。

/ 生产应用 /　适合山东省中高肥水条件下种植。2002 年种植面积 42.5 万亩，2003 年种植面积 110.47 万亩，2004 年种植面积骤降至 9.5 万亩，之后基本没有种植。2003 年获潍坊市科技进步一等奖。

10cm

cm

cm

山农 1135

省库编号：LM12253　国库编号：ZM026017

/ 品种来源 / 山东农业大学以（721511/ 冀 82-5205）F_1 为母本、冀 845418 为父本杂交，系谱法选育而成。2001 年通过山东省农作物品种审定委员会审定，审定编号：鲁农审字 [2001]033 号。

/ 特征特性 / 幼苗半匍匐，返青早，起身快，生长势强，分蘖力强，成穗率 52.5%，亩穗数 44.6 万穗；株高 78 cm，株型紧凑，茎秆细，弹性好。穗纺锤形，长芒，白壳，穗粒数 28.7 粒；白粒，椭圆形，角质，较饱满，千粒重 38.2 g，容重 780 g/L。区域试验田间表现抗条锈病和叶锈病，中感白粉病。弱冬性；较抗倒伏；早熟，生育期 220 d，比鲁麦 15 和鲁麦 14 分别早 2 d 和 5 d 左右，熟相较好。

/ 基因信息 / 硬度基因：*Pinb-D1*（硬）；开花基因：*TaELF3-D1-1*（晚）、*PRR73A1*（早）；籽粒颜色基因：*R-B1a*（白）；粒重相关基因：*TaGS-D1a*（高）、*TaGS2-A1a*（低）、*TaTGW-7Aa*（高）、*TaMoc-2433*（*Hap-L*）（低）；穗发芽基因：*TaSdr-A1b*（高）；多酚氧化酶基因：*Ppo-A1b*（低）；黄色素基因：*TaPds-B1a*（高）；谷蛋白亚基基因：*Glu-A1*（1）、*Glu-D1*(2+12)、*Glu-B3d*；籽粒蛋白积累基因：*NAM-6A1c*；抗叶锈病基因：*Lr14a*、*Lr46*。

/ 品质表现 / 2001 年山东省小麦生产试验点统一取样测试：籽粒粗蛋白含量（干基）16.43%，面粉白度 74%，湿面筋含量 36.3%，沉降值 27.9 mL，吸水率 57.96 mL/100g，形成时间 2.8 min，稳定时间 3.2 min，断裂时间 4.7 min，弱化度 112 BU，评价值 46。面条评分 79.5 分。

/ 产量表现 / 1998—2000 年参加山东省小麦晚播早熟组区域试验，2 年平均亩产 470. 8 kg，比对照鲁麦 15 增产 3.67%；2000—2001 年参加山东省小麦生产试验，平均亩产 408.9 kg，比对照鲁麦 15 增产 8%。

/ 生产应用 / 适合鲁南、鲁西南作晚茬麦种植。2001—2003 年山东省年种植面积 20 万亩左右，2004 年后很少种植。

10cm

cm

cm

淄麦 7 号

省库编号：LM12106　国库编号：ZM026002

/ 品种来源 / 原淄博市农业科学研究所以 856043 为母本、865017 为父本杂交育成。2001 年通过山东省农作物品种审定委员会审定，审定编号：鲁农审字 [2001]034 号。

/ 特征特性 / 幼苗半匍匐，分蘖力强，成穗率 53.2%，亩穗数 41.9 万穗；株高 83 cm，株型紧凑。穗长方形，长芒，白壳，穗粒数 31.0 粒；白粒，椭圆形，角质，饱满，千粒重 39.3 g，容重 776.3 g/L。区域试验田间表现抗条锈病、叶锈病和白粉病。弱冬性；抗倒伏性中等；早熟，全生育期 218 d，比鲁麦 15 早熟 2~3 d，比鲁麦 14 早熟 5~7 d，熟相好。

/ 基因信息 / 硬度基因：*Pinb-D1*（硬）、*Pinb2-V2*（硬）；开花基因：*TaELF3-D1-1*（晚）、*PRR73A1*（早）；穗粒数基因：*TEF-7A*（高）；籽粒颜色基因：*R-B1a*（白）；粒重相关基因：*TaGS-D1a*（高）、*TaGS2-A1a*（低）、*TaGS5-A1b*（高）、*TaTGW-7Aa*（高）、*TaCwi-4A-C*、*TaMoc-2433*（*Hap-L*）（低）、*GW2-6A*（低）；多酚氧化酶基因：*Ppo-A1b*（低）；过氧化物酶基因：*TaPod-A1*（低）；黄色素基因：*TaPds-B1b*（低）；谷蛋白亚基基因：*Glu-A1*（1）、*Glu-B3d*；籽粒蛋白积累基因：*NAM-6A1c*；抗叶锈病基因：*Lr46*。

/ 品质表现 / 2000 年山东省小麦生产试验点统一取样测试：籽粒粗蛋白含量（干基）13.3%，湿面筋含量 29.2%，沉降值 31.8 mL，吸水率 61.2 mL/100g，形成时间 2.6 min，稳定时间 2.4 min，断裂时间 3.7 min，弱化度 130 BU，评价值 41。

/ 产量表现 / 1997—1999 年参加山东省小麦晚播早熟组区域试验，2 年平均亩产 425.1 kg，比对照鲁麦 15 增产 8.66%；1999—2000 年参加山东省小麦生产试验，平均亩产 458.1 kg，比对照鲁麦 15 增产 2.19%。

/ 生产应用 / 适合鲁南、鲁西南作晚茬麦种植。累计种植面积超 200 万亩。2003 年获淄博市科技进步二等奖。

10cm

cm

cm

山农优麦 3 号

省库编号：LM12246 国库编号：ZM026012

/ 品种来源 / 原系号：PY85-1-1。山东农业大学与肥城市良种场以 79401 为母本、鲁麦 1 号为父本杂交，经系谱法选育而成。2001 年通过山东省农作物品种审定委员会审定，审定编号：鲁农审字 [2001]035 号。

/ 特征特性 / 幼苗半匍匐，分蘖力中等，成穗率 42.5%，亩穗数 36.4 万穗；株高 81 cm，株型较松散。穗长方形，长芒，白壳，穗粒数 28.5 粒；白粒，长椭圆形，半角质，较饱满，千粒重 47.8 g，容重 780 g/L。区域试验田间表现中抗条锈病和叶锈病，感白粉病。冬性；较抗倒伏，抗干热风；中早熟，全生育期 219 d，熟相中等。

/ 基因信息 / 1B/1R；硬度基因：*Pinb-D1*（软）、*Pinb2-V2*（软）；开花基因：*TaELF3-D1-1*（早）、*PRR73A1*（早）；穗粒数基因：*TEF-7A*（低）；籽粒颜色基因：*R-B1a*（白）；粒重相关基因：*TaGS-D1a*（高）、*TaGS2-A1b*（高）、*TaGS5-A1b*（高）、*TaTGW-7Aa*（高）、*TaCwi-4A-C*、*TaMoc-2433*（*Hap-L*）（低）、*GW2-6A*（低）；穗发芽基因：*TaSdr-A1a*（低）；多酚氧化酶基因：*Ppo-D1b*（高）；过氧化物酶基因：*TaPod-A1*（高）；黄色素基因：*TaPds-B1b*（低）；谷蛋白亚基基因：*Glu-A1*（N）、*Glu-B3d*；籽粒蛋白积累基因：*NAM-6A1c*；抗叶锈病基因：*Lr14a*、*Lr46*。

/ 品质表现 / 2001 年育种单位统一取样测试：籽粒粗蛋白含量（干基）15.46%，面粉白度 79.9%，湿面筋 30.2%，沉降值 27.7 mL，吸水率 56.76 mL/100g，形成时间 2.0 min，稳定时间 2.0 min，断裂时间 3.5 min，弱化度 118 BU，评价值 42。

/ 产量表现 / 1997—1999 年参加山东省小麦晚播早熟组区域试验，两年平均亩产 399.7 kg，比对照鲁麦 15 增产 4.6%；1999—2000 年参加山东省小麦生产试验，平均亩产 423.4 kg，比对照鲁麦 15 减产 5.6%。

/ 生产应用 / 适合鲁南、鲁西南作为晚茬麦种植。2002—2019 年山东省累计种植面积 554.45 万亩。其中，2004 年种植面积 228.3 万亩，为最大年种植面积；2019 年种植面积 0.4 万亩。

10cm

cm

cm

德抗 961

省库编号：LM12122 国库编号：ZM026005

/ 品种来源 / 德州市农业科学研究所 1992 年以抗 R-045-1 为母本、德选 1 号为父本杂交，取 F_1 单核中晚期幼穗在含 0.4%NaCl 的培养基上诱变培养，再生植株经系统选育而成。2001 年通过山东省农作物品种审定委员会审定，审定编号：鲁农审字 [2001]036 号。

/ 特征特性 / 幼苗匍匐，叶色浓绿，分蘖力强，株高 90 cm 左右，株型紧凑；成穗率较高，亩穗数 35 万 ~40 万穗。穗长方形，长芒，白壳，穗粒数 32 粒；白粒，卵圆形，半角质，千粒重 38.6 g，容重 762.9 g/L。区域试验田间表现抗条锈病和叶锈病，轻感白粉病。冬性；耐盐能力强，耐盐性 1 级；较抗倒伏；中熟，全生育期 234 d。

/ 基因信息 / 硬度基因：*Pinb-D1*（硬）、*Pinb2-V2*（硬）；开花基因：*PRR73A1*（早）；穗粒数基因：*TEF-7A*（低）；粒重相关基因：*TaCwi-4A-C*、*GW2-6A*（低）；过氧化物酶基因：*TaPod-A1*（低）；黄色素基因：*TaPds-B1a*（高）；籽粒蛋白积累基因：*NAM-6A1a*；抗叶锈病基因：*Lr14a*、*Lr46*。

/ 品质表现 / 2001 年育种单位统一取样测试：籽粒粗蛋白含量（干基）10.25%，湿面筋含量 21.6%，沉降值 1.9 mL，吸水率 60.8 mL/100g，形成时间 1.7 min，稳定时间 2.5 min，断裂时间 4.0 min，软化度 100 BU，评价值 43。

/ 产量表现 / 1999—2001 年参加山东省耐盐小麦委托试验，在土壤含盐量 0.28%~0.48% 条件下，两年平均亩产 394.08 kg，比对照鲁麦 10 号增产 28.16%；2000—2001 年区域试验同步生产试验，平均亩产 436.4 kg，比对照鲁麦 10 号增产 26.6%。

/ 生产应用 / 适合山东省土壤含盐量 0.30%~0.48% 的盐碱地种植，是山东省盐碱地对照品种。2002—2007 年山东省累计种植面积 10.6 万亩。其中，2004 年种植面积 2.96 万亩，为最大种植面积年份。2007 年山东省种植面积 0.3 万亩，之后少有种植。

10cm

cm

cm

泰山 21

省库编号：LM12105　国库编号：ZM028368

/ 品种来源 / 原系号：泰山 241。泰安市农业科学研究院育成，杂交组合为 [（26744/ 泰山 10）F_1/ 鲁麦 7 号] F_4/ 鲁麦 18。2002 年通过山东省农作物品种审定委员会审定，审定编号：鲁农审字 [2002]020 号。2003 年通过国家农作物品种审定委员会审定，审定编号：国审麦 2003015。

/ 特征特性 / 幼苗半直立，叶色浓绿，长相清秀，分蘖力较强。成穗率 42.8%，亩穗数 43 万穗；株高 80 cm，株型较紧凑，叶片上冲，旗叶短而挺，蜡质轻。穗纺锤形，长芒，白壳，穗粒数 33 粒；白粒，卵圆形，角质，饱满，千粒重 42.0 g，容重 783.6 g/L。区域试验田间表现高抗条锈病，感叶锈病，中抗白粉病；半冬性；茎秆弹性好，较抗倒伏；抗干热风；中早熟，全生育期 238 d，落黄好。

/ 基因信息 / 1B/1R；春化基因：*Vrn-D1a*（春性）；硬度基因：*Pinb-D1*（软）、*Pinb2-V2*（硬）；开花基因：*TaELF3-D1-1*（晚）、*PRR73A1*（早）；穗粒数基因：*TEF-7A*（高）；籽粒颜色基因：*R-B1a*（白）；粒重相关基因：*TaGS-D1a*（高）、*TaGS2-A1b*（高）、*TaGS5-A1b*（高）、*TaCwi-4A-T*、*TaMoc-2433*（*Hap-L*）（低）、*GW2-6A*（低）；穗发芽基因：*TaSdr-A1a*（低）；多酚氧化酶基因：*Ppo-A1b*（低）；过氧化物酶基因：*TaPod-A1*（低）；黄色素基因：*TaPds-B1a*（高）；谷蛋白亚基基因：*Glu-B3d*；籽粒蛋白积累基因：*NAM-6A1c*；抗叶锈病基因：*Lr14a*、*Lr68*。

/ 品质表现 / 山东省小麦区域试验统一取样品质测试：籽粒粗蛋白含量 13.92%，面粉白度 73.0，湿面筋含量 35.2%，沉降值 26.4mL，吸水率 62.14 mL/100g，形成时间 2.6 min，稳定时间 3.0 min。

/ 产量表现 / 1999—2001 年参加山东省小麦高肥乙组区域试验，两年平均亩产 534.08 kg，比对照鲁麦 14 增产 3.7%；2001—2002 年参加山东省小麦生产试验，平均亩产 501.15 kg，比对照鲁麦 14 增产 6.8%。2001—2002 年参加国家黄淮北片区域试验，平均亩产 499.20 kg，比对照石 4185 增产 2.2%；2001—2002 年参加黄淮北片生产试验，平均亩产 475.21 kg，比对照增产 4.4%，居第一位。

/ 生产应用 / 适合山东省中高肥水条件下种植。1999—2008 年山东省累计种植面积 1 256.3 万亩。其中，2005 年种植面积 736.0 万亩，为最大年种植面积。2006 年获泰安市科技进步一等奖。

10cm

cm

cm

山农 664

省库编号：LM12174　国库编号：ZM028374

/ 品种来源 / 山东农业大学以 520627 为母本、南农 871 为父本杂交，系统选育而成。2002 年通过山东省农作物品种审定委员会审定，审定编号：鲁农审字 [2002]022 号。

/ 特征特性 / 幼苗半直立，返青起身快，生长势强，分蘖力中等，成穗率 28.5%，亩穗数 30.7 万穗；株高 85 cm，株型较紧凑，长相清秀。穗近长方形，长芒，白壳，穗粒数 40 粒；白粒，卵圆形，粉质，饱满，千粒重 46.6 g，容重 762.6 g/L。区域试验田间表现中抗条锈病和叶锈病，中感白粉病；半冬性；抗干热风，抗生育后期干旱；中熟，全生育期 241 d，比对照晚熟 3 d，落黄好。

/ 基因信息 / 开花基因：*TaELF3-D1-1*（晚）、*PRR73A1*（早）；穗粒数基因：*TEF-7A*（高）；籽粒颜色基因：*R-B1a*（白）；粒重相关基因：*TaGS-D1a*（高）、*TaGS2-A1a*（低）、*TaGS5-A1a*（低）、*TaTGW-7Aa*（高）、*TaMoc-2433*（*Hap-L*）（低）、*GW2-6A*（低）；穗发芽基因：*TaSdr-A1b*（高）；多酚氧化酶基因：*Ppo-A1b*（低）、*Ppo-D1a*（低）；黄色素基因：*TaPds-B1a*（高）；谷蛋白亚基基因：*Glu-A1*（1）、*Glu-D1*（5+10）、*Glu-B3d*；籽粒蛋白积累基因：*NAM-6A1c*；抗叶锈病基因：*Lr14a*。

/ 品质表现 / 山东省小麦区域试验统一取样品质测试：籽粒粗蛋白含量 15.42%，面粉白度 74.5，湿面筋含量 32.0%，沉降值 19.3mL，吸水率 55.94 mL/100g，形成时间 1.2min，稳定时间 1.4min。

/ 产量表现 / 1999—2001 年参加山东省小麦高肥甲组区域试验，两年平均亩产 526.25 kg，比对照鲁麦 14 增产 2.6%。2001—2002 年参加山东省小麦生产试验，平均亩产 494.16 kg，比对照鲁麦 14 增产 5.3%。2005 年在曹县（16.2 亩）、微山县（23.5 亩）和苍山县（28 亩）进行高产示范田试验，亩产分别达到 636.28 kg、636.58 kg 和 630.5 kg。

/ 生产应用 / 适合山东省中高肥水条件下种植。2002—2019 年山东省累计种植面积 610.9 万亩。其中，2005 年种植面积 135.3 万亩，为最大种植面积年份；2019 年山东省种植面积 3.1 万亩。

10cm

cm

cm

烟农 21

省库编号：LM12254　国库编号：ZM028381

/ 品种来源 / 原系号：烟 96266。山东省烟台市农业科学研究院以烟 1933 为母本、陕 82-29 为父本杂交，系统选育而成。2002 年通过山东省农作物品种审定委员会审定，审定编号：鲁农审字 [2002]023 号；2004 年通过国家农作物品种审定委员会审定，审定编号：国审麦 2004016。

/ 特征特性 / 幼苗半匍匐，叶灰绿色，茎叶蜡质多，成穗率 41.0%，亩穗数 40.4 万穗；株高 72 cm，株型较紧凑。穗纺锤形，长芒，白壳，穗粒数 31 粒；白粒，椭圆形，角质，饱满，千粒重 40.1 g，容重 780.4 g/L。区域试验田间表现中抗条锈病、叶锈病，轻感白粉病；冬性；抗旱性强；中熟，生育期 239 d，与对照相当，熟相较好。

/ 基因信息 / 硬度基因：*Pinb-D1*（硬）、*Pinb2-V2*（硬）；开花基因：*PRR73A1*（早）；穗粒数基因：*TEF-7A*（高）；籽粒颜色基因：*R-B1a*（白）；粒重相关基因：*TaGS-D1a*（高）、*TaGS2-A1b*（高）、*TaGS5-A1a*（低）、*TaTGW-7Aa*（高）、*TaMoc-2433*（*Hap-L*）（低）、*GW2-6A*（低）；木质素基因：*COMT-3Bb*（低）；多酚氧化酶基因：*Ppo-A1b*（低）；过氧化物酶基因：*TaPod-A1*（低）；黄色素基因：*TaPds-B1a*（高）；谷蛋白亚基基因：*Glu-A1*（1）、*Glu-D1*（5+10）；籽粒蛋白积累基因：*NAM-6A1c*；抗叶锈病基因：*Lr14a*；抗黄花叶病毒病基因：*Sbmp 6061*。

/ 品质表现 / 山东省小麦区域试验统一取样品质测试：籽粒粗蛋白含量 13.5%，湿面筋含量 31.7%，干面筋含量 10.5%，沉降值 37.9 mL，吸水率 63.28 mL/100g，形成时间 2.5 min，稳定时间 4.4 min。

/ 产量表现 / 1999—2001 年参加山东省小麦旱地组区域试验，两年平均亩产 380.6 kg，比对照鲁麦 21 增产 3.14%；2001—2002 年参加山东省小麦旱地生产试验，平均亩产 442.3 kg，比对照鲁麦 21 增产 6.8%。2002—2004 年参加国家黄淮冬麦区旱地组区域试验，平均亩产 343.6 kg，比对照晋麦 47 增产 5.6%；2003—2004 年参加黄淮冬麦区旱地生产试验，平均亩产 356.8 kg，比对照增产 7.5%。

/ 生产应用 / 适合山东省旱肥地条件下种植，并适合黄淮冬麦区的山西东南部、河南西北部、陕西渭北旱塬、河北东南部、甘肃天水地区旱地种植。2003—2019 年山东省累计种植面积 2 724.22 万亩。其中，2009 年种植面积 295.72 万亩，为最大面积种植年份。2012 年获山东省科技进步二等奖。

10cm

cm

cm

烟农 22

省库编号：LM12111　国库编号：ZM028377

/ 品种来源 / 原系号：烟 103。山东省烟台市农业科学研究院配组复合杂交，亲本组合为烟 1604// 尉 132/87 初 20，经系谱法选育而成。 2002 年通过山东省农作物品种审定委员会审定，审定编号：鲁农审字 [2002]024 号。

/ 特征特性 / 幼苗半直立，叶黄绿色，分蘖力强，成穗率 47%，亩穗数 45.4 万穗；株高 75 cm，株型紧凑。穗纺锤形，长芒，白壳，穗粒数 32 粒；白粒，卵圆形，角质，千粒重 39.6 g，容重 794.1 g。区域试验田间表现中抗条锈病，叶锈病，感白粉病；半冬性；较抗倒伏；早熟，全生育期 218 d，比对照晚熟 1 d。

/ 基因信息 / 硬度基因：*Pinb-D1*（软）、*Pinb2-V2*（硬）；开花基因：*PRR73A1*（早）；穗粒数基因：*TEF-7A*（高）；籽粒颜色基因：*R-B1a*（白）；粒重相关基因：*TaGS-D1a*（高）、*TaGS2-A1b*（高）、*TaGS5-A1a*（低）、*TaTGW-7Aa*（高）、*TaCwi-4A-T*、*TaMoc-2433*（*Hap-L*）（低）、*GW2-6A*（低）；木质素基因：*COMT-3Bb*（低）；多酚氧化酶基因：*Ppo-A1b*（低）；过氧化物酶基因：*TaPod-A1*（高）；黄色素基因：*TaPds-B1a*（高）；谷蛋白亚基基因：*Glu-A1*（1）；籽粒蛋白积累基因：*NAM-6A1c*；抗叶锈病基因：*Lr14a*、*Lr46*。

/ 品质表现 / 山东省小麦区域试验统一取样品质测试：籽粒粗蛋白含量 16.1%，面粉白度 70.6，湿面筋含量 35.7%，沉降值 20.6 mL，吸水率 64.74 mL/100g，形成时间 2.5 min，稳定时间 1.5 min。

/ 产量表现 / 1999—2001 年参加山东省小麦晚播早熟组区域试验，两年平均亩产 468.72 kg，比对照鲁麦 15 增产 7.1%。2001—2002 年参加山东省小麦晚播早熟组生产试验，平均亩产 404.39 kg，比对照鲁麦 15 增产 6.0%。

/ 生产应用 / 适合鲁南、鲁西南适合地区作为晚播早熟品种种植。2003—2008 年山东省累计种植面积 19.6 万亩，其中 2004 年种植面积 6.0 万亩，为最大种植面积年份。

10cm

cm

cm

烟辐 188

省库编号：LM12145 国库编号：ZM025918

/ 品种来源 / 山东省烟台市农业科学研究院用“烟中 22/ 兴麦 7721” F_1 种子经 ^{60}Co-γ 射线辐射后，选择优异单株作母本，鲁麦 7 号作父本杂交，经系统选育而成。2002 年通过江苏省农作物品种审定委员会审定。

/ 特征特性 / 幼苗半匍匐，春季生长势较强，拔节速度快，分蘖成穗两极分化明显，成穗率低；株高 78 cm 左右，株型中等紧凑，茎秆粗壮，叶片宽大上冲，叶耳白色。穗近长方形，长芒，白壳，穗粒数 45 粒左右；白粒，椭圆形，角质，千粒重 50 g 左右，容重约 800 g/L。高抗条锈病、秆锈病、纹枯病和白粉病，轻感叶斑病，易受蚜虫为害；半冬性，抗寒性较好；根系发达，抗倒伏能力强；中熟，成熟期较鲁麦 7 号、鲁麦 22 早 3 d，落黄好。

/ 基因信息 / 开花基因：*TaELF3-D1-1*（晚）；籽粒颜色基因：*R-B1a*（白）；粒重相关基因：*TaGS-D1b*（低）、*TaGS2-A1b*（高）、*TaGS5-A1a*（低）、*TaTGW-7Aa*（高）；穗发芽基因：*TaSdr-A1a*（低）；多酚氧化酶基因：*Ppo-A1b*（低）、*Ppo-D1b*（高）；黄色素基因：*TaPds-B1a*（高）；谷蛋白亚基基因：*Glu-A1*（N）、*Glu-B3d*；籽粒蛋白积累基因：*NAM-6A1c*。

/ 品质表现 / 1999 年品质检测结果：籽粒粗蛋白含量（干基）15.34%，湿面筋含量 40.8%，干面筋含量 14.2%，沉降值 31.6 mL，稳定时间 9.6 min，面包烘烤品质评分 83.9。

/ 产量表现 / 1999—2000 年参加江苏省徐州市优质小麦品比试验，5 点平均亩产 453.9 kg，比对照陕 229 增产 6.05%。2000—2001 年参加江苏省淮北片小麦区域试验，平均亩产 444.8 kg；2002 年参加江苏省小麦生产试验，3 点平均亩产 462.3 kg，比对照增产 15.5%，居首位。1999 年山东省平度市蓼兰镇实打亩产 646.56 kg；2000 年山东省诸城市枳沟镇乔庄村实打亩产 658.26 kg。

/ 生产应用 / 主要在江苏、山东等地大面积种植，并成为苏北地区主栽品种之一，1998—2008 年累计种植面积 1 556 万亩。江苏省 2003 年种植面积 256 万亩，为最大种植年份。2008 年降至 17 万亩。山东省 2000 年种植面积 191 万亩，为最大种植年份。2004 年获徐州市科技进步一等奖。

10cm

cm

cm

潍麦8号

省库编号：LM12109　国库编号：ZM028370

/ 品种来源 / 原系号：潍62036。潍坊市农业科学院以88-3149为母本、Aus621108为父本有性杂交，经系统选育而成。2003年通过山东省农作物品种审定委员会审定，审定编号：鲁农审字[2003]028号。

/ 特征特性 / 幼苗半直立，叶色浓绿，叶片上冲，分蘖力较强，成穗率25.1%，亩穗数27万穗；株高84.5 cm，株型紧凑，茎秆粗壮。穗长方形，长芒，白壳，穗粒数43粒；白粒，椭圆形，半角质，饱满，千粒重48.7 g，容重780.2 g/L。2002年中国农业科学院植物保护研究所抗性鉴定结果：中抗条锈病、叶锈病，高抗白粉病。冬性；根系发达，抗倒伏；抗干热风，落黄好；中熟，全生育期238 d，比对照晚熟2 d。

/ 基因信息 / 开花基因：*TaELF3-D1-1*（晚）；穗粒数基因：*TEF-7A*（低）；籽粒颜色基因：*R-B1a*（白）；粒重相关基因：*TaGS-D1a*（高）、*TaGS2-A1b*（高）、*TaGS5-A1a*（低）、*TaTGW-7Aa*（高）、*TaMoc-2433*（*Hap-L*）（低）、*GW2-6A*（高）；多酚氧化酶基因：*Ppo-A1b*（低）、*Ppo-D1b*（高）；黄色素基因：*TaPds-B1a*（高）；谷蛋白亚基基因：*Glu-A1*（N）、*Glu-B3d*；籽粒蛋白积累基因：*NAM-6A1c*。

/ 品质表现 / 2002—2003年生产试验统一取样测试：籽粒粗蛋白含量15.34%，湿面筋33.0%，沉降值34.1 mL，面粉白度（L）94.9，吸水率58.3 mL/100g，形成时间3.7 min，稳定时间3.5 min，软化度109 FU。

/ 产量表现 / 2000—2002年参加山东省小麦高肥甲组区域试验，两年平均亩产535.46 kg，比对照鲁麦14增产6.57%；2002—2003年参加山东省小麦高肥组生产试验，平均亩产531.28 kg，比对照鲁麦14增产12.48%。

/ 生产应用 / 适合山东省高肥水条件下种植。2002—2008年累计种植面积2 553万亩。其中，2005种植面积413.88万亩，为最大种植面积年份。2008年获山东省科技进步二等奖。

10cm

cm

cm

济麦 20

省库编号：LM12178　国库编号：ZM028366

/ 品种来源 / 原系号 955159。山东省农业科学院作物研究所以鲁麦 14 为母本、鲁 884187 为父本有性杂交，经系统选育而成。2003 年通过山东省农作物品种审定委员会审定，审定编号：鲁农审字 [2003]029 号；2004 年分别通过天津市和国家农作物品种审定委员会审定，审定编号：津审麦 2004003 和国审麦 2004011。

/ 特征特性 / 幼苗半直立，苗色深绿，分蘖力强，成穗率 42.8%，亩穗数 44.0 万穗；株高 76.8 cm，株型紧凑，叶片较窄、上冲，叶耳紫色，植株蜡质较重，穗层整齐。穗纺锤形，长芒，白壳，穗粒数 33 粒；白粒，近卵圆形，角质，饱满，千粒重 38.6 g，容重 781.1 g/L。2002 年中国农业科学院植物保护研究所抗性鉴定结果：中感条锈病，高抗叶锈病，感白粉病。冬性；抗倒伏性中等；中熟，全生育期 237 d，比对照晚熟 1 d。

/ 基因信息 / 硬度基因：*Pinb-D1*（硬）；开花基因：*TaELF3-D1-1*（晚）、*PRR73A1*（早）；籽粒颜色基因：*R-B1a*（白）；粒重相关基因：*TaGS-D1a*（高）、*TaGS2-A1a*（低）、*TaGS5-A1b*（高）、*TaTGW-7Aa*（高）、*TaMoc-2433*（*Hap-L*）（低）；穗发芽基因：*TaSdr-A1b*（高）；多酚氧化酶基因：*Ppo-A1b*（低）、*Ppo-D1a*（低）；黄色素基因：*TaPds-B1a*（高）；谷蛋白亚基基因：*Glu-A1*（1）、*Glu-D1*（5+10）、*Glu-B3d*；籽粒蛋白积累基因：*NAM-6A1c*；抗叶锈病基因：*Lr14a*、*Lr46*。

/ 品质表现 / 2002—2003 年生产试验统一取样测试：籽粒粗蛋白含量 13.23%，湿面筋含量 29.3%，沉降值 37.1 mL，面粉白度（L）94.88，吸水率 58.4 mL/100g，形成时间 8.0 min，稳定时间 14.9 min，软化度 30 FU。

/ 产量表现 / 2000—2002 年参加山东省小麦高肥乙组区域试验，两年平均亩产 507.05 kg，比对照鲁麦 14 减产 0.78%；2002—2003 年参加山东省小麦高肥组生产试验，平均亩产 513.37 kg，比对照鲁麦 14 增产 8.69%。2001 年 6 月山东省菏泽市种植 20 亩，实打平均亩产 606.89 kg。

/ 生产应用 / 适合黄淮冬麦区的河北中南部、山东、河南北部高中产水肥地种植。2002—2019 年全国累计种植面积 7 805.06 万亩，其中山东省累计种植面积 5 745.33 万亩；2007 年全国种植面积 2 256 万亩，其中山东省种植面积 1 570 万亩，均为最大种植面积年份。2009 年后种植面积迅速下降，2019 年山东省种植面积 0.8 万亩。该品种 2008 年获山东省科技进步一等奖，2009 年获国家科技进步二等奖。

10cm

cm

cm

烟农 23

省库编号：LM12180　国库编号：ZM028376

/ 品种来源 / 原系号：烟 278。烟台市农业科学研究院以烟 1061 为母本、鲁麦 14 为父本有性杂交，系统选育而成。2003 年通过山东省农作物品种审定委员会审定，审定编号：鲁农审字[2003]030 号。

/ 特征特性 / 幼苗半直立，叶色浅绿，分蘖力较强，成穗率 32.7%，亩穗数 37.3 万穗；株高 81.1 cm，株型较紧凑，叶片上冲，穗层整齐。穗纺锤形，长芒，白壳，穗粒数 38 粒；白粒，椭圆形，半角质，饱满，千粒重 38.3 g，容重 783.1 g/L。2002 年中国农业科学院植物保护研究所抗性鉴定结果：中感条锈病，高抗叶锈病，感白粉病。冬性；中熟，全生育期 237 d，比对照晚熟 1 d；抗青干，熟相好。

/ 基因信息 / 硬度基因：*Pinb-D1*（硬）、*Pinb2-V2*（软）；开花基因：*TaELF3-D1-1*（晚）、*PRR73A1*（早）；穗粒数基因：*TEF-7A*（低）；籽粒颜色基因：*R-B1a*（白）；粒重相关基因：*TaGS-D1a*（高）、*TaGS2-A1a*（低）、*TaGS5-A1b*（高）、*TaTGW-7Aa*（高）、*TaCwi-4A-C*、*TaMoc-2433*（*Hap-L*）（低）、*GW2-6A*（低）；穗发芽基因：*TaSdr-A1b*（高）；黄色素基因：*TaPds-B1b*（低）；谷蛋白亚基基因：*Glu-A1*（1）、*Glu-B3d*；籽粒蛋白积累基因：*NAM-6A1c*。

/ 品质表现 / 2002—2003 年山东省生产试验统一取样测试：粗蛋白含量 15.23%，湿面筋含量 31.30%，沉降值 20.9 mL，面粉白度（L）95.38，吸水率 55.9 mL/100g，形成时间 1.9 min，稳定时间 1.1 min，软化度 198 FU。

/ 产量表现 / 2000—2002 年参加山东省小麦高肥甲组区域试验，两年平均亩产 528.94 kg，比对照鲁麦 14 增产 5.33%；2002—2003 年参加山东省小麦高肥组生产试验，平均亩产 502.14 kg，比对照鲁麦 14 增产 6.31%。

/ 生产应用 / 适合山东省中高肥水条件下种植。2003—2019 年山东省累计种植面积 407.3 万亩。其中，2008 年种植面积 108.1 万亩，为最大种植面积年份。2011 年后种植面积快速下降，2019 年种植面积仅 0.1 万亩。

10cm

cm

cm

聊麦 16

省库编号：LM12179　国库编号：ZM030658

/ 品种来源 / 原系号：聊 9518。聊城市农业科学研究所以 77115-1-2-9-1-1 为母本、鲁麦 13 为父本有性杂交，系统选育而成。2003 年通过山东省农作物品种审定委员会审定，审定编号：鲁农审字 [2003]032 号。

/ 特征特性 / 幼苗半直立，叶色深绿，生长健壮，分蘖力较强，成穗率 29.8%，亩穗数 33.2 万穗；株高 79.6 cm，株型中等，穗层整齐。穗长方形，大穗，长芒，白壳，码稀，穗粒数 34 粒；白粒，椭圆形，角质，饱满，千粒重 46.6 g，容重 748.7 g/L。2002 年中国农业科学院植物保护研究所抗性鉴定结果：中感条锈病，高抗叶锈病，感白粉病。半冬性；后期茎叶功能期长，抵御干热风能力较强；中熟，全生育期 240 d，比对照晚熟 4 d，熟相中等。

/ 基因信息 / 春化基因：*Vrn-D1a*（春性）；硬度基因：*Pinb-D1*（硬）、*Pinb2-V2*（软）；开花基因：*TaELF3-D1-1*（晚）、*PRR73A1*（早）；穗粒数基因：*TEF-7A*（高）；籽粒颜色基因：*R-B1b*（红）；粒重相关基因：*TaGS-D1a*（高）、*TaGS2-A1a*（低）、*TaGS5-A1b*（高）、*TaTGW-7Aa*（高）、*TaCwi-4A-C*、*TaMoc-2433*（*Hap-L*）（低）、*GW2-6A*（高）；木质素基因：*COMT-3Ba*（高）；穗发芽基因：*TaSdr-A1b*（高）；多酚氧化酶基因：*Ppo-A1a*（高）、*Ppo-D1b*（高）；过氧化物酶基因：*TaPod-A1*（低）；黄色素基因：*TaPds-B1a*（高）；谷蛋白亚基基因：*Glu-A1*（1）；籽粒蛋白积累基因：*NAM-6A1a*。

/ 品质表现 / 2002—2003 年生产试验统一取样测试：籽粒粗蛋白含量 15.02%，湿面筋含量 33.1%，沉降值 34.1 mL，吸水率 58.4 mL/100g，形成时间 4.7 min，稳定时间 3.5 min，软化度 90 FU，面粉白度（L）94.88。

/ 产量表现 / 2000—2002 年参加山东省小麦高肥乙组区域试验，两年平均亩产 517.96 kg，比对照鲁麦 14 增产 3.14%；2002—2003 年参加山东省小麦高肥组生产试验，平均亩产 519.57 kg，比对照鲁麦 14 增产 10.0%。2001 年山东省冠县城关镇 50 亩高产示范田，实打平均亩产 656.2 kg。

/ 生产应用 / 适合鲁中、鲁南、鲁西南、鲁西北地区中高肥水条件下种植。1999—2006 年累计种植面积 118 万亩，其中 2005 年种植 52 万亩，为最大种植面积年份。2006 年山东省种植面积 30 万亩，2007 年后少有种植。

10cm

cm

cm

山农 11

省库编号：LM12255　国库编号：ZM026018

/ 品种来源 / 原系号：PH9804133。山东农业大学以自选品系 93-95-5 为母本、自选复合多倍体为父本有性杂交，系统选育而成。2003 年通过山东省农作物品种审定委员会审定，审定编号：鲁农审字 [2003]033 号。

/ 特征特性 / 幼苗直立，分蘖力较强，成穗率 37.3%，亩穗数 36.9 万穗；株高 70.4 cm，株型较紧凑。穗纺锤形，长芒，白壳，穗粒数31粒；白粒，卵圆形，半角质，较饱满，千粒重44 g，容重 775.5 g/L。2002 年中国农业科学院植物保护研究所抗性鉴定结果：中抗条锈病、叶锈病，抗白粉病。冬性；早熟，全生育期 218 d，与对照相当，熟相好。

/ 基因信息 / 硬度基因：*Pinb-D1*（硬）、*Pinb2-V2*（硬）；开花基因：*TaELF3-D1-1*（晚）、*PRR73A1*（晚）；穗粒数基因：*TEF-7A*（低）；籽粒颜色基因：*R-B1a*（白）；粒重相关基因：*TaGS2-A1b*（高）、*TaGS5-A1b*（高）、*TaTGW-7Aa*（高）、*TaCwi-4A-C*、*TaMoc-2433*（*Hap-L*）（低）、*GW2-6A*（低）；穗发芽基因：*TaSdr-A1a*（低）；多酚氧化酶基因：*Ppo-A1b*（低）、*Ppo-D1b*（高）；过氧化物酶基因：*TaPod-A1*（低）；黄色素基因：*TaPds-B1b*（低）；谷蛋白亚基基因：*Glu-A1*（1）、*Glu-B3d*；籽粒蛋白积累基因：*NAM-6A1c*；抗叶锈病基因：*Lr14a*。

/ 品质表现 / 2002—2003 年生产试验统一取样测试：籽粒粗蛋白含量 14.37%，湿面筋含量 31.4%，沉降值 24.4 mL，吸水率 54.2 mL/100g，形成时间 2.2 min，稳定时间 1.7 min，软化度 152 FU，面粉白度（L）95.46。

/ 产量表现 / 2000—2002 年参加山东省小麦晚播早熟组区域试验，两年平均亩产 443.12 kg，比对照鲁麦 15 增产 9.59%；2002—2003 年参加山东省小麦晚播早熟组生产试验，平均亩产 431.11 kg，比对照鲁麦 15 增产 7.67%。

/ 生产应用 / 适合鲁南、鲁西南地区作为晚播早熟品种种植。2003 年开始有小面积种植，2004 年种植面积 29.3 万亩，2005 年后少有种植。

10cm

cm

cm

丰川 6 号

省库编号：LM12370　国库编号：ZM027133

/ 品种来源 / 原系号：9636。鄄城县种子公司从太 104926 品系中多年连续选育而成。2003 年通过山东省农作物品种审定委员会审定，审定编号：鲁农审字 [2003]034 号。

/ 特征特性 / 幼苗半直立，分蘖力中等，成穗率 36.3%，亩穗数 38.8 万穗；株高 63.1 cm，株型紧凑，叶片上冲，旗叶较宽，挺直，叶耳白色。穗纺锤形，长芒，白壳，码密，穗粒数 29 粒；白粒，椭圆形，半角质，饱满，千粒重 43 g，容重 757.3 g/L。2002 年中国农业科学院植物保护研究所抗性鉴定结果：中抗条锈病，中感叶锈病，抗白粉病。半冬性；抗倒性较好；早熟，全生育期 217 d，比对照早熟 1 d，熟相好。

/ 基因信息 / 硬度基因：*Pinb-D1*（硬）、*Pinb2-V2*（软）；开花基因：*TaELF3-D1-1*（晚）、*PRR73A1*（早）；穗粒数基因：*TEF-7A*（低）；籽粒颜色基因：*R-B1b*（红）；粒重相关基因：*TaGS-D1a*（高）、*TaGS2-A1b*（高）、*TaGS5-A1b*（高）、*TaTGW-7Aa*（高）、*TaCwi-4A-C*、*TaMoc-2433*（*Hap-L*）（低）、*GW2-6A*（低）；穗发芽基因：*TaSdr-A1b*（高）；多酚氧化酶基因：*Ppo-A1a*（高）；过氧化物酶基因：*TaPod-A1*（低）；黄色素基因：*TaPds-B1a*（高）；籽粒蛋白积累基因：*NAM-6A1a*；抗叶锈病基因：*Lr14a*。

/ 品质表现 / 2002—2003 年生产试验统一取样测试：籽粒粗蛋白含量 14.93%，湿面筋含量 32.6%，沉降值 12.7 mL，吸水率 52.4 mL/100g，形成时间 1.3 min，稳定时间 1.5 min，软化度 168 FU，面粉白度（L）95.64。

/ 产量表现 / 2000—2002 年参加山东省小麦晚播早熟组区域试验，两年平均亩产 440.46 kg，比对照鲁麦 15 增产 8.94%；2002—2003 年参加山东省小麦晚播早熟组生产试验，平均亩产 442.23 kg，比对照鲁麦 15 增产 10.44%。

/ 生产应用 / 适合鲁南、鲁西南地区作为晚播早熟品种种植。2004—2019 年山东省累计种植面积 371 万亩。其中，2013 年种植面积 59.1 万亩，为最大种植面积年份；2019 年山东省种植面积 2.3 万亩。

10cm

cm

cm

临麦2号

省库编号：LM12208　国库编号：ZM029792

/ 品种来源 / 原临沂市农业科学研究所以鲁麦23为母本、临90-15为父本有性杂交，系统选育而成。2004年通过山东省农作物品种审定委员会审定，审定编号：鲁农审字[2004]021号。

/ 特征特性 / 幼苗半直立，分蘖成穗率中等，亩穗数35.5万穗；株高78.6 cm，株型紧凑，茎秆粗壮。穗棍棒形，长芒，白壳，穗粒数43.8粒；白粒，椭圆形，半角质，饱满，有黑胚，千粒重44.2 g，容重769.3 g/L。2003—2004年中国农业科学院植物保护研究所抗病性鉴定结果：中感条锈病，中感至高感叶锈病，感白粉病和纹枯病。半冬性；抗倒伏；中熟，全生育期241 d，比对照晚熟1 d，熟相中等。

/ 基因信息 / 硬度基因：*Pinb-D1*（软）、开花基因：*PRR73A1*（早）；穗粒数基因：*TEF-7A*（低）；籽粒颜色基因：*R-B1b*（红）；粒重相关基因：*TaGS-D1a*（高）、*TaGS2-A1b*（高）、*TaGS5-A1b*（高）、*TaTGW-7Aa*（高）、*TaCwi-4A-C*、*TaMoc-2433*（*Hap-L*）（低）、*GW2-6A*（低）；穗发芽基因：*TaSdr-A1b*（高）；多酚氧化酶基因：*Ppo-D1a*（低）；过氧化物酶基因：*TaPod-A1*（高）；黄色素基因：*TaPds-B1a*（高）；谷蛋白亚基基因：*Glu-A1*（1）；籽粒蛋白积累基因：*NAM-6A1a*；抗叶锈病基因：*Lr14a*、*Lr46*。

/ 品质表现 / 2003—2004年生产试验统一取样测试：籽粒粗蛋白含量（干基）14.14%，湿面筋含量32.0%，出粉率70%，沉降值20.3 mL，吸水率57.1 mL/100g，形成时间2.0 min，稳定时间0.8 min，软化度248 FU，面粉白度94.7（AACC测试法）。

/ 产量表现 / 2002—2004年参加山东省小麦高肥甲组区域试验，两年平均亩产549.93 kg，比对照鲁麦14增产12.38%；2003—2004年参加山东省小麦高肥组生产试验，平均亩产510.11 kg，比对照鲁麦14增产9.24%。

/ 生产应用 / 适合山东省高肥水地块种植。2004—2019年山东省累计种植面积1 024.49万亩。其中，2010年种植面积167.5万亩，为最大种植面积年份；2019年山东省种植面积21.1万亩。

10cm

cm

cm

济麦 21

省库编号：LM12129　国库编号：ZM028371

/ 品种来源 / 原系号：988044。山东省农业科学院作物研究所以“865168/ 农大 84-1109”的 F_1 为母本、冀 84-5418 为父本有性杂交，系统选育而成。2004 年分别通过山东省和国家农作物品种审定委员会审定，审定编号：鲁农审字 [2004]022 号，国审麦 2004012；2006 年通过江苏省农作物品种审定委员会审定，审定编号：苏审麦 200604。

/ 特征特性 / 幼苗半直立，分蘖力强，成穗率较高，亩穗数 42.8 万穗；株高 76.9 cm，株型较紧凑，叶色淡绿，叶片细长，旗叶上冲，穗层整齐。穗纺锤形，长芒，白壳，穗粒数 35.1 粒；白粒，近卵圆形，角质，较饱满，千粒重 38.1 g，容重 769.7 g/L。2003—2004 年中国农业科学院植物保护研究所抗病性鉴定结果：中抗至高抗条锈病，中感叶锈病、白粉病和纹枯病。半冬性；较抗倒伏；中熟，全生育期 241 d，比对照晚熟 1 d，熟相较好。

/ 基因信息 / 1B/1R。硬度基因：*Pinb-D1*（硬）、*Pinb2-V2*（硬）；开花基因：*TaELF3-D1-1*（晚）、*PRR73A1*（早）；穗粒数基因：*TEF-7A*（低）；籽粒颜色基因：*R-B1a*（白）；粒重相关基因：*TaGS-D1a*（高）、*TaGS2-A1a*（低）、*TaGS5-A1a*（低）、*TaTGW-7Ab*（低）、*TaCwi-4A-C*、*TaMoc-2433*（*Hap-L*）（低）、*GW2-6A*（高）；木质素基因：*COMT-3Bb*（低）；穗发芽基因：*TaSdr-A1b*（高）；多酚氧化酶基因：*Ppo-D1b*（高）；黄色素基因：*TaPds-B1a*（高）；谷蛋白亚基基因：*Glu-A1*（N）、*Glu-B3d*；籽粒蛋白积累基因：*NAM-6A1c*；抗叶锈病基因：*Lr46*。

/ 品质表现 / 2003—2004 年生产试验统一取样测试：籽粒粗蛋白含量（干基）14.30%，湿面筋含量 32.3%，出粉率 72%，沉降值 30.6 mL，吸水率 59.8 mL/100g，形成时间 4.5 min，稳定时间 3.5 min，软化度 104 FU，面粉白度 93.8（AACC 测试法）。

/ 产量表现 / 2001—2003 年参加山东省小麦高肥乙组区域试验，两年平均亩产 515.17 kg，比对照鲁麦 14 增产 5.97%；2003—2004 年参加山东省高肥组生产试验，平均亩产 509.61 kg，比对照鲁麦 14 增产 9.14%。2002—2004 年参加国家黄淮北片水地小麦品种区域试验，2003—2004 年参加国家黄淮北片小麦生产试验，3 年产量分别比对照石 4185 增产 6.10%、4.65%和 6.09%。

/ 生产应用 / 适合山东省中高肥水地块种植。2004—2019 年山东省累计种植面积 1 012.48 万亩。其中，2006 年种植面积 330.68 万亩，为最大种植面积年份；2019 年山东省种植面积 0.4 万亩。

10cm

cm

cm

泰山23

省库编号：LM12210 国库编号：ZM028373

/ 品种来源 / 原系号：泰山008。泰安市农业科学研究院以881414为母本、876161为父本有性杂交，系统选育而成。2004年通过山东省农作物品种审定委员会审定，审定编号：鲁农审字[2004] 023号。

/ 特征特性 / 幼苗半直立，分蘖力较强，成穗率高，亩穗数41.2万穗；株高74.6 cm，株型紧凑，叶片上冲。穗纺锤形，长芒，白壳，穗粒数32.5粒；白粒，近卵圆形，半角质，较饱满，千粒重45.7 g，容重762.3 g/L。2003—2004年中国农业科学院植物保护研究所抗病性鉴定结果：高抗条锈病，高感叶锈病和白粉病，中感纹枯病。半冬性；抗倒伏；中熟，全生育期240 d，比对照晚熟1 d，熟相较好。

/ 基因信息 / 春化基因：*Vrn-D1a*（春性）；硬度基因：*Pinb-D1*（硬）、*Pinb2-V2*（硬）；开花基因：*TaELF3-D1-1*（晚）、*PRR73A1*（早）；穗粒数基因：*TEF-7A*（高）；籽粒颜色基因：*R-B1a*（白）；粒重相关基因：*TaGS-D1a*（高）、*TaGS2-A1b*（高）、*TaGS5-A1b*（高）、*TaTGW-7Aa*（高）、*TaCwi-4A-C*、*TaMoc-2433*（*Hap-L*）（低）、*GW2-6A*（低）；穗发芽基因：*TaSdr-A1a*（低）；多酚氧化酶基因：*Ppo-A1b*（低）；过氧化物酶基因：*TaPod-A1*（低）；黄色素基因：*TaPds-B1b*（低）；谷蛋白亚基基因：*Glu-A1*（1）、*Glu-B3d*；籽粒蛋白积累基因：*NAM-6A1c*；抗叶锈病基因：*Lr46*。

/ 品质表现 / 2003—2004年生产试验统一取样测试：籽粒粗蛋白含量（干基）14.47%，湿面筋含量33.6%，出粉率71.9%，沉降值31.7 mL，吸水率54.8 mL/100g，形成时间3.2 min，稳定时间2.0 min，软化度150 FU，面粉白度94.98（AACC测试法）。

/ 产量表现 / 2002—2004年参加山东省小麦高肥乙组区域试验，两年平均亩产538.14 kg，比对照鲁麦14增产11.38%；2003—2004年参加山东省小麦高肥组生产试验，平均亩产506.23 kg，比对照鲁麦14增产8.41%。2005年山东省兖州市小孟镇王海村实打1.81亩，亩产量735.66 kg，创鲁中、鲁西南地区小麦最高亩产纪录。

/ 生产应用 / 适合山东省中高肥水地块种植。2004—2019年山东省累计种植面积1 028.26万亩。其中，2007年种植面积322.00万亩，为最大种植面积年份；2019年种植面积5.32万亩。2010年先后获泰安市科技进步一等奖和山东省科技进步奖三等奖。

10cm

cm

cm

烟农 24

省库编号：LM12211　国库编号：ZM029070

/ 品种来源 / 原系号：烟 475。山东省烟台市农业科学研究院以陕 229 为母本、安麦 1 号为父本有性杂交，系统选育而成。2004 年通过山东省农作物品种审定委员会审定，审定编号：鲁农审字 [2004]024 号。

/ 特征特性 / 幼苗半直立，分蘖力强，成穗率较高，亩穗数 38.9 万穗；株高 79.8 cm，株型紧凑。穗纺锤形，顶芒，白壳，穗粒数 36.3 粒；白粒，卵圆形，粉质，较饱满，千粒重 41.9 g，容重 776.1 g/L。2003—2004 年中国农业科学院植物保护研究所抗病性鉴定结果：高抗条锈病，中抗叶锈病，中感白粉病和纹枯病。半冬性；较抗倒伏；中熟，全生育期 241 d，比对照晚熟 1 d，熟相好。

/ 基因信息 / 硬度基因：*Pinb-D1*（软）、*Pinb2-V2*（软）；开花基因：*TaELF3-D1-1*（晚）、*PRR73A1*（早）；穗粒数基因：*TEF-7A*（高）；籽粒颜色基因：*R-B1a*（白）；粒重相关基因：*TaGS2-A1b*（高）、*TaGS5-A1b*（高）、*TaTGW-7Aa*（高）、*TaCwi-4A-C*、*TaMoc-2433*（*Hap-L*）（低）、*GW2-6A*（低）；多酚氧化酶基因：*Ppo-A1b*（低）、*Ppo-D1b*（高）；黄色素基因：*TaPds-B1a*（高）；谷蛋白亚基基因：*Glu-A1*（1）、*Glu-B3d*；籽粒蛋白积累基因：*NAM-6A1c*。

/ 品质表现 / 2003—2004 年生产试验统一取样测试：籽粒粗蛋白含量（干基）12.86%，湿面筋含量 28.6%，出粉率 69.0%，沉降值 23.8 mL，吸水率 53.3 mL/100g，形成时间 2.7 min，稳定时间 3.4 min，软化度 122 FU，面粉白度 95.28（AACC 测试法）。

/ 产量表现 / 2001—2003 年参加山东省小麦高肥甲组区域试验，两年平均亩产 520.14 kg，比对照鲁麦 14 增产 8.45%；2003—2004 年参加山东省小麦高肥组生产试验，平均亩产 503.46 kg，比对照鲁麦 14 增产 7.82%。

/ 生产应用 / 适合山东省中高肥水地块种植。2004—2019 年山东省累计种植面积 1 900.66 万亩。其中，2008 年种植面积 233.39 万亩，为最大种植面积年份；2019 年种植面积 29.3 万亩。

10cm

cm

cm

多丰 2000

省库编号：LM12212　国库编号：ZM028596

/ 品种来源 / 原系号：26-5-39。菏泽市牡丹区农技站从小麦品系 9118 中系统选育而成，亲本组合为肥 48/113。2004 年通过山东省农作物品种审定委员会审定，审定编号：鲁农审字 [2004]025 号。

/ 特征特性 / 幼苗半直立，分蘖力中等，成穗率较低，亩穗数 28.1 万穗；株高 83.5 cm，株型稍松散，叶片上冲，叶色浓绿，茎秆粗壮。穗长方形，长芒，白壳，穗粒数 45.2 粒；白粒，椭圆形，半角质，较饱满，千粒重 46.6 g，容重 767.0 g/L。2003—2004 年中国农业科学院植物保护研究所抗病性鉴定结果：中抗条锈病和纹枯病，高感叶锈病，中感白粉病。弱冬性；抗倒伏；中熟，全生育期 241 d，比对照晚熟 1 d，熟相好。

/ 基因信息 / 硬度基因：*Pinb-D1*（软）、*Pinb2-V2*（软）；开花基因：*TaELF3-D1-1*（晚）、*PRR73A1*（早）；穗粒数基因：*TEF-7A*（高）；籽粒颜色基因：*R-B1b*（红）；粒重相关基因：*TaGS-D1a*（高）、*TaGS2-A1b*（高）、*TaGS5-A1b*（高）、*TaTGW-7Aa*（高）、*TaCwi-4A-T*、*TaMoc-2433*（*Hap-L*）（低）、*GW2-6A*（低）；木质素基因：*COMT-3Ba*（高）；穗发芽基因：*TaSdr-A1b*（高）；多酚氧化酶基因：*Ppo-A1a*（高）、*Ppo-D1a*（低）；过氧化物酶基因：*TaPod-A1*（高）；黄色素基因：*TaPds-B1a*（高）；籽粒蛋白积累基因：*NAM-6A1a*；抗叶锈病基因：*Lr46*。

/ 品质表现 / 2003—2004 年生产试验统一取样测试：籽粒粗蛋白含量（干基）13.65%，湿面筋含量 30.3%，出粉率 70.2%，沉降值 27 mL，吸水率 54.8 mL/100g，形成时间 2.2 min，稳定时间 1.2 min，软化度 185 FU，面粉白度 94.56（AACC 测试法）。

/ 产量表现 / 2001—2003 年参加山东省小麦高肥甲组区域试验，两年平均亩产 522.81 kg，比对照鲁麦 14 增产 9.01%；2003—2004 年参加山东省小麦高肥组生产试验，平均亩产 500.20 kg，比对照鲁麦 14 增产 7.12%。

/ 生产应用 / 适合鲁中、鲁南、鲁西南高肥水地块种植。2004—2019 年山东省累计种植面积 248.7 万亩。其中，2006 年种植面积 65.4 万亩，为最大种植面积年份；2019 年山东省种植面积 0.5 万亩。

10cm

cm

cm

黑马1号

省库编号：LM12104　国库编号：ZM026001

/ 品种来源 / 原系号：By6281。山东省滨州黑马种业对引进的早代材料 76597 进行 $^{60}Co\text{-}\gamma$ 辐射处理，后经系统选育而成。2004 年通过山东省农作物品种审定委员会审定，审定编号：鲁农审字 [2004] 026 号。

/ 特征特性 / 幼苗匍匐，分蘖力较强，成穗率较低，亩穗数 29.8 万穗；株高 68.1 cm，株型较紧凑，叶色深绿，旗叶宽厚上举，叶耳白色。穗长方形，长芒，白壳，穗粒数 43.7 粒；白粒，椭圆形，角质，饱满，千粒重 44.1 g，容重 771.4 g/L。2003—2004 年中国农业科学院植物保护研究所抗病性鉴定结果：高抗条锈病，中抗至高抗叶锈病，中感白粉病，中抗纹枯病。冬性；抗倒伏；中熟，生育期 241 d，比对照晚熟 1 d，熟相中等。

/ 基因信息 / 1B/1R。硬度基因：*Pinb-D1*（硬）、*Pinb2-V2*（软）；开花基因：*TaELF3-D1-1*（晚）、*PRR73A1*（早）；穗粒数基因：*TEF-7A*（低）；籽粒颜色基因：*R-B1b*（红）；粒重相关基因：*TaGS2-A1a*（低）、*TaGS5-A1b*（高）、*TaTGW-7Aa*（高）、*TaCwi-4A-C*、*TaMoc-2433*（*Hap-L*）（低）、*GW2-6A*（高）；穗发芽基因：*TaSdr-A1b*（高）；过氧化物酶基因：*TaPod-A1*（高）；黄色素基因：*TaPds-B1a*（高）；籽粒蛋白积累基因：*NAM-6A1a*；抗叶锈病基因：*Lr46*。

/ 品质表现 / 2003—2004 年生产试验统一取样测试：籽粒粗蛋白含量（干基）14.22%，湿面筋含量 33.2%，出粉率 72.2%，沉降值 33.7 mL，吸水率 57.1 mL/100g，形成时间 2.8 min，稳定时间 3.4 min，软化度 111 FU，面粉白度 94.59（AACC 测试法）。

/ 产量表现 / 2001—2003 年参加山东省小麦高肥甲组区域试验，两年平均亩产 500.41 kg，比对照鲁麦 14 增产 4.33%；2003—2004 年参加山东省小麦高肥组生产试验，平均亩产 489.59 kg，比对照鲁麦 14 增产 4.85%。

/ 生产应用 / 适合山东省高肥水地块种植。2002—2019 年山东省累计种植面积 288.4 万亩。其中，2004 年种植面积 109.7 万亩，为最大种植面积年份；2019 年山东省种植面积 5.9 万亩。

10cm

cm

cm

泰山 22

省库编号：LM12214　国库编号：ZM028380

/ 品种来源 / 原系号：泰山 269。泰安市农业科学研究院以鲁麦 18 为母本、鲁麦 14 为父本有性杂交，系统选育而成。2004 年通过山东省农作物品种审定委员会审定，审定编号：鲁农审字[2004]027 号；同年通过国家农作物品种审定委员会审定，审定编号：国审麦 2004013。

/ 特征特性 / 幼苗半直立，分蘖力强，成穗率中等，亩穗数 37.8 万穗；株高 85.6 cm，株型较紧凑，叶片微披，叶色浓绿。穗纺锤形，穗层较密，长芒，白壳，穗粒数 36.7 粒；白粒，椭圆形，角质，较饱满，千粒重 43.0 g，容重 778.3 g/L。2003—2004 年中国农业科学院植物保护研究所抗病性鉴定结果：高抗条锈病，中感至高感叶锈病，中感白粉病和纹枯病。半冬性；抗倒性一般；中熟，生育期 239 d，比对照早熟 1 d，熟相较好。

/ 基因信息 / 硬度基因：*Pinb-D1*（硬）、*Pinb2-V2*（软）；开花基因：*TaELF3-D1-1*（晚）、*PRR73A1*（早）；穗粒数基因：*TEF-7A*（低）；籽粒颜色基因：*R-B1a*（白）；粒重相关基因：*TaGS-D1a*（高）、*TaGS5-A1a*（低）、*TaTGW-7Aa*（高）、*TaCwi-4A-C*、*TaMoc-2433*（*Hap-L*）（低）、*GW2-6A*（低）；穗发芽基因：*TaSdr-A1a*（低）；多酚氧化酶基因：*Ppo-A1b*（低）；过氧化物酶基因：*TaPod-A1*（高）；谷蛋白亚基基因：*Glu-B3d*；籽粒蛋白积累基因：*NAM-6A1c*；抗叶锈病基因：*Lr14a*。

/ 品质表现 / 2003—2004 年生产试验统一取样测试：籽粒粗蛋白含量（干基）13.60%，湿面筋含量 30.8%，出粉率 71.0%，沉降值 29.5 mL，吸水率 60.4 mL/100g，形成时间 3.2 min，稳定时间 2.4 min，软化度 125 FU，面粉白度 94.7（AACC 测试法）。

/ 产量表现 / 2001—2003 年参加山东省小麦高肥乙组区域试验，两年平均亩产 529.48 kg，比对照鲁麦 14 增产 8.91%；2003—2004 年参加山东省小麦高肥组生产试验，平均亩产 489.52 kg，比对照鲁麦 14 增产 4.83%。2002—2004 年参加国家黄淮北片小麦品种区域试验 2 年和生产试验 1 年，比对照石 4185 分别增产 6.0%、0 和 1.7%。

/ 生产应用 / 适合山东省中高肥水地块种植。2004—2019 年山东省累计种植面积 106.9 万亩。其中，2016 年种植面积 18.0 万亩，为最大种植面积年份；2019 年种植面积 0.5 万亩。

10cm

cm

cm

济宁 16

省库编号：LM12215 国库编号：ZM028372

/ 品种来源 / 原系号：1072-1。济宁市农业科学研究院以“烟 1934 × 824046”的 F_1 为母本、“聊 83-1 × 2114” 的 F_1 为父本有性杂交，系统选育而成。2004 年通过山东省农作物品种审定委员会审定，审定编号：鲁农审字 [2004]028 号。

/ 特征特性 / 幼苗半直立，分蘖力中等，成穗率较低，亩穗数 30.0 万穗；株高 70.9 cm，株型稍紧凑，下部叶片中等偏大、上冲，旗叶稍长、稍披，叶耳紫色，茎叶无蜡质。穗长方形，长芒，白壳，穗粒数 32.9 粒；白粒，椭圆形，角质，饱满，千粒重 45.7 g，容重 797.2 g/L。2003—2004 年中国农业科学院植物保护研究所抗病性鉴定结果：高抗条锈病，中感纹枯病，高感叶锈病和白粉病。半冬性；抗倒性一般；早熟，全生育期 223 d，比对照晚熟 1 d，熟相好。

/ 基因信息 / 硬度基因：*Pinb-D1*（硬）、*Pinb2-V2*（软）；开花基因：*TaELF3-D1-1*（晚）、*PRR73A1*（早）；穗粒数基因：*TEF-7A*（低）；籽粒颜色基因：*R-B1b*（红）；粒重相关基因：*TaGS-D1a*（高）、*TaGS2-A1b*（高）、*TaGS5-A1b*（高）、*TaTGW-7Aa*（高）、*TaCwi-4A-C*、*TaMoc-2433*（*Hap-L*）（低）、*GW2-6A*（低）；木质素基因：*COMT-3Ba*（高）；穗发芽基因：*TaSdr-A1b*（高）；多酚氧化酶基因：*Ppo-A1a*（高）；过氧化物酶基因：*TaPod-A1*（低）；黄色素基因：*TaPds-B1a*（高）；谷蛋白亚基基因：*Glu-A1*（1）、*Glu-D1*（5+10）；籽粒蛋白积累基因：*NAM-6A1a*。

/ 品质表现 / 2003—2004 年生产试验统一取样测试：籽粒粗蛋白含量（干基）13.95%，湿面筋含量 29.8%，出粉率 72.3%，沉降值 47.5 mL，吸水率 57.6 mL/100g，形成时间 3.2 min，稳定时间 11.8 min，软化度 29 FU，面粉白度 95.62（AACC 测试法）。

/ 产量表现 / 2001—2003 年参加山东省小麦晚播早熟组区域试验，两年平均亩产 411.09 kg，比对照鲁麦 15 增产 4.57%；2003—2004 年参加山东省小麦晚播早熟生产试验，平均亩产 434.12 kg，比对照鲁麦 15 增产 7.58%。

/ 生产应用 / 适合鲁南、鲁西南地区作为晚播早熟品种种植。2004—2018 年山东省累计种植面积 1 359.68 万亩。其中，2008 年种植面积近 411 万亩，为最大种植面积年份；2018 年山东省种植面积 0.1 万亩。2006 年获济宁市科技进步一等奖。

10cm

cm

cm

济宁 17

省库编号：LM12256　国库编号：ZM028384

/ 品种来源 / 原系号：济宁 9944。济宁市农业科学研究院以莱州 953 为母本、石 90-4005 为父本有性杂交，系统选育而成。2004 年通过山东省农作物品种审定委员会审定，审定编号：鲁农审字 [2004]029 号。

/ 特征特性 / 幼苗匍匐，叶色深绿，苗期长势强，分蘖成穗率中等，亩穗数 34.5 万穗；株高 73.0 cm，株型紧凑。穗纺锤形，长芒，白壳，穗粒数 30.3 粒；白粒，近卵圆形，半角质，较饱满，千粒重 45.2 g，容重 777.2 g/L。2003—2004 年中国农业科学院植物保护研究所抗病性鉴定结果：中抗条锈病和纹枯病，高感白粉病，中抗或中感叶锈病（抗性分离）。半冬性；较抗倒伏；早熟，全生育期 222 d，与对照相当，熟相好。

/ 基因信息 / 1B/1R。硬度基因：*Pinb-D1*（软）、*Pinb2-V2*（硬）；开花基因：*TaELF3-D1-1*（晚）、*PRR73A1*（早）；穗粒数基因：*TEF-7A*（低）；籽粒颜色基因：*R-B1b*（红）；粒重相关基因：*TaGS-D1a*（高）、*TaGS2-A1a*（低）、*TaTGW-7Aa*（高）、*TaCwi-4A-C*、*TaMoc-2433*（*Hap-H*）（高）、*GW2-6A*（高）；木质素基因：*COMT-3Ba*（高）；穗发芽基因：*TaSdr-A1b*（高）；过氧化物酶基因：*TaPod-A1*（低）；黄色素基因：*TaPds-B1a*（高）；籽粒蛋白积累基因：*NAM-6A1a*；抗叶锈病基因：*Lr46*；抗黄花叶病毒病基因：*Sbmp 6061*。

/ 品质表现 / 2003—2004 年生产试验统一取样测试：籽粒粗蛋白含量（干基）14.29%，湿面筋含量 30.5%，出粉率 72.9%，沉降值 33.5 mL，吸水率 61.0 mL/100g，形成时间 4.3 min，稳定时间 4.4 min，软化度 140 FU，面粉白度 94.36（AACC 测试法）。

/ 产量表现 / 2001—2003 年参加山东省小麦晚播早熟组区域试验，两年平均亩产 422.74 kg，比对照鲁麦 15 增产 7.53%；2003—2004 年参加山东省小麦晚播早熟生产试验，平均亩产 445.67 kg，比对照鲁麦 15 增产 11.09%。

/ 生产应用 / 适合鲁南、鲁西南适合地区作为晚播早熟品种种植。2004 年山东省种植面积 10.6 万亩。

10cm

cm

cm

山融 3 号

省库编号：LM12249　国库编号：ZM028378

/ 品种来源 / 原系号：杂 3。山东大学生命科学院利用细胞融合（体细胞杂交）技术将长穗偃麦草染色体片段导入济南 177，经系统选育而成。2004 年通过山东省农作物品种审定委员会审定，审定编号：鲁农审字 [2004]030 号。

/ 特征特性 / 幼苗匍匐，分蘖成穗率中等，亩穗数 26.7 万穗；株高 71.8 cm，株型较紧凑。穗长方形，长芒，白壳，穗粒数 40.4 粒；白粒，卵圆形，半角质，饱满，千粒重 43.0 g，容重 776.6 g/L。区域试验点调查：中感条锈病，抗叶锈病，中抗白粉病；生产试验统一取样测试：盐害指数 0.19（对照德抗 961 为 0.37），20%NaCl 溶液发芽率为 77%，25%NaCl 溶液发芽率为 10%。冬性；中熟，生育期 240 d，比对照晚熟 1 d，熟相好。

/ 基因信息 / 1B/1R。硬度基因：*Pinb-D1*（软）；开花基因：*TaELF3-D1-1*（晚）、*PRR73A1*（早）；籽粒颜色基因：*R-B1a*（白）；粒重相关基因：*TaGS-D1a*（高）、*TaGS2-A1a*（低）、*TaGS5-A1a*（低）、*TaTGW-7Aa*（高）、*TaMoc-2433*（*Hap-L*）（低）；多酚氧化酶基因：*Ppo-A1b*（低）、*Ppo-D1b*（高）；黄色素基因：*TaPds-B1a*（高）；谷蛋白亚基基因：*Glu-A1*（1）、*Glu-D1*（2+12）；籽粒蛋白积累基因：*NAM-6A1c*；抗叶锈病基因：*Lr14a*、*Lr46*、*Lr68*。

/ 品质表现 / 2003—2004 年生产试验统一取样测试：籽粒粗蛋白含量（干基）14.9%，湿面筋含量 24.8%，吸水率 53.2 mL/100g，形成时间 1.9 min，稳定时间 1.8 min，面粉白度 76.0（R475 测试法）。

/ 产量表现 / 2002—2003 年参加山东省小麦耐盐组区域试验，平均亩产 424.9 kg，比对照德抗 961 增产 22.58%；2003—2004 年参加山东省小麦耐盐生产试验，平均亩产 353.4 kg，比对照德抗 961 增产 7.17%。

/ 生产应用 / 适合山东省盐碱度 0.3% 左右的地块种植。主要在东营、滨州、潍坊等市沿海地区推广种植。

10cm

cm

cm

德抗 6756

省库编号：LM12271 国库编号：ZM026021

/ 品种来源 / 中国农业科学院作物研究所航天育种中心、原德州市农业科学研究所对“（莱州 953/90 γ 4-85） F_1// 冀 87-5108”的 F_1 进行花药培养，经离体耐盐筛选培育而成。2004 年通过山东省农作物品种审定委员会审定，审定编号：鲁农审字 [2004]031 号。

/ 特征特性 / 幼苗半直立，分蘖成穗率中等，亩穗数 31.2 万穗；株高 73.9 cm，株型较紧凑。穗纺锤形，长芒，白壳，穗粒数 37.9 粒；白粒，近卵圆形，角质，饱满，千粒重 38.9 g，容重 803.3 g/L。区域试验点调查结果：抗条锈和叶锈病，中感白粉病；生产试验统一取样测试：盐害指数 0.42（对照德抗 961 为 0.37），20%NaCl 溶液发芽率为 42%，25%NaCl 溶液发芽率为 13%。冬性；中早熟，全生育期 236 d，比对照晚熟 3 d，熟相中等。

/ 基因信息 / 春化基因：*Vrn-D1a*（春性）；硬度基因：*Pinb-D1*（硬）、*Pinb2-V2*（软）；开花基因：*TaELF3-D1-1*（晚）、*PRR73A1*（早）；穗粒数基因：*TEF-7A*（高）；籽粒颜色基因：*R-B1a*（白）；粒重相关基因：*TaGS-D1a*（高）、*TaGS2-A1b*（高）、*TaGS5-A1a*（低）、*TaTGW-7Aa*（高）、*TaCwi-4A-C*、*TaMoc-2433*（*Hap-L*）（低）、*GW2-6A*（低）；穗发芽基因：*TaSdr-A1a*（低）；多酚氧化酶基因：*Ppo-A1b*（低）；过氧化物酶基因：*TaPod-A1*（高）；黄色素基因：*TaPds-B1b*（低）；谷蛋白亚基基因：*Glu-A1*（N）、*Glu-B3d*；籽粒蛋白积累基因：*NAM-6A1c*。

/ 品质表现 / 2003—2004 年生产试验统一取样测试：籽粒粗蛋白含量（干基）15.4%，湿面筋含量 35.6%，吸水率 57.3 mL/100g，形成时间 2.3 min，稳定时间 2.1 min，面粉白度 76.1（R475 测试法）。

/ 产量表现 / 2001—2003 年参加山东省小麦耐盐组区域试验，两年平均亩产 419.47 kg，比对照德抗 961 增产 17.33%；2003—2004 年参加山东省小麦耐盐生产试验，平均亩产 345.3 kg，比对照德抗 961 增产 4.72%。

/ 生产应用 / 适合山东省盐碱度 0.3%~0.5% 的地块种植。在德州、滨州等市盐碱地块曾有小面积种植。

10cm

cm

cm

济宁 12

省库编号：LM12207　国库编号：ZM030637

/ 品种来源 / 济宁市农业科学研究院组配杂交组合：82610/775-1，经系统选育而成。2005 年通过山东省农作物品种审定委员会审定，审定编号：鲁审麦 [2005]042 号。

/ 特征特性 / 幼苗匍匐，分蘖成穗率中等，亩穗数 39.3 万穗；株高 83.8 cm，株型较紧凑，叶姿挺。穗纺锤形，长芒，白壳，穗粒数 24.7 粒；白粒，卵圆形，角质，饱满，千粒重 45.3 g，容重 773.5 g/L。1991 年山东省农业科学院植物保护研究所抗病性鉴定结果：感条锈病、叶锈病和白粉病。半冬性；较抗倒伏；中晚熟，生育期 247 d，比对照晚熟 1 d，熟相好。

/ 基因信息 / 1B/1R。硬度基因：*Pinb-D1*(硬)；开花基因：*TaELF3-D1-1*(晚)、*PRR73A1*(早)；籽粒颜色基因：*R-B1b*（红）；粒重相关基因：*TaGS-D1a*（高）、*TaGS2-A1b*（高）、*TaGS5-A1b*（高）、*TaTGW-7Aa*（高）、*TaMoc-2433*（*Hap-L*）（低）；木质素基因：*COMT-3Ba*（高）；穗发芽基因：*TaSdr-A1b*（高）；黄色素基因：*TaPds-B1b*（低）；谷蛋白亚基基因：*Glu-A1*（1）、*Glu-D1*（5+10）；籽粒蛋白积累基因：*NAM-6A1a*；抗叶锈病基因：*Lr14a*、*Lr46*、*Lr68*。

/ 品质表现 / 2003—2004 年生产试验统一取样测试：籽粒粗蛋白含量 14.3%，湿面筋含量 30.5%，出粉率 72.9%，沉降值 33.5 mL，吸水率 61.0 mL/100g，形成时间 4.3 min，稳定时间 4.4 min，软化度 140 FU。

/ 产量表现 / 1990—1992 年参加山东省小麦中肥组区域试验，两年平均亩产 399.4 kg，比对照鲁麦 13 增产 3.5%，居第一位。2003—2004 年在济宁、菏泽、泰安进行生产试验，两年平均亩产 551.48 kg，比对照鲁麦 14 增产 9.62%；2004—2005 年参加生产试验平均亩产 541.10 kg，比对照鲁麦 14 增产 11.51%。

/ 生产应用 / 适合鲁南、鲁西南地区中高肥地块种植。1996—2010 年山东省累计种植面积 477.7 万亩，其中 2003 年种植面积达 71.0 万亩，为最大种植面积年份。2010 年种植面积降至 3.1 万亩，之后少有种植。2000 年获济宁市科技进步一等奖。

10cm

cm

cm

泰山 24

省库编号：LM12205　国库编号：ZM028385

/ 品种来源 / 原系号：泰山 047。泰安市农业科学研究院育成，亲本组合为 904017× 郑州 8329。2005 年通过山东省农作物品种审定委员会审定，审定编号：鲁审麦 [2005]044 号。

/ 特征特性 / 幼苗半匍匐，叶色黄绿，分蘖力较强，成穗率 38.6%，亩穗数 39.5 万穗。株高 74.5 cm，株型较紧凑，穗层整齐。穗纺锤形，长芒，白壳，穗粒数 36.1 粒；白粒，椭圆形，半角质，籽粒较饱满，千粒重 41.0 g，容重 786.1 g/L。2004—2005 年中国农业科学院植物保护研究所抗病性鉴定结果：中抗赤霉病和纹枯病，中感条锈病、白粉病和秆锈病，中感至高感叶锈病。半冬性；抗倒性一般；中熟，生育期 240 d，比对照晚熟 1 d，熟相好。

/ 基因信息 / 硬度基因：*Pinb-D1*（软）、*Pinb2-V2*（硬）；开花基因：*TaELF3-D1-1*（晚）、*PRR73A1*（早）；穗粒数基因：*TEF-7A*（高）；籽粒颜色基因：*R-B1a*（白）；粒重相关基因：*TaGS2-A1a*（低）、*TaTGW-7Ab*（低）、*TaCwi-4A-T*、*TaMoc-2433*（*Hap-L*）（低）、*GW2-6A*（低）；多酚氧化酶基因：*Ppo-A1b*（低）；过氧化物酶基因：*TaPod-A1*（高）；黄色素基因：*TaPds-B1a*（高）；谷蛋白亚基基因：*Glu-A1*（N）；籽粒蛋白积累基因：*NAM-6A1c*；抗叶锈病基因：*Lr14a*。

/ 品质表现 / 2004—2005 年生产试验统一取样测试：籽粒粗蛋白含量（干基）13.0%，湿面筋含量 32.6%，出粉率 67.0%，面粉白度 78.9，吸水率 54.1 mL/100g，形成时间 3.3 min，稳定时间 3.3 min，硬度指数 19.6%。

/ 产量表现 / 2002—2004 年参加山东省小麦高肥乙组区域试验，两年平均亩产 513.51 kg，比对照鲁麦 14 增产 6.28%；2004—2005 年参加山东省小麦高肥组生产试验，平均亩产 488.58 kg，比对照鲁麦 14 增产 4.89%。

/ 生产应用 / 适合山东省中高肥水地块搭配种植。2005—2019 年山东省累计种植面积 17.1 万亩。其中，2009 年种植面积 6.5 万亩，为最大种植面积年份；2019 年种植面积 0.3 万亩。

10cm

cm

cm

山农 12

省库编号：LM12204 国库编号：ZM028379

/ 品种来源 / 原系号：PH3259。山东农业大学选育。亲本组合为 828006×PH85-4，对其后代选系 PH1521 进行 ^{60}Co-γ 辐射处理，后经系统选育而成。2005 年通过山东省农作物品种审定委员会审定，审定编号：鲁审麦 [2005]045 号。

/ 特征特性 / 幼苗半匍匐，叶片细长，叶色黄绿，分蘖力中等，分蘖成穗率 33.2%，亩穗数 32.0 万穗；株高 83.1 cm，株型半紧凑。穗纺锤形，长芒，白壳，穗粒数 39.7 粒；白粒，椭圆形，角质，籽粒较饱满，千粒重 40.8 g，容重 793.7 g/L。2004—2005 年中国农业科学院植物保护研究所抗病性鉴定结果：对白粉病表现免疫，中抗至高抗条锈病和叶锈病，中抗赤霉病、纹枯病和秆锈病。冬性；较抗倒伏；中熟，全生育期 239 d，比对照早熟 1 d，熟相中等。

/ 基因信息 / 春化基因：*Vrn-D1a*（春性）；硬度基因：*Pinb-D1*（软）、*Pinb2-V2*（软）；开花基因：*TaELF3-D1-1*（晚）、*PRR73A1*（早）；穗粒数基因：*TEF-7A*（高）；籽粒颜色基因：*R-B1a*（白）；粒重相关基因：*TaGS-D1a*（高）、*TaGS2-A1b*（高）、*TaGS5-A1b*（高）、*TaTGW-7Aa*（高）、*TaCwi-4A-C*、*TaMoc-2433*（*Hap-L*）（低）、*GW2-6A*（低）；穗发芽基因：*TaSdr-A1a*（低）；多酚氧化酶基因：*Ppo-D1b*（高）；过氧化物酶基因：*TaPod-A1*（高）；黄色素基因：*TaPds-B1a*（高）；谷蛋白亚基基因：*Glu-A1*（N）、*Glu-D1*（5+10）、*Glu-B3d*；籽粒蛋白积累基因：*NAM-6A1c*。

/ 品质表现 / 2004—2005 年生产试验统一取样测试：籽粒粗蛋白含量（干基）14.9%，湿面筋含量 34.0%，出粉率 61.0%，面粉白度 77.6，吸水率 58.1 mL/100g，形成时间 5.4 min，稳定时间 15.7 min，硬度指数 56.1%。

/ 产量表现 / 2002—2004 年参加山东省小麦高肥甲组区域试验，两年平均亩产 476.03 kg，比对照鲁麦 14 减产 2.72%；2004—2005 年参加山东省小麦高肥组生产试验，平均亩产 464.00 kg，比对照鲁麦 14 减产 0.39%。

/ 生产应用 / 适合山东省中高肥水地块作为强筋品种搭配种植。2004—2019 年山东省累计种植面积 559.06 万亩。其中，2007 年种植面积 208.0 万亩，为最大种植面积年份；2019 年山东省种植面积 0.1 万亩。

10cm

cm

cm

临麦 4 号

省库编号：LM12203　国库编号：ZM028386

/ 品种来源 / 临沂市农业科学院育成，亲本组合为鲁麦 23× 临 9015。2006 年通过山东省农作物品种审定委员会审定，审定编号：鲁农审 2006046 号。

/ 特征特性 / 幼苗半直立，分蘖力中等，成穗率 38.7%，亩穗数 31.8 万穗；株高 78.9 cm，株型半紧凑，叶片上举，茎叶蜡质明显。穗棍棒形，长芒，白壳，穗粒数 44.3 粒；白粒，卵圆形，半角质，籽粒饱满，千粒重 45.8 g，容重 776.3 g/L。2006 年中国农业科学院植物保护研究所抗病性鉴定结果：中抗至抗叶锈病，中感纹枯病，感条锈病、白粉病和赤霉病。半冬性；抗倒性中等；中晚熟，全生育期 242 d，成熟期与对照品种潍麦 8 号相当，熟相中等。

/ 基因信息 / 硬度基因：*Pinb-D1*（软）；开花基因：*PRR73A1*（早）；籽粒颜色基因：*R-B1b*（红）；粒重相关基因：*TaGS-D1a*（高）、*TaGS2-A1b*（高）、*TaGS5-A1b*（高）、*TaTGW-7Aa*（高）、*TaMoc-2433*（*Hap-L*）（低）；穗发芽基因：*TaSdr-A1b*（高）；多酚氧化酶基因：*Ppo-D1a*（低）；黄色素基因：*TaPds-B1a*（高）；谷蛋白亚基基因：*Glu-A1*（1）、*Glu-D1*（2+12）；籽粒蛋白积累基因：*NAM-6A1a*；抗叶锈病基因：*Lr14a*、*Lr46*。

/ 品质表现 / 2005—2006 年生产试验统一取样测试：籽粒蛋白质含量 (14% 湿基)13.2%，湿面筋含量 (14% 湿基)36.1%，出粉率 64.0%，沉降值 (14% 湿基)20.7 mL，吸水率 55.8 mL/100g，形成时间 2.2 min，稳定时间 1.3 min，面粉白度 82.4。

/ 产量表现 / 2004—2006 年参加山东省小麦品种高肥组区域试验，两年平均亩产 580.45 kg，比对照潍麦 8 号增产 7.31%；2005—2006 年参加山东省小麦高肥组生产试验，平均亩产 561.17 kg，比对照潍麦 8 号增产 6.20%。

/ 生产应用 / 适合山东省高肥水地块种植。2008—2019 年山东省累计种植面积 1 660.01 万亩。其中，2013 年种植面积 273.35 万亩，为最大种植面积年份；2019 年山东省种植面积 55.0 万亩。

10cm

cm

cm

山农 14

省库编号：LM12259 国库编号：ZM026019

/ 品种来源 / 原系号：B245。山东农业大学育成，亲本组合为 G916056/ 济南 17。2006 年通过山东省农作物品种审定委员会审定，审定编号：鲁农审 2006047 号。

/ 特征特性 / 幼苗半直立，分蘖力强，成穗率 45.2%，亩穗数 42.6 万穗；株高 74.7 cm，株型紧凑，茎叶蜡质明显，叶片窄短、上冲。穗纺锤形，顶芒，白壳，穗粒数 34.3 粒；白粒，椭圆形，半角质，籽粒较饱满，千粒重 46.1 g，容重 790.6 g/L。2006 年中国农业科学院植物保护研究所抗病性鉴定结果：中抗纹枯病，中感赤霉病，中抗至中感条锈病，慢叶锈病，感白粉病。半冬性；抗倒性一般；中熟，全生育期 239 d，比潍麦 8 号早熟 2 d，熟相中等。

/ 基因信息 / 硬度基因：*Pinb-D1*（硬）、*Pinb2-V2*（软）；开花基因：*TaELF3-D1-1*（晚）、*PRR73A1*（晚）；穗粒数基因：*TEF-7A*（高）；籽粒颜色基因：*R-B1a*（白）；粒重相关基因：*TaGS2-A1a*（低）、*TaGS5-A1a*（低）、*TaTGW-7Aa*（高）、*TaCwi-4A-C*、*TaMoc-2433*（*Hap-L*）（低）、*GW2-6A*（高）；穗发芽基因：*TaSdr-A1b*（高）；多酚氧化酶基因：*Ppo-A1b*（低）、*Ppo-D1b*（高）；过氧化物酶基因：*TaPod-A1*（低）；黄色素基因：*TaPds-B1b*（低）；谷蛋白亚基基因：*Glu-A1*（1）、*Glu-B3d*；籽粒蛋白积累基因：*NAM-6A1c*。

/ 品质表现 / 2005—2006 年生产试验统一取样测试：籽粒蛋白质含量 14.4%，湿面筋含量 37.9%，出粉率 69.8%，沉降值 21.7 mL，吸水率 62.3 mL/100g，形成时间 4.3 min，稳定时间 3.6 min，面粉白度 74.5。

/ 产量表现 / 2004—2006 年参加山东省小麦品种高肥组区域试验，两年平均亩产 573.96 kg，比对照潍麦 8 号增产 6.04%；2005—2006 年参加山东省小麦高肥组生产试验，平均亩产 552.80 kg，比对照潍麦 8 号增产 4.62%。

/ 生产应用 / 适合山东省高肥水地块种植。2009—2019 年山东省累计种植面积 51.4 万亩。其中，2009 年山东省种植面积 24.1 万亩，为最大种植面积年份；2019 年山东省种植面积 0.7 万亩。

10cm

cm

cm

烟 2415

省库编号：LM12202　国库编号：ZM028622

/ 品种来源 / 山东省烟台市农业科学研究院以 849 为母本、鲁麦 21 为父本有性杂交，采用系谱法选育而成。2006 年通过山东省农作物品种审定委员会审定，审定编号：鲁农审 2006048 号。

/ 特征特性 / 幼苗匍匐，分蘖力强，成穗率 40.1%，亩穗数 42.8 万穗；株高 82.8 cm，叶片上冲，株型较紧凑。穗纺锤形，长芒，白壳，穗粒数 39.1 粒；白粒，粉质，籽粒饱满，千粒重 37.2 g，容重 808.1 g/L。2006 年中国农业科学院植物保护研究所抗病性鉴定结果：抗叶锈病，中感纹枯病，感条锈病、白粉病和赤霉病。半冬性；抗倒性一般；中熟，全生育期 239 d，成熟期与对照鲁麦 14 相当，熟相好。

/ 基因信息 / 硬度基因：*Pinb-D1*（软）、*Pinb2-V2*（硬）；开花基因：*TaELF3-D1-1*（晚）、*PRR73A1*（晚）；穗粒数基因：*TEF-7A*（高）；籽粒颜色基因：*R-B1a*（白）；粒重相关基因：*TaGS2-A1b*（高）、*TaGS5-A1b*（高）、*TaTGW-7Aa*（高）、*TaCwi-4A-T*、*TaMoc-2433*（*Hap-L*）（低）、*GW2-6A*（低）；穗发芽基因：*TaSdr-A1a*（低）；多酚氧化酶基因：*Ppo-D1b*（高）；过氧化物酶基因：*TaPod-A1*（高）；黄色素基因：*TaPds-B1a*（高）；谷蛋白亚基基因：*Glu-A1*（1）、*Glu-B3d*；籽粒蛋白积累基因：*NAM-6A1c*；抗叶锈病基因：*Lr14a*、*Lr46*。

/ 品质表现 / 2005—2006 年生产试验统一取样测试：籽粒蛋白质含量 (14% 湿基)11.6%，湿面筋含量 (14% 湿基)29.0%，出粉率 71.2%，沉降值 (14% 湿基) 23mL，吸水率 55.5 mL/100g，形成时间 4.2 min，稳定时间 4.2 min，面粉白度 76.6。

/ 产量表现 / 2004—2006 年参加山东省小麦品种中高肥组区域试验，两年平均亩产 555.85 kg，比对照鲁麦 14 增产 9.17%；2005—2006 年参加山东省小麦中高肥组生产试验，平均亩产 522.93 kg，比对照济麦 19 增产 5.19%。

/ 生产应用 / 适合山东省中高肥水地块种植。2006—2019 年山东省累计种植面积 258.52 万亩。其中，2013 年种植面积 42.9 万亩，为最大种植面积年份；2019 年种植面积 1.0 万亩。

10cm

cm

cm

良星 99

省库编号：LM12201　国库编号：ZM025540

/ 品种来源 / 山东省良星种业有限公司育成，亲本组合为 91102/ 鲁麦 14//PH85-16。2004 年通过河北省农作物品种审定委员会审定，审定编号：冀审麦 2004007 号；2006 年通过山东省农作物品种审定委员会审定，审定编号：鲁农审 2006049 号；同年，通过国家农作物品种审定委员会审定，审定编号：国审麦 2006016。

/ 特征特性 / 幼苗半直立，分蘖力强，成穗率 43.0%，亩穗数 40.6 万穗；株高 75.6 cm，株型紧凑，旗叶上冲。穗长方形，长芒，白壳，穗粒数 35.4 粒；白粒，椭圆形，角质，千粒重 43.3 g，容重 789.4 g/L。2006 年中国农业科学院植物保护研究所抗病性鉴定结果：抗白粉病，中抗至慢条锈病，感叶锈病，中感纹枯病，中感至感秆锈病。半冬性，抗冻性较强；较抗倒伏；中熟，全生育期 238 d，成熟期比鲁麦 14 晚 1 d，熟相中等。

/ 基因信息 / 硬度基因：*Pinb-D1*（硬）、*Pinb2-V2*（硬）；开花基因：*TaELF3-D1-1*（晚）、*PRR73A1*（早）；穗粒数基因：*TTEF-7A*（低）；籽粒颜色基因：*R-B1b*（红）；粒重相关基因：*TaGS2-A1a*（低）、*TaTGW-7Aa*（高）、*TaCwi-4A-C*、*TaMoc-2433*（*Hap-L*）（低）、*GW2-6A*（低）；木质素基因：*COMT-3Ba*（高）；穗发芽基因：*TaSdr-A1b*（高）；多酚氧化酶基因：*Ppo-D1b*（高）；过氧化物酶基因：*TaPod-A1*（高）；黄色素基因：*TaPds-B1a*（高）；籽粒蛋白积累基因：*NAM-6A1a*。

/ 品质表现 / 2005—2006 年生产试验统一取样测试：籽粒蛋白质含量 13.1%，湿面筋含量 934.9%，沉降值 31.8 mL，出粉率 73.1%，面粉白度 75.2，吸水率 63.4 mL/100g，形成时间 3.3 min，稳定时间 2.9 min。

/ 产量表现 / 2003—2005 年参加山东省小麦品种中高肥组区域试验，两年平均亩产 540.89 kg，比对照鲁麦 14 增产 11.44%；2005—2006 年参加山东省小麦中高肥组生产试验，平均亩产 524.80 kg，比对照济麦 19 增产 5.57%。

/ 生产应用 / 适合山东省中高肥地块种植。2004—2019 年全国累计种植面积 5 333.7 万亩，其中山东省种植面积 3 202.1 万亩；2011 年全国种植面积 666.0 万亩，为最大种植面积年份；2009 年山东省种植面积 633.4 万亩，为最大种植面积年份；2019 年山东省种植面积 34.7 万亩。

10cm

cm

cm

济麦 22

省库编号：LM12200 国库编号：ZM028387

/ 品 种 来 源 / 原系号：984121。山东省农业科学院作物研究所育成，亲本组合为935024/935106。2006 年通过山东省农作物品种审定委员会审定，审定编号：鲁农审 2006050 号；2007 年通过国家农作物品种审定委员会审定，审定编号：国审麦 2006018；2010 年通过天津市农作物品种审定委员会审定，审定编号：审麦 2010005。2008 年通过江苏省认定（苏引麦 200801），2010 年安徽省引种（皖农农函 [2010]223 号），2011 年通过河南省认定（豫引麦 2011006 号）。

/ 特征特性 / 幼苗半直立，分蘖力强，成穗率 41.3%，亩穗数 41.6 万穗；株高 71.6 cm，株型紧凑，抽穗后茎叶蜡质明显。穗长方形，长芒，白壳，穗粒数 36.3 粒；白粒，角质，籽粒较饱满，千粒重 43.6 g，容重 785.2 g/L。2006 年中国农业科学院植物保护研究所抗病性鉴定结果：中抗至中感条锈病，中抗白粉病，感叶锈病、赤霉病和纹枯病，中感至感秆锈病。半冬性，抗冻性一般；较抗倒伏；中晚熟，全生育期 239 d，成熟期比鲁麦 14 晚 2 d，熟相较好。

/ 基因信息 / 硬度基因：*Pinb-D1*（硬）；开花基因：*TaELF3-D1-1*（晚）、*PRR73A1*（早）；籽粒颜色基因：*R-B1b*（红）；粒重相关基因：*TaGS2-A1a*（低）、*TaTGW-7Aa*（高）、*TaMoc-2433*（*Hap-L*）（低）；木质素基因：*COMT-3Ba*（高）；穗发芽基因：*TaSdr-A1b*（高）；多酚氧化酶基因：*Ppo-D1b*（高）；黄色素基因：*TaPds-B1a*（高）；籽粒蛋白积累基因：*NAM-6A1a*；抗叶锈病基因：*Lr46*。

/ 品质表现 / 2005—2006 年生产试验统一取样测试：籽粒蛋白质含量 13.2%，湿面筋含量 35.2%，沉降值 30.7 mL，出粉率 68.0%，面粉白度 73.3，吸水率 60.3 mL/100g，形成时间 4.0 min，稳定时间 3.3 min。

/ 产量表现 / 2003—2005 年参加山东省小麦品种中高肥组区域试验，两年平均亩产 537.04 kg，比对照鲁麦 14 增产 10.85%；2005—2006 年参加山东省中高肥组生产试验，平均亩产 517.24 kg，比对照济麦 19 增产 4.05%。2004—2006 年参加国家小麦黄淮北片 B 组区域试验，两年平均亩产分别为 517.06 kg 和 519.1 kg，比对照石 4185 分别增产 5.03% 和 4.30%，增产显著。2009 年农业部高产创建活动中，滕州点 3.46 亩高产攻关田实打亩产 789.9kg，创我国冬小麦高产纪录。

/ 生产应用 / 适合山东省中高肥水地块种植，是山东省育成的一个突破性小麦品种。2006—2019 年全国累计种植面积 30 034.0 万亩，其中山东省累计种植面积 22 468.9 万亩。2011 年全国种植面积 3 878.0 万亩，其中山东省种植面积 2 757.7 万亩，均为最大种植面积年份。2009—2017 年连续 9 年为全国种植面积最大的小麦品种。2019 年山东省种植面积 1 391.6 万亩。2011 年获山东省科技进步一等奖；2012 年获国家科技进步二等奖；2016 年获第八届中国技术市场金桥奖"突出贡献项目奖"。

10cm

cm

cm

泰麦1号

省库编号：LM12199　国库编号：ZM026011

/ 品种来源 / 原系号：9428-50。肥城市良种示范繁育农场、山东农业大学、泰安市种子管理站合作育成，亲本组合为淄农 033//（814527/ 太 9010106）F_2。2006 年通过山东省农作物品种审定委员会审定，审定编号：鲁农审 2006051 号。

/ 特征特性 / 幼苗半匍匐，分蘖力中等，成穗率 32.0%，亩穗数 30.5 万穗；株高 76.7 cm，株型较紧凑。穗长方形，长芒，白壳，穗粒数 44.8 粒；白粒，卵圆形，角质，籽粒饱满，千粒重 42.7 g，容重 808.6 g/L。2006 年中国农业科学院植物保护研究所抗病性鉴定结果：白粉病免疫，中抗至抗条锈病，中抗赤霉病，慢叶锈病，感纹枯病。半冬性；较抗倒伏；中熟，全生育期 239 d，成熟期比鲁麦 14 晚 2 d，熟相较好。

/ 基因信息 / 硬度基因：*Pinb-D1*（硬）、*Pinb2-V2*（软）；开花基因：*TaELF3-D1-1*（晚）、*PRR73A1*（晚）；穗粒数基因：*TEF-7A*（高）；籽粒颜色基因：*R-B1b*（红）；粒重相关基因：*TaGS2-A1b*（高）、*TaGS5-A1b*（高）、*TaCwi-4A-C*、*TaMoc-2433*（*Hap-L*）（低）、*GW2-6A*（高）；木质素基因：*COMT-3Ba*（高）；穗发芽基因：*TaSdr-A1b*（高）；过氧化物酶基因：*TaPod-A1*（低）；黄色素基因：*TaPds-B1b*（低）；谷蛋白亚基基因：*Glu-A1*（1）、*Glu-D1*（5+10）；籽粒蛋白积累基因：*NAM-6A1a*；抗叶锈病基因：*Lr14a*、*Lr46*。

/ 品质表现 / 2005—2006 年生产试验统一取样测试：籽粒蛋白质含量 13.3%，湿面筋含量 31.2%，沉降值 46.4 mL，出粉率 67.4%，面粉白度 78.8，吸水率 61.3 mL/100g，形成时间 7.4 min，稳定时间 9.7 min。

/ 产量表现 / 2003—2005 年参加山东省小麦品种高肥组区域试验，两年平均亩产分别为 528.31 kg 和 549.11 kg，比对照鲁麦 14（2014 年）、潍麦 8 号（2015 年）分别增产 3.35% 和 2.90%；2005—2006 年参加山东省小麦高肥组生产试验，平均亩产 547.03 kg，比对照潍麦 8 号增产 3.53%。

/ 生产应用 / 适合鲁中、鲁南、鲁西南地区高肥水地块种植。2007—2019 年山东省累计种植面积 37.5 万亩。其中，2007 年种植面积 23.0 万亩，为最大种植面积年份；2019 年种植面积 1.5 万亩。

10cm

cm

cm

聊麦 18

省库编号：LM12198　国库编号：ZM028603

/ 品种来源 / 原系号：聊 9629。聊城市农业科学研究院育成，亲本组合：89B08-3-10-1-8 / 鲁麦 23。2006 年通过山东省农作物品种审定委员会审定，审定编号：鲁农审 2006052 号。

/ 特征特性 / 幼苗匍匐，叶色浓绿，分蘖力一般，成穗率 41.7%，亩穗数 33.1 万穗；株高 70.8 cm，株型紧凑。穗长方形，长芒，白壳，穗粒数 44.4 粒；白粒，椭圆形，角质，籽粒较饱满，千粒重 46.5 g，容重 773.4 g/L。2006 年中国农业科学院植物保护研究所抗病性鉴定结果：中感至感条锈病，感叶锈病、白粉病、纹枯病和秆锈病。半冬性；较抗倒伏；中晚熟，全生育期 241 d，成熟期比鲁麦 14 晚 3 d，熟相较好。

/ 基因信息 / 硬度基因：*Pinb-D1*（软）、*Pinb2-V2*（硬）；开花基因：*TaELF3-D1-1*（晚）、*PRR73A1*（晚）；穗粒数基因：*TEF-7A*（低）；籽粒颜色基因：*R-B1b*（红）；粒重相关基因：*TaGS2-A1a*（低）、*TaGS5-A1b*（高）、*TaTGW-7Aa*（高）、*TaCwi-4A-C*、*TaMoc-2433*（*Hap-L*）（低）、*GW2-6A*（低）；穗发芽基因：*TaSdr-A1b*（高）；过氧化物酶基因：*TaPod-A1*（低）；黄色素基因：*TaPds-B1a*（高）；谷蛋白亚基基因：*Glu-A1*（1）、*Glu-D1*（5+10）；籽粒蛋白积累基因：*NAM-6A1a*。

/ 品质表现 / 2005—2006 年生产试验统一取样测试：籽粒蛋白质含量 13.3%，湿面筋含量 39.2%，沉降值 27.1 mL，出粉率 70.0%，面粉白度 73.6，吸水率 61.6 mL/100g，形成时间 3.2 min，稳定时间 2.4 min。

/ 产量表现 / 2003—2005 年参加山东省小麦品种高肥组区域试验，两年平均亩产分别为 549.70 kg 和 561.90 kg，比对照鲁麦 14（2014）、潍麦 8 号（2015）分别增产 7.53% 和 6.34%；2005—2006 年参加山东省高肥组生产试验，平均亩产 556.57 kg，比对照潍麦 8 号增产 5.33%。

/ 生产应用 / 适合山东省高肥水地块种植。2006—2019 年山东省累计种植面积 309.8 万亩。其中，2007 年种植面积 60.0 万亩，为最大种植面积年份；2019 年山东省种植面积 2.2 万亩。

10cm

cm

cm

泰山 9818

省库编号：LM12132　国库编号：ZM026008

/ 品种来源 / 泰安市农业科学研究院育成，亲本组合：泰山 187/935021。2006 年通过山东省农作物品种审定委员会审定，审定编号：鲁农审 2006053 号。

/ 特征特性 / 幼苗半匍匐，分蘖力弱，成穗率 32.2%，亩穗数 28.1 万穗；株高 77.5 cm，株型较紧凑。穗长方形，长芒，白壳，穗粒数 44.1 粒；白粒，椭圆形，角质，籽粒较饱满，千粒重 46.6 g，容重 780.9 g/L。2006 年中国农业科学院植物保护研究所抗病性鉴定结果：中感叶锈病和纹枯病，中感至感条锈病，感白粉病和赤霉病。半冬性；茎壁厚，抗倒伏；中熟，全生育期 239 d，成熟期比鲁麦 14 晚 2 d，熟相较好。

/ 基因信息 / 硬度基因：*Pinb-D1*（软）；开花基因：*TaELF3-D1-1*（晚）、*PRR73A1*（早）；籽粒颜色基因：*R-B1a*（白）；粒重相关基因：*TaGS-D1a*（高）、*TaGS2-A1b*（高）、*TaGS5-A1b*（高）、*TaTGW-7Aa*（高）、*TaMoc-2433*（*Hap-L*）（低）；木质素基因：*COMT-3Bb*（低）；穗发芽基因：*TaSdr-A1b*（高）；黄色素基因：*TaPds-B1a*（高）；谷蛋白亚基基因：*Glu-A1*（1）、*Glu-D1*（2+12）；籽粒蛋白积累基因：*NAM-6A1c*；抗叶锈病基因：*Lr14a*、*Lr46*。

/ 品质表现 / 2005—2006 年生产试验统一取样测试：籽粒蛋白质含量 13.7%，湿面筋含量 37.0%，沉降值 31.5 mL，出粉率 66.4%，面粉白度 73.0，吸水率 61.8 mL/100g，形成时间 3.7 min，稳定时间 2.3 min。

/ 产量表现 / 2003—2005 年参加山东省小麦品种高肥组区域试验，两年平均亩产分别为 530.13 kg 和 562.94 kg，比对照鲁麦 14（2014）、潍麦 8 号（2015）分别增产 4.82% 和 5.49%；2005—2006 年参加山东省小麦高肥组生产试验，平均亩产 542.44 kg，比对照潍麦 8 号增产 2.66%。

/ 生产应用 / 适合鲁中、鲁南、鲁西南地区高肥水地块种植。2004—2019 年山东省累计种植面积 344 万亩。其中，2007 年种植面积 92.0 万亩，为最大种植种面积年份；2019 年种植面积 6.3 万亩。2013 年获泰安市科技进步一等奖。

10cm

cm

cm

青丰1号

省库编号：LM12196　国库编号：ZM026010

/ 品种来源 / 原系号：954(5)-4。山东省青丰种子有限公司、山东农业大学农学院合作育成，亲本组合：鲁麦14/烟农15。2006年通过山东省农作物品种审定委员会审定，审定编号：鲁农审2006054号。

/ 特征特性 / 幼苗半匍匐，分蘖力中等，分蘖成穗率40.8%，亩穗数39.2万穗；株高78.9 cm，株型紧凑，茎秆蜡质明显。穗纺锤形，长芒，白壳，穗粒数34.8粒；白粒，卵圆形，半角质，籽粒饱满，千粒重41.0 g，容重783.0 g/L。2006年中国农业科学院植物保护研究所抗病性鉴定结果：抗叶锈病，中感纹枯病，感条锈病、白粉病和赤霉病。半冬性；较抗倒伏；中熟，全生育期238 d，比对照品种鲁麦14晚熟1 d，熟相好。

/ 基因信息 / 硬度基因：*Pinb-D1*（硬）、*Pinb2-V2*（软）；开花基因：*TaELF3-D1-1*（晚）、*PRR73A1*（早）；穗粒数基因：*TEF-7A*（高）；籽粒颜色基因：*R-B1a*（白）；粒重相关基因：*TaGS-D1b*（低）、*TaGS2-A1a*（低）、*TaGS5-A1a*（低）、*TaTGW-7Aa*（高）、*TaCwi-4A-C*、*TaMoc-2433*（*Hap-L*）（低）、*GW2-6A*（低）；穗发芽基因：*TaSdr-A1a*（低）；多酚氧化酶基因：*Ppo-D1b*（高）；黄色素基因：*TaPds-B1b*（低）；谷蛋白亚基基因：*Glu-A1*（1）、*Glu-B3d*；籽粒蛋白积累基因：*NAM-6A1c*。

/ 品质表现 / 2005—2006年生产试验统一取样测试：籽粒蛋白质含量11.4%，湿面筋含量30.6%，沉降值27.6 mL，出粉率75.8%，面粉白度73.4，吸水率60.5 mL/100g，形成时间3.9 min，稳定时间3.6 min。

/ 产量表现 / 2003—2005年参加山东省小麦中高肥组区域试验，两年平均亩产528.29 kg，比对照鲁麦14增产8.02%；2005—2006年参加山东省小麦中高肥组生产试验，平均亩产530.29 kg，比对照济麦19增产6.67%。

/ 生产应用 / 适合山东省中高肥水地块种植。2006—2019年山东省累计种植面积1 209.63万亩。其中，2012年山东省种植面积171.30万亩，为最大种植面积年份；2019年山东省种植面积60.84万亩。

10cm

cm

cm

黑马 2 号

省库编号：LM12195　国库编号：ZM030529

/ 品种来源 / 原系号：By535。山东滨州黑马种业有限公司育成，亲本组合：滨州 9001/邯郸 4589。2006 年通过山东省农作物品种审定委员会审定，审定编号：鲁农审 2006055 号。

/ 特征特性 / 幼苗半匍匐，分蘖力较强，分蘖成穗率 44.5%，亩穗数 41.9 万穗；株高 75.9 cm，株型紧凑，叶片短小上冲。穗长方形，长芒，白壳，穗粒数 37.4 粒；白粒，卵圆形，半角质，较饱满，千粒重 38.0 g，容重 762.3 g/L。2006 年中国农业科学院植物保护研究所抗病性鉴定结果：中感赤霉病和纹枯病，感条锈病、白粉病和叶锈病。半冬性；抗倒性一般；中熟，全生育期238 d，比鲁麦 14 晚熟 1 d，熟相中等。

/ 基因信息 / 1B/1R。硬度基因：*Pinb-D1*（软）、*Pinb2-V2*（硬）；开花基因：*TaELF3-D1-1*（早）、*PRR73A1*（晚）；穗粒数基因：*TEF-7A*（高）；籽粒颜色基因：*R-B1a*（白）；粒重相关基因：*TaGS-D1a*（高）、*TaGS2-A1b*（高）、*TaGS5-A1a*（低）、*TaTGW-7Aa*（高）、*TaCwi-4A-T*、*TaMoc-2433*（*Hap-H*）（高）、*GW2-6A*（低）；穗发芽基因：*TaSdr-A1a*（低）；多酚氧化酶基因：*Ppo-A1b*（低）；过氧化物酶基因：*TaPod-A1*（高）；黄色素基因：*TaPds-B1b*（低）；谷蛋白亚基基因：*Glu-A1*（N）、*Glu-B3d*；籽粒蛋白积累基因：*NAM-6A1c*。

/ 品质表现 / 2005—2006 年生产试验统一取样测试：籽粒蛋白质含量 12.6%，湿面筋含量 33.7%，沉降值 20.9 mL，出粉率 71.0%，面粉白度 75.5，吸水率 56.2 mL/100g，形成时间 2.3 min，稳定时间 1.7 min。

/ 产量表现 / 2003—2005 年参加山东省小麦品种中高肥组区域试验，两年平均亩产 527.22 kg，比对照鲁麦 14 增产 8.00%；2005—2006 年参加山东省小麦中高肥组生产试验，平均亩产 517.20 kg，比对照济麦 19 增产 4.04%。

/ 生产应用 / 适合山东省中高肥水地块种植。2006—2012 年山东省累计种植面积 90.4 万亩。其中，2010 年种植面积 40.9 万亩，为最大种植面积年份；2012 年山东省种植面积 2 万亩。

10cm

cm

cm

汶农 6 号

省库编号：LM12258　国库编号：ZM028388

/ 品种来源 / 原系号：742223。泰安市汶农种业有限责任公司育成，亲本组合：915021//鲁麦 18/876161。2006 年通过山东省农作物品种审定委员会审定，审定编号：鲁农审 2006056 号。

/ 特征特性 / 幼苗匍匐，分蘖力中等，分蘖成穗率 32.9%，亩穗数 30.2 万穗；株高 71.5 cm，叶片宽短，旗叶上冲，株型较紧凑，茎秆粗壮。穗长方形，长芒，白壳，穗粒数 44.0 粒；白粒，卵圆形，粉质，籽粒较饱满，千粒重 44.0 g，容重 767.0 g/L。2006 年中国农业科学院植物保护研究所抗病性鉴定结果：中感条锈病、叶锈病和纹枯病，感白粉病和赤霉病。半冬性；抗倒伏；中晚熟，全生育期 240 d，比鲁麦 14 晚熟 3 d，熟相较好。

/ 基因信息 / 硬度基因：*Pinb-D1*（软）、*Pinb2-V2*（硬）；开花基因：*TaELF3-D1-1*（晚）、*PRR73A1*（早）；籽粒颜色基因：*R-B1a*（白）；粒重相关基因：*TaGS-D1a*（高）、*TaGS2-A1b*（高）、*TaGS5-A1b*（高）、*TaTGW-7Ab*（低）、*TaMoc-2433*（*Hap-L*）（低）；穗发芽基因：*TaSdr-A1b*（高）；多酚氧化酶基因：*Ppo-D1b*（高）；过氧化物酶基因：*TaPod-A1*（低）；黄色素基因：*TaPds-B1a*（高）；谷蛋白亚基基因：*Glu-A1*（N）；籽粒蛋白积累基因：*NAM-6A1c*；抗叶锈病基因：*Lr14a*。

/ 品质表现 / 2005—2006 年生产试验统一取样测试：籽粒粗蛋白含量 12.7%，湿面筋含量 33.3%，沉降值 24.3 mL，出粉率 62.1.0%，面粉白度 82.6，吸水率 54.1 mL/100g，形成时间 2.7 min，稳定时间 2.2 min。

/ 产量表现 / 2003—2005 年参加山东省小麦品种高肥组区域试验，两年平均亩产分别为 532.42 kg 和 555.21 kg，比对照鲁麦 14（2014）、潍麦 8 号（2015）分别增产 4.15% 和 4.04%；2005—2006 年参加山东省小麦高肥组生产试验，平均亩产 570.16 kg，比对照潍麦 8 号增产 7.90%。

/ 生产应用 / 适合山东省高肥水地块种植。2008—2019 年山东省累计种植面积 87.0 万亩。其中，2009 年种植面积 21.8 万亩，为最大种植面积年份；2019 年种植面积 2.7 万亩。

10cm

cm

cm

山农 15

省库编号：LM12193　国库编号：ZM028389

/ 品种来源 / 原系号：山农 8049。山东农业大学育成，亲本组合：济南 17/ 济核 916。2006 年通过山东省农作物品种审定委员会审定，审定编号：鲁农审 2006057 号。

/ 特征特性 / 幼苗半匍匐，分蘖力较强，分蘖成穗率 40.7%，亩穗数 42.1 万穗；株高 73.6 cm，株型紧凑，叶片较窄短、上挺。穗长方形，顶芒，白壳，穗粒数 31.5 粒；白粒，椭圆形，角质，籽粒饱满，千粒重 45.5 g，容重 789.0 g/L。2006 年中国农业科学院植物保护研究所抗病性鉴定结果：中感条锈病和纹枯病，感叶锈病、白粉病和赤霉病。半冬性；较抗倒伏；中熟，全生育期 237 d，比对照鲁麦 14 早熟 1 d，熟相较好。

/ 基因信息 / 硬度基因：*Pinb-D1*（硬）；开花基因：*TaELF3-D1-1*（晚）、*PRR73A1*（早）；粒颜色基因：*R-B1a*（白）；粒重相关基因：*TaGS2-A1a*（低）、*TaGS5-A1a*（低）、*TaTGW-7Aa*（高）、*TaMoc-2433*（*Hap-L*）（低）；多酚氧化酶基因：*Ppo-A1b*（低）、*Ppo-D1b*（高）；黄色素基因：*TaPds-B1b*（低）；谷蛋白亚基基因：*Glu-A1*（1）、*Glu-D1*（2+12）、*Glu-B3d*；籽粒蛋白积累基因：*NAM-6A1c*；抗叶锈病基因：*Lr46*。

/ 品质表现 / 2005—2006 年生产试验统一取样测试：籽粒粗蛋白含量 14.7%，湿面筋含量 36.7%，沉降值 33.8 mL，出粉率 75.9%，面粉白度 73.4，吸水率 64.0 mL/100g，形成时间 4.2 min，稳定时间 3.8 min。

/ 产量表现 / 2003—2005 年参加山东省小麦品种中高肥组区域试验，两年平均亩产 520.76 kg，比对照鲁麦 14 增产 6.67%；2005—2006 年参加山东省小麦中高肥组生产试验，平均亩产 524.61 kg，比对照济麦 19 增产 5.53%。

/ 生产应用 / 适合山东省中高肥水地块种植。2006—2019 年山东省累计种植面积 1 099.23 万亩。其中，2009 年山东省种植面积 394.2 万亩，为最大种植面积年份；2019 年山东省种植面积 4.0 万亩。

10cm

cm

cm

鲁农 116

省库编号：LM12282　国库编号：ZM026022

/ 品种来源 / 山东省桓台县绿丰农业科学研究所育成，亲本组合：中麦 9 号 /928802。2006 年通过国家农作物品种审定委员会审定，审定编号：国审麦 2006022。

/ 特征特性 / 幼苗半直立，分蘖力强，起身较晚，两极分化较慢，平均亩穗数 34.0 万穗；株高约 73 cm，株型半松散，叶色深绿，旗叶上举，通风透光性好，茎秆蜡质，穗层整齐。穗纺锤形，长芒，白壳，穗粒数 31.0 粒；白粒，椭圆形，角质，黑胚率 0.9%，千粒重 39.2 g，籽粒容重 804 g/L。接种抗病性鉴定：秆锈病免疫，中抗条锈病，中感白粉病、黄矮病，高感叶锈病。半冬性，抗寒性好；抗倒伏；抗旱性中等；中晚熟，成熟期比对照晋麦 47 晚 1 d，落黄一般。

/ 基因信息 / 硬度基因：*Pinb-D1*（硬）、*Pinb2-V2*（硬）；开花基因：*TaELF3-D1-1*（晚）、*PRR73A1*（早）；穗粒数基因：*TEF-7A*（低）；籽粒颜色基因：*R-B1a*（白）；粒重相关基因：*TaGS-D1a*（高）、*TaGS2-A1b*（高）、*TaGS5-A1a*（低）、*TaTGW-7Aa*（高）、*TaCwi-4A-C*、*TaMoc-2433*（*Hap-L*）（低）、*GW2-6A*（低）；木质素基因：*COMT-3Bb*（低）；穗发芽基因：*TaSdr-A1b*（高）；多酚氧化酶基因：*Ppo-A1b*（低）；过氧化物酶基因：*TaPod-A1*（低）；黄色素基因：*TaPds-B1a*（高）；谷蛋白亚基基因：*Glu-A1*（1）；籽粒蛋白积累基因：*NAM-6A1c*；抗叶锈病基因：*Lr14a*；抗黄花叶病毒病基因：*Sbmp 6061*。

/ 品质表现 / 2004 年、2005 年分别测定混合样：籽粒蛋白质含量（干基）分别为 13.67% 和 14.53%，湿面筋含量为 29.3% 和 32.3%，沉降值为 34.3 mL 和 34.6 mL，吸水率为 62.6 mL/100g 和 62.8 mL/100g，稳定时间为 3.4 min 和 2.8 min，最大抗延阻力为 180 EU 和 154 EU，拉伸面积为 40 cm^2 和 37 cm^2。

/ 产量表现 / 2003—2004 年参加黄淮冬麦区旱地组品种区域试验，平均亩产 357.4 kg，比对照晋麦 47 增产 6.6%（不显著）；2004—2005 年续试，平均亩产 318.8 kg，比对照晋麦 47 增产 1.2%（不显著）。2004—2005 年生产试验，平均亩产 311.6 kg，比对照种晋麦 47 增产 1.0%。

/ 生产应用 / 适合在黄淮冬麦区的陕西渭北、山东中南部、河北、河南西北部的旱肥地种植。

10cm

cm

cm

洲元 9369

省库编号：LM12189 国库编号：ZM026998

/ 品种来源 / 山东洲元种业股份有限公司以 PH82-2-2 为母本、866-34 为父本杂交，经系统选育而成。2007 年通过山东省农作物品种审定委员会审定，审定编号：鲁农审 2007040 号。

/ 特征特性 / 幼苗半匍匐，分蘖力中等，分蘖成穗率 37.5%，亩穗数 35.7 万穗；株高 72.4 cm，株型紧凑，叶片上举。穗长方形，长芒，白壳，穗粒数 48.3 粒；白粒，卵圆形，角质，籽粒饱满，千粒重 35.4 g，容重 799.6 g/L。2007 年中国农业科学院植物保护研究所抗病性鉴定结果：中抗条锈病、白粉病、赤霉病和纹枯病，高感秆锈病。半冬性；较抗倒伏；中熟，全生育期 241 d，比对照潍麦 8 号早熟 1 d，熟相好。

/ 基因信息 / 硬度基因：*Pinb-D1*（硬）；开花基因：*TaELF3-D1-1*（晚）、*PRR73A1*（早）；籽粒颜色基因：*R-B1a*（白）；粒重相关基因：*TaGS-D1b*（低）、*TaGS2-A1b*（高）、*TaGS5-A1b*（高）、*TaTGW-7Aa*（高）、*TaMoc-2433*（*Hap-L*）（低）；穗发芽基因：*TaSdr-A1a*（低）；多酚氧化酶基因：*Ppo-D1b*（高）；黄色素基因：*TaPds-B1b*（低）；谷蛋白亚基基因：*Glu-A1*（1）、*Glu-B3d*；籽粒蛋白积累基因：*NAM-6A1c*；抗叶锈病基因：*Lr46*。

/ 品质表现 / 2006—2007 年生产试验统一取样测试：籽粒粗蛋白含量 14.9%，湿面筋含量 32.5%，沉降值 34.4 mL，吸水率 64.1 mL/100g，稳定时间 8.6min，面粉白度 75.1。

/ 产量表现 / 2004—2005 年参加山东省小麦品种高肥组区域试验，两年平均亩产 544.20 kg，比对照潍麦 8 号增产 0.54%；2006—2007 年参加山东省小麦高肥组生产试验，平均亩产 548.75 kg，比对照潍麦 8 号增产 4.84%。

/ 生产应用 / 适合山东省高肥水地块作为强筋专用小麦品种种植。2007—2019 年山东省累计种植面积 287.32 万亩。其中，2008 年种植面积 58.0 万亩，为最大种植面积年份；2019 年种植面积 2.1 万亩。

10cm

cm

cm

聊麦 19

省库编号：LM12188　国库编号：ZM028604

/ 品种来源 / 原系号：聊 9638。聊城市农业科学研究院以陕 160 为母本、鲁麦 22 为父本杂交系统选育而成。2007 年通过山东省农作物品种审定委员会审定，审定编号：鲁农审 2007041 号。

/ 特征特性 / 幼苗半匍匐，分蘖力强，分蘖成穗率 36.6%，亩穗数 40.7 万穗；株高 78.9 cm，株型紧凑，叶片窄长，叶色淡绿。穗纺锤形，长芒，白壳，穗粒数 33.5 粒；白粒，椭圆形，角质，籽粒较饱满，千粒重 40.6 g，容重 782.3 g/L。2007 年中国农业科学院植物保护研究所抗病性鉴定结果：高抗条锈病、秆锈病，中抗白粉病，中感纹枯病，高感赤霉病。半冬性；抗倒性中等；中熟，全生育期 238 d，成熟期与济麦 19 相当，熟相中等。

/ 基因信息 / 硬度基因：*Pinb-D1*（硬）、*Pinb2-V2*（硬）；开花基因：*TaELF3-D1-1*（晚）、*PRR73A1*（早）；穗粒数基因：*TEF-7A*（高）；籽粒颜色基因：*R-B1b*（红）；粒重相关基因：*TaGS-D1a*（高）、*TaGS2-A1a*（低）、*TaGS5-A1b*（高）、*TaTGW-7Aa*（高）、*TaCwi-4A-C*、*TaMoc-2433*（*Hap-H*）（高）、*GW2-6A*（低）；木质素基因：*COMT-3Ba*（高）；穗发芽基因：*TaSdr-A1b*（高）；过氧化物酶基因：*TaPod-A1*（低）；黄色素基因：*TaPds-B1b*（低）；谷蛋白亚基基因：*Glu-A1*（1）；籽粒蛋白积累基因：*NAM-6A1a*；抗叶锈病基因：*Lr46*。

/ 品质表现 / 2006—2007 年生产试验统一取样测试：籽粒粗蛋白含量 14.8%，湿面筋含量 35.8%，沉降值 28.5 mL，吸水率 64.2 mL/100g，稳定时间 4.7 min，面粉白度 72.1。

/ 产量表现 / 2005—2006 年参加山东省小麦品种中高肥 A 组区域试验，两年平均亩产分别为 526.62 kg 和 528.66 kg，比对照鲁麦 14（2005 年）、济麦 19（2006 年）分别增产 8.26% 和 4.69%；2006—2007 年参加山东省小麦中高肥组生产试验，平均亩产 486.61 kg，比对照济麦 19 增产 6.56%。

/ 生产应用 / 适合山东省中高肥水地块种植。2010—2018 年山东省累计种植面积 46.6 万亩。其中，2010 年种植面积 15.0 万亩，为最大种植面积年份；2018 年山东省种植面积 0.2 万亩。

10cm

cm

cm

鲁原 301

省库编号：LM12187 国库编号：ZM026994

/ 品种来源 / 山东省农业科学院原子能农业应用研究所与中国农业科学院作物科学研究所合作，以济南 16 诱变材料为母本、航天育种小麦品系 121 为父本杂交，系统选育而成。2007 年通过山东省农作物品种审定委员会审定，审定编号：鲁农审 2007044 号。

/ 特征特性 / 幼苗半匍匐，叶色深绿，分蘖力较弱，分蘖成穗率 33.0%，亩穗数 29.6 万穗，株高 83.1 cm。穗长方形，长芒，白壳，穗粒数 40.9 粒；白粒，近卵圆形，半角质，较饱满，千粒重 47.6 g，容重 757.3 g/L。2005—2006 年中国农业科学院植物保护研究所抗病性鉴定结果：中感条锈病、叶锈病和纹枯病，感白粉病和赤霉病。半冬性，抗冻性一般；抗倒伏；中晚熟，全生育期 241 d，比鲁麦 14 晚熟 3 d，熟相中等。

/ 基因信息 / 硬度基因：*Pinb-D1*（硬）、*Pinb2-V2*（硬）；开花基因：*TaELF3-D1-1*（晚）、*PRR73A1*（早）；穗粒数基因：*TEF-7A*（低）；籽粒颜色基因：*R-B1a*（白）；粒重相关基因：*TaGS-D1a*（高）、*TaGS5-A1b*（高）、*TaTGW-7Aa*（高）、*TaCwi-4A-C*、*TaMoc-2433*（*Hap-L*）（低）、*GW2-6A*（低）；木质素基因：*COMT-3Bb*（低）；穗发芽基因：*TaSdr-A1a*（低）；多酚氧化酶基因：*Ppo-A1b*（低）、*Ppo-D1b*（高）；过氧化物酶基因：*TaPod-A1*（高）；谷蛋白亚基基因：*Glu-A1*（1）、*Glu-B3d*；籽粒蛋白积累基因：*NAM-6A1c*。

/ 品质表现 / 2006—2007 年生产试验统一取样测试：籽粒蛋白质含量 14.6%，湿面筋含量 33.7%，沉降值 18.6 mL，吸水率 59.9 mL/100g，稳定时间 3.0 min，面粉白度 77.4。

/ 产量表现 / 2003—2005 年参加山东省小麦品种中高肥组区域试验，两年平均亩产 536.50 kg，比对照鲁麦 14 增产 7.94%；2005—2006 年参加山东省小麦高肥组生产试验，平均亩产 520.45 kg，比对照潍麦 8 号减产 1.50%；2006—2007 年参加山东省小麦中高肥组生产试验，平均亩产 482.34 kg，比对照济麦 19 增产 5.63%。

/ 生产应用 / 适合鲁中、鲁南中高肥水地块种植。2007 年山东省种植面积 4 万亩，之后少有种植。

10cm

cm

cm

烟农 5286

省库编号：LM12191　国库编号：ZM028625

/ 品种来源 / 原系号：烟 5286。山东省烟台市农业科学研究院以鲁麦 14 为母本、945015 为父本杂交，系谱法选育而成。2007 年通过山东省农作物品种审定委员会审定，审定编号：鲁农审 2007045 号。

/ 特征特性 / 幼苗半匍匐，分蘖力较强，分蘖成穗率 38.5%，亩穗数 39.1 万穗；株高 75.9 cm，株型较紧凑，叶色深绿，叶片上冲。穗纺锤形，长芒，白壳，穗粒数 34.7 粒；白粒，椭圆形，角质，籽粒较饱满，千粒重 41.1 g，容重 796.3 g/L。2005—2006 年中国农业科学院植物保护研究所抗病性鉴定结果：中抗至抗叶锈病，中抗至中感条锈病，感白粉病，感赤霉病和纹枯病。半冬性；中熟，全生育期 238 d，成熟期与鲁麦 14 相当，熟相较好。

/ 基因信息 / 硬度基因：*Pinb-D1*（硬）、*Pinb2-V2*（软）；开花基因：*PRR73A1*（早）；穗粒数基因：*TEF-7A*（低）；籽粒颜色基因：*R-B1a*（白）；粒重相关基因：*TaGS2-A1a*（低）、*TaGS5-A1b*（高）、*TaTGW-7Aa*（高）、*TaCwi-4A-C*、*TaMoc-2433*（*Hap-L*）（低）、*GW2-6A*（低）；穗发芽基因：*TaSdr-A1a*（低）；多酚氧化酶基因：*Ppo-A1b*（低）、*Ppo-D1b*（高）；黄色素基因：*TaPds-B1b*（低）；谷蛋白亚基基因：*Glu-A1*（1）、*Glu-B3d*；籽粒蛋白积累基因：*NAM-6A1c*。

/ 品质表现 / 2006 年、2007 年生产试验分别统一取样测试：籽粒蛋白质含量分别为 13.2% 和 14.9%，湿面筋含量为 35.2% 和 34.6%，沉降值为 36.1 mL 和 32.5 mL，吸水率为 63.3 mL/100g 和 65.2 mL/100g，稳定时间为 4.6 min 和 7.1 min，面粉白度为 75.9 和 75.0。

/ 产量表现 / 2003—2005 年参加山东省小麦品种中高肥组区域试验，两年平均亩产 535.23 kg，比对照鲁麦 14 增产 7.41%；2005—2006 年参加山东省小麦中高肥组生产试验，平均亩产 505.08 kg，比对照济麦 19 增产 1.60%；2006—2007 年继续参加中高肥组生产试验，平均亩产 480.51 kg，比对照济麦 19 增产 5.23%。

/ 生产应用 / 适合山东省中高肥水地块种植。2006—2008 年 3 年种植面积分别为 0.3 万亩、6.1 万亩和 1.6 万亩，山东省累计种植面积 8 万亩。

10cm

cm

cm

青麦 6 号

省库编号：LM12260　国库编号：ZM028609

/ 品种来源 / 原系号：莱农 0301。青岛农业大学以莱州 137 为母本、978009 为父本杂交，经系统选育而成。2007 年通过山东省农作物品种审定委员会审定，审定编号：鲁农审 2007046 号；2016 年通过国家农作物品种审定委员会审定，审定编号：国审麦 2016027。

/ 特征特性 / 幼苗半匍匐，分蘖力较弱，分蘖成穗率 40.7%，亩穗数 36.5 万穗；株高 76.1 cm，株型较紧凑。穗近长方形，长芒，白壳，穗粒数 35.5 粒；白粒，椭圆形，角质，籽粒饱满，千粒重 39.8 g，容重 796.7 g/L。2006—2007 年中国农业科学院植物保护研究所抗病性鉴定结果：中抗白粉病，中感纹枯病和秆锈病，高感条锈病和赤霉病。半冬性；较抗倒伏；抗旱性较好；早熟，全生育期 233 d，比对照鲁麦 21 早熟 1 d，熟相好。

/ 基因信息 / 硬度基因：*Pinb-D1*（硬）、*Pinb2-V2*（硬）；开花基因：*TaELF3-D1-1*（晚）、*PRR73A1*（早）；穗粒数基因：*TEF-7A*（高）；籽粒颜色基因：*R-B1a*（白）；粒重相关基因：*TaGS-D1a*（高）、*TaGS2-A1b*（高）、*TaGS5-A1b*（高）、*TaTGW-7Aa*（高）、*TaMoc-2433*（*Hap-L*）（低）、*GW2-6A*（高）；木质素基因：*COMT-3Bb*（低）；穗发芽基因：*TaSdr-A1a*（低）；过氧化物酶基因：*TaPod-A1*（高）；黄色素基因：*TaPds-B1a*（高）；谷蛋白亚基基因：*Glu-A1*（1）；籽粒蛋白积累基因：*NAM-6A1c*；抗叶锈病基因：*Lr46*。

/ 品质表现 / 2006—2007 年生产试验统一取样测试：籽粒蛋白质含量 12.7%，湿面筋含量 28.7%，沉降值 23.7 mL，吸水率 60.2 mL/100g，稳定时间 6.3 min，面粉白度 72.6。

/ 产量表现 / 2005—2006 年参加山东省小麦品种旱地组区域试验，两年平均亩产 427.93 kg，比对照鲁麦 21 增产 6.81%；2006—2007 年参加山东省小麦旱地组生产试验，平均亩产 396.46 kg，比对照鲁麦 21 增产 6.53%。2013 年滨州沾化 3 亩盐碱地实打测产，平均亩产 449.01 kg，2014 年、2015 年两年在东营现代农业示范农场实打测产，平均亩产分别为 538.3 kg、545.6 kg，连续 3 年创盐碱地小麦高产纪录！

/ 生产应用 / 适合山东、山西晋南、陕西咸阳和渭南、河南、河北中南部旱地以及山东省中轻度滨海盐碱地种植。2008—2019 年山东省累计种植面积 303.92 万亩。其中，2009 年山东省种植面积 56.65 万亩，为最大种植面积年份；2019 年山东省种植面积 1.6 万亩。2017 年（青麦 6 号+青麦 7 号）获山东省科技进步二等奖。

10cm
cm
cm

山农 16

省库编号：LM12248 国库编号：ZM026013

/ 品种来源 / 原系号：旱丰 3 号。山东农业大学生命科学学院与泰安市五岳泰山种业有限公司、德州市农业科学研究院合作，以济南 13 为母本、旱 635 为父本杂交，经系统选育而成。2007 年通过山东省农作物品种审定委员会审定，审定编号：鲁农审 2007047 号。

/ 特征特性 / 幼苗半匍匐，分蘖力较强，分蘖成穗率 36.2%，亩穗数 39.3 万穗；株高 72.4 cm，株型较紧凑。穗纺锤形，长芒，白壳，穗粒数 35.2 粒；白粒，长椭圆形，角质，籽粒较饱满，千粒重 38.7 g，容重 767.9 g/L。2006—2007 年中国农业科学院植物保护研究所抗病性鉴定结果：慢条锈病，高抗秆锈病和纹枯病，中感白粉病，高感赤霉病。半冬性；抗旱性较好；较抗倒伏；中熟，全生育期 238 d，与鲁麦 21 相当，熟相好。

/ 基因信息 / 硬度基因：*Pinb-D1*（硬）、*Pinb2-V2*（硬）；开花基因：*TaELF3-D1-1*（晚）、*PRR73A1*（早）；穗粒数基因：*TEF-7A*（低）；籽粒颜色基因：*R-B1a*（白）；粒重相关基因：*TaGS-D1a*（高）、*TaGS2-A1b*（高）、*TaGS5-A1a*（低）、*TaTGW-7Aa*（高）、*TaMoc-2433*（*Hap-L*）（低）、*GW2-6A*（低）；木质素基因：*COMT-3Bb*（低）；过氧化物酶基因：*TaPod-A1*（低）；黄色素基因：*TaPds-B1a*（高）；谷蛋白亚基基因：*Glu-A1*（1）；籽粒蛋白积累基因：*NAM-6A1c*；抗叶锈病基因：*Lr14a*；抗黄花叶病毒病基因：*Sbmp 6061*。

/ 品质表现 / 2006—2007 年生产试验统一取样测试：籽粒蛋白质含量 12.2%，湿面筋含量 29.1%，沉降值 22.7 mL，吸水率 60.5 mL/100g，稳定时间 3.4 min，面粉白度 75.4。

/ 产量表现 / 2004—2006 年参加山东省小麦品种旱地组区域试验，两年平均亩产 448.31 kg，比对照鲁麦 21 增产 2.96%；2006—2007 年参加山东省小麦旱地组生产试验，平均亩产 399.49 kg，比对照鲁麦 21 增产 7.34%。

/ 生产应用 / 适合山东省旱肥地块种植。2009—2019 年山东省累计种植面积 182.11 万亩。

10cm

cm

cm

泰农 18

省库编号：LM12262　国库编号：ZM028402

/ 品种来源 / 泰安市泰山区瑞丰作物育种研究所与山东农业大学农学院合作，以莱州 137 为母本、烟 369-7 为父本杂交，经系统选育而成。2008 年通过山东省农作物品种审定委员会审定，审定编号：鲁农审 2008056 号。

/ 特征特性 / 幼苗半直立，分蘖力中等，分蘖成穗率 39.2%，亩穗数 32.9 万穗；株高 73.7 cm，叶片上举。穗长方形，长芒，白壳，穗粒数 43.6 粒；白粒，卵圆形，半角质，籽粒较饱满，千粒重 40.8 g，容重 795.4 g/L。2008 年中国农业科学院植物保护研究所抗病性鉴定结果：中抗赤霉病，中感白粉病和纹枯病，高感条锈病和叶锈病。半冬性；抗倒性较好；中熟，全生育期 238 d，比潍麦 8 号早熟 1 d，熟相一般。

/ 基因信息 / 硬度基因：*Pinb-D1*（硬）、*Pinb2-V2*（硬）；开花基因：*PRR73A1*（早）；穗粒数基因：*TEF-7A*（低）；籽粒颜色基因：*R-B1a*（白）；粒重相关基因：*TaGS-D1a*（高）、*TaGS2-A1a*（低）、*TaGS5-A1a*（低）、*TaTGW-7Aa*（高）、*TaCwi-4A-T*、*TaMoc-2433*（*Hap-L*）（低）、*GW2-6A*（低）；穗发芽基因：*TaSdr-A1a*（低）；多酚氧化酶基因：*Ppo-A1b*（低）；黄色素基因：*TaPds-B1a*（高）；谷蛋白亚基基因：*Glu-A1*（1）、*Glu-D1*（5+10）；籽粒蛋白积累基因：*NAM-6A1c*；抗叶锈病基因：*Lr14a*。

/ 品质表现 / 2007—2008 年生产试验统一取样测试：籽粒蛋白质含量 12.3%，湿面筋含量 30.4%，沉降值 33.1 mL，吸水率 59.7 mL/100g，稳定时间 6.2 min，面粉白度 77.3。

/ 产量表现 / 2006—2008 年参加山东省小麦品种高肥组区域试验，两年平均亩产 572.56 kg，比对照潍麦 8 号增产 8.64%；2007—2008 年参加山东省小麦高肥组生产试验，平均亩产 570.57 kg，比对照潍麦 8 号增产 8.25%。

/ 生产应用 / 适合山东省高肥水地块种植。2008—2019 年山东省累计种植面积 2 105 万亩。其中，2010 年种植面积 345 万亩，为最大种植面积年份；2019 年种植面积 36.48 万亩。

10cm

cm

cm

良星 66

省库编号：LM12267　国库编号：ZM029053

/ 品种来源 / 山东省良星种业有限公司育成，亲本组合为济 91102/935031。2008 年通过山东省农作物品种审定委员会审定，审定编号：鲁农审 2008057 号。

/ 特征特性 / 幼苗半直立，分蘖力强，分蘖成穗率 43.9%，亩穗数 45.3 万穗，株高 78.2 cm。穗长方形，长芒，白壳，穗粒数 36.7 粒；白粒，椭圆形，角质，籽粒较饱满，千粒重 40.1 g，容重 791.5 g/L。2008 年中国农业科学院植物保护研究所抗病性鉴定结果：高抗白粉病，中感赤霉病和纹枯病，慢条锈病，高感叶锈病。半冬性；抗倒性中等；中熟，全生育期 238 d，比潍麦 8 号早熟 2 d，熟相好。

/ 基因信息 / 硬度基因：*Pinb-D1*（硬）、*Pinb2-V2*（硬）；开花基因：*TaELF3-D1-1*（晚）、*PRR73A1*（早）；穗粒数基因：*TEF-7A*（低）；籽粒颜色基因：*R-B1b*（红）；粒重相关基因：*TaGS2-A1a*（低）、*TaTGW-7Aa*（高）、*TaCwi-4A-C*、*TaMoc-2433*（*Hap-L*）（低）、*GW2-6A*（低）；木质素基因：*COMT-3Ba*（高）；穗发芽基因：*TaSdr-A1b*（高）；多酚氧化酶基因：*Ppo-D1b*（高）；过氧化物酶基因：*TaPod-A1*（高）；黄色素基因：*TaPds-B1a*（高）；籽粒蛋白积累基因：*NAM-6A1a*。

/ 品质表现 / 2007—2008 年生产试验统一取样测试：籽粒蛋白质含量 13.4%，湿面筋含量 35.8%，沉降值 33.9 mL，吸水率 60.9 mL/100g，稳定时间 2.8 min，面粉白度 74.5。

/ 产量表现 / 2005—2007 年参加山东省小麦品种高肥组区域试验，两年平均亩产 571.42 kg，比对照潍麦 8 号增产 8.69%；2007—2008 年参加山东省小麦高肥组生产试验，平均亩产 565.21 kg，比对照潍麦 8 号增产 7.24%。

/ 生产应用 / 适合山东省高肥水地块种植。2008—2019 年山东省累计种植面积 2 046.51 万亩。其中，2012 年种植面积 410.15 万亩，为最大种植面积年份；2019 年山东省种植面积 40.6 万亩。

10cm

cm

cm

烟农 0428

省库编号：LM12272　国库编号：ZM027379

/ 品种来源 / 山东省烟台市农业科学研究院以烟 1668 为母本、鲁麦 21 为父本杂交，经系统选育而成。2008 年通过山东省农作物品种审定委员会审定，审定编号：鲁农审 2008058 号。

/ 特征特性 / 幼苗半直立，分蘖力中等，分蘖成穗率 42.8%，亩穗数 38.4 万穗，株高 76.7 cm。穗纺锤形，长芒，白壳，穗粒数 37.1 粒；白粒，卵圆形，角质，较饱满，千粒重 37.8 g，容重 763.0 g/L。2008 年中国农业科学院植物保护研究所抗病性鉴定结果：中抗赤霉病，中感白粉病和纹枯病，中抗至中感叶锈病，高感条锈病。冬性；较抗倒伏；中早熟，全生育期 233 d，比鲁麦 21 早熟 1 d，熟相好。

/ 基因信息 / 硬度基因：*Pinb-D1*（软）、*Pinb2-V2*（软）；开花基因：*TaELF3-D1-1*（晚）、*PRR73A1*（早）；穗粒数基因：*TEF-7A*（高）；籽粒颜色基因：*R-B1a*（白）；粒重相关基因：*TaGS-D1b*（低）、*TaGS2-A1b*（高）、*TaGS5-A1b*（高）、*TaTGW-7Aa*（高）、*TaCwi-4A-C*、*TaMoc-2433*（*Hap-L*）（低）、*GW2-6A*（低）；多酚氧化酶基因：*Ppo-D1b*（高）；过氧化物酶基因：*TaPod-A1*（高）；黄色素基因：*TaPds-B1b*（低）；谷蛋白亚基基因：*Glu-A1*（1）、*Glu-B3d*；籽粒蛋白积累基因：*NAM-6A1c*。

/ 品质表现 / 2007—2008 年生产试验统一取样测试：籽粒蛋白质含量 14.1%，湿面筋含量 33.0%，沉降值 41.0 mL，吸水率 60.4 mL/100g，稳定时间 4.8 min，面粉白度 77.2。

/ 产量表现 / 2006—2007 年参加山东省小麦品种旱地组区域试验，两年平均亩产 423.33 kg，比对照鲁麦 21 增产 6.04%；2007—2008 年参加山东省小麦旱地组生产试验，平均亩产 482.50 kg，比对照鲁麦 21 增产 6.24%。

/ 生产应用 / 适合山东省旱肥地块种植。2013—2019 年山东省累计种植面积 65.4 万亩。其中，2015 年种植面积 22.7 万亩，为最大种植面积年份；2019 年种植面积 1.7 万亩。

10cm

cm

cm

山农 17

省库编号：LM12223　国库编号：ZM028395

/ 品种来源 / 山东农业大学农学院与泰安市泰山区瑞丰作物育种研究所合作，以 L156 为母本、莱州 137 为父本杂交，经系统选育而成。2009 年通过国家和山东省农作物品种审定委员会审定，审定编号：国审麦 2009015、鲁农审 2009055 号。

/ 特征特性 / 幼苗半直立，叶色深绿，分蘖力强，分蘖成穗率 42.3%，亩穗数 44.2 万穗；株高 80.3 cm，叶片上冲，株型稍松散。穗纺锤形，长芒，白壳，穗粒数 38.2 粒；白粒，卵圆形，半角质，籽粒较饱满，千粒重 38.3 g，容重 783.6 g/L。2009 年中国农业科学院植物保护研究所抗病性鉴定结果：中感条锈病，中抗赤霉病，高感叶锈病、白粉病和纹枯病。半冬性；抗倒性中等；中熟，全生育期 238d，比济麦 19 晚熟 2d，熟相较好。

/ 基因信息 / 硬度基因：*Pinb2-V2*（硬）；开花基因：*PRR73A1*（早）；穗粒数基因：*TEF-7A*（低）；籽粒颜色基因：*R-B1a*（白）；粒重相关基因：*TaGS-D1a*（高）、*TaGS2-A1a*（低）、*TaGS5-A1a*（低）、*TaTGW-7Aa*（高）、*TaMoc-2433*（*Hap-L*）（低）、*GW2-6A*（高）；多酚氧化酶基因：*Ppo-A1b*（低）、*Ppo-D1b*（高）；黄色素基因：*TaPds-B1a*（高）；谷蛋白亚基基因：*Glu-A1*（1）；籽粒蛋白积累基因：*NAM-6A1c*；抗叶锈病基因：*Lr14a*。

/ 品质表现 / 2008—2009 年生产试验统一取样测试：籽粒蛋白质含量 11.3%，湿面筋 29.1%，沉降值 34.0 mL，吸水率 60.2 mL/100g，稳定时间 7.2 min，面粉白度 74.8。

/ 产量表现 / 2006—2008 年参加山东省小麦品种中高肥组区域试验，两年平均亩产 541.48 kg，比对照品种济麦 19 增产 6.38%；2008—2009 年参加山东省小麦高肥组生产试验，平均亩产 563.98 kg，比济麦 19 增产 8.71%。

/ 生产应用 / 适合山东省中高肥水地块种植。2009—2019 年山东省累计种植面积 632.75 万亩。其中，2010 年种植面积 359.8 万亩，为最大种植面积年份；2019 年山东省种植面积 2.7 万亩。

10cm

cm

cm

齐麦1号

省库编号：LM12283　国库编号：ZM026023

/ 品种来源 / 济南永丰种业有限公司以长 95-8 为母本、运丰早 21 为父本杂交，经系统选育而成。2009 年通过山东省农作物品种审定委员会审定，审定编号：鲁农审 2009056 号。

/ 特征特性 / 幼苗半直立，叶色中绿，分蘖力较强，分蘖成穗率 41.3%，亩穗数 43.0 万穗；株高 72.5 cm，株型较紧凑。穗纺锤形，长芒，白壳，穗粒数 32.6 粒；白粒，椭圆形，粉质，籽粒较饱满，千粒重 45.1 g，容重 758.3 g/L。2008 年中国农业科学院植物保护研究所抗病性鉴定结果：中抗赤霉病，中感白粉病和纹枯病，中抗至中感叶锈病，高感条锈病。半冬性；较抗倒伏；中熟，全生育期 239 d，比对照鲁麦 14 和济麦 19 均晚熟 1 d，熟相中等。

/ 基因信息 / 硬度基因：*Pinb-D1*（软）、*Pinb2-V2*（软）；开花基因：*TaELF3-D1-1*（晚）、*PRR73A1*（早）；穗粒数基因：*TEF-7A*（低）；籽粒颜色基因：*R-B1b*（红）；粒重相关基因：*TaGS-D1a*（高）、*TaGS2-A1a*（低）、*TaGS5-A1b*（高）、*TaTGW-7Aa*（高）、*TaMoc-2433*（*Hap-L*）（低）、*GW2-6A*（高）；木质素基因：*COMT-3Ba*（高）；穗发芽基因：*TaSdr-A1b*（高）；多酚氧化酶基因：*Ppo-D1b*（高）；黄色素基因：*TaPds-B1a*（高）；谷蛋白亚基基因：*Glu-A1*（1）；籽粒蛋白积累基因：*NAM-6A1a*。

/ 品质表现 / 2008—2009 年生产试验统一取样测试：籽粒蛋白质含量 11.9%，湿面筋含量 32.4%，沉降值 28.0 mL，吸水率 61.2 mL/100g，稳定时间 2.4 min，面粉白度 77.2。

/ 产量表现 / 2004—2005 年参加山东省小麦品种中高肥组区域试验，两年平均亩产 523.60 kg，比对照鲁麦 14 增产 8.00%；2005—2006 年参加山东省小麦高肥组生产试验，平均亩产 527.96 kg，比对照济麦 19 增产 3.70%；2008—2009 年参加山东省小麦高肥组生产试验，平均亩产 560.17 kg，比济麦 19 增产 7.98%。

/ 生产应用 / 适合山东省高肥水地块种植。2011—2015 年山东省累计种植面积 23.7 万亩。其中，2013 年山东省种植面积 12.2 万亩，为最大种植面积年份；2015 年山东省种植面积 2.1 万亩，之后少有种植。

10cm

cm

cm

郯麦 98

省库编号：LM12273 国库编号：ZM028394

/ 品种来源 / 山东省郯城县种子公司以济宁 13 为母本、942 为父本杂交，经系统选育而成。2009 年通过山东省农作物品种审定委员会审定，审定编号：鲁农审 2009057 号。

/ 特征特性 / 幼苗半直立，叶色深绿，分蘖力中等，分蘖成穗率 37.8%，亩穗数 32.9 万穗；株高 82.0 cm，叶耳紫红色，株型紧凑。穗长方形，长芒，白壳，穗粒数 41.8 粒；白粒，椭圆形，角质，较饱满，千粒重 44.4 g，容重 779.7 g/L。2009 年中国农业科学院植物保护研究所抗病性鉴定结果：慢条锈病，高感叶锈病、白粉病、赤霉病和纹枯病。半冬性；较抗倒伏；中熟，全生育期 237 d，比对照品种济麦 19 晚熟 1 d，熟相中等。

/ 基因信息 / 硬度基因：*Pinb-D1*（硬）、*Pinb2-V2*（硬）；开花基因：*TaELF3-D1-1*（晚）、*PRR73A1*（早）；穗粒数基因：*TEF-7A*（低）；籽粒颜色基因：*R-B1a*（白）；粒重相关基因：*TaGS-D1a*（高）、*TaGS2-A1b*（高）、*TaGS5-A1a*（低）、*TaTGW-7Aa*（高）、*TaCwi-4A-C*、*TaMoc-2433*（*Hap-L*）（低）、*GW2-6A*（低）；多酚氧化酶基因：*Ppo-D1b*（高）；过氧化物酶基因：*TaPod-A1*（低）；黄色素基因：*TaPds-B1b*（低）；谷蛋白亚基基因：*Glu-A1*（1）、*Glu-B3d*；籽粒蛋白积累基因：*NAM-6A1c*；抗叶锈病基因：*Lr14a*。

/ 品质表现 / 2008—2009 年生产试验统一取样测试：籽粒蛋白质含量 12.5%，湿面筋含量 36.8%，沉降值 33.5 mL，吸水率 65.2 mL/100g，稳定时间 2.5 min，面粉白度 73.4。

/ 产量表现 / 2006—2007 年参加山东省小麦品种中高肥组区域试验，两年平均亩产 529.06 kg，比对照济麦 19 增产 5.06%；2008—2009 年参加山东省小麦高肥组生产试验，平均亩产 557.37 kg，比对照济麦 19 增产 7.44%。

/ 生产应用 / 适合山东省高肥水地块种植。2009—2019 年山东省累计种植面积 471.69 万亩。其中，2013 年种植面积 123.1 万亩，为最大种植面积年份；2019 年种植面积 9.6 万亩。

10cm

cm

cm

山农 18

省库编号：LM12284　国库编号：ZM028393

/ 品种来源 / 山东农业大学以兰考大粒为母本、924142 为父本杂交，经系统选育而成。2009 年通过山东省农作物品种审定委员会审定，审定编号：鲁农审 2009058 号。

/ 特征特性 / 幼苗半直立，分蘖力中等，分蘖成穗率 45.6%，亩穗数 40.3 万穗；株高 81.2 cm，株型紧凑。穗纺锤形，顶芒，白壳，穗粒数 35.9 粒；白粒，椭圆形，角质，籽粒较饱满，千粒重 40.8 g，容重 774.6 g/L。2009 年中国农业科学院植物保护研究所抗病性鉴定结果：慢条锈病，中感白粉病和纹枯病，高感叶锈病和赤霉病。半冬性；较抗倒伏；中熟，全生育期 237 d，比对照品种潍麦 8 号早熟 2 d，熟相较好。

/ 基因信息 / 硬度基因：*Pinb-D1*（硬）、*inb2-V2*（硬）；开花基因：*TaELF3-D1-1*（晚）、*PRR73A1*（早）；籽粒颜色基因：*R-B1a*（白）；粒重相关基因：*TaGS-D1a*（高）、*TaGS2-A1a*（低）、*TaGS5-A1a*（低）、*TaTGW-7Aa*（高）、*TaCwi-4A-C*、*TaMoc-2433*（*Hap-L*）（低）、*GW2-6A*（高）；穗发芽基因：*TaSdr-A1a*（低）；多酚氧化酶基因：*Ppo-A1b*（低）；过氧化物酶基因：*TaPod-A1*（高）；黄色素基因：*TaPds-B1b*（低）；谷蛋白亚基基因：*Glu-A1*（1）、*Glu-B3d*；籽粒蛋白积累基因：*NAM-6A1c*。

/ 品质表现 / 2008—2009 年生产试验统一取样测试：籽粒蛋白质含量 12.7%，湿面筋含量 37.2%，沉降值 40.0 mL，吸水率 69.5 mL/100g，稳定时间 3.4 min，面粉白度 72.0。

/ 产量表现 / 2006—2008 年参加山东省小麦品种高肥组区域试验，两年平均亩产 558.92 kg，比潍麦 8 号增产 6.05%；2008—2009 年参加山东省小麦高肥组生产试验，平均亩产 553.81 kg，比对照济麦 19 增产 6.75%。

/ 生产应用 / 适合山东省高肥水地块种植。2010—2019 年山东省累计种植面积 44.16 万亩。其中，2012 年山东省种植面积 10.0 万亩，为最大种植面积年份；2019 年山东省种植面积 1.1 万亩。

10cm

cm

cm

鑫麦 289

省库编号：LM12285　国库编号：ZM026024

/ 品种来源 / 山东鑫丰种业有限公司以 935031 为母本、鲁麦 14 为父本杂交，经系统选育而成。2009 年通过山东省农作物品种审定委员会审定，审定编号：鲁农审 2009059 号。

/ 特征特性 / 幼苗半直立，分蘖力强，分蘖成穗率 41.2%，亩穗数 42.0 万穗；株高 80.8 cm，株型半紧凑。穗纺锤形，长芒，白壳，穗粒数 34.4 粒；白粒，椭圆形，半角质，籽粒较饱满，千粒重 43.5 g，容重 767.2 g/L。2009 年中国农业科学院植物保护研究所抗病性鉴定结果：慢条锈病，高感白粉病、叶锈病、赤霉病和纹枯病。半冬性；抗倒性中等；中熟，全生育期 236 d，与对照品种济麦 19 相当，熟相好。

/ 基因信息 / 硬度基因：*Pinb-D1*（硬）、*Pinb2-V2*（软）；开花基因：*TaELF3-D1-1*（晚）、*PRR73A1*（早）；穗粒数基因：*TEF-7A*（高）；籽粒颜色基因：*R-B1a*（白）；粒重相关基因：*TaGS2-A1b*（高）、*TaGS5-A1a*（低）、*TaTGW-7Aa*（高）、*TaCwi-4A-C*、*TaMoc-2433(Hap-L)*（低）、*GW2-6A*（低）；穗发芽基因：*TaSdr-A1b*（高）；过氧化物酶基因：*TaPod-A1*（高）；黄色素基因：*TaPds-B1a*（高）；谷蛋白亚基基因：*Glu-A1*（N）、*Glu-B3d*；籽粒蛋白积累基因：*NAM-6A1c*。

/ 品质表现 / 2008—2009 年生产试验统一取样测试：籽粒蛋白质含量 12.4%，湿面筋含量 38.5%，沉降值 31.0 mL，吸水率 64.8 mL/100g，稳定时间 1.9 min，面粉白度 73.1。

/ 产量表现 / 2006—2008 年参加山东省小麦品种中高肥组区域试验，两年平均亩产 529.50 kg，比济麦 19 增产 5.39%；2008—2009 年参加山东省小麦高肥组生产试验，平均亩产 550.10 kg，比济麦 19 增产 6.04%。

/ 生产应用 / 适合山东省中上肥水地块种植。2009—2019 年山东省累计种植面积 53.0 万亩。其中，2010 年种植面积 10.0 万亩，为最大种植面积年份；2019 年种植面积 3.7 万亩。

10cm

cm

cm

科信 9 号

省库编号：LM12222　国库编号：ZM028391

/ 品种来源 / 菏泽市菏丰种业有限公司以豫麦 18 为母本、PH82-2-2 为父本杂交，经系统选育而成。2009 年通过山东省农作物品种审定委员会审定，审定编号：鲁农审 2009060 号。

/ 特征特性 / 幼苗半直立，分蘖力中等，分蘖成穗率 43.6%，亩穗数 37.9 万穗；株高 66.8 cm，株型半紧凑。穗长方形，长芒，白壳，穗粒数 38.2 粒；白粒，卵圆形，角质，籽粒较饱满，千粒重 39.4 g，容重 787.9 g/L。2009 年中国农业科学院植物保护研究所抗病性鉴定结果：慢条锈病，高抗叶锈病，中感白粉病、赤霉病和纹枯病。半冬性，抗冻性一般；抗倒伏；中熟，全生育期 236 d，与对照品种济麦 19 相当，熟相中等。

/ 基因信息 / 硬度基因：*Pinb-D1*（软）、*Pinb2-V2*（软）；开花基因：*TaELF3-D1-1*（晚）、*PRR73A1*（晚）；穗粒数基因：*TEF-7A*（高）；籽粒颜色基因：*R-B1b*（红）；粒重相关基因：*TaGS-D1a*（高）、*TaGS2-A1b*（高）、*TaGS5-A1b*（高）、*TaTGW-7Aa*（高）、*TaCwi-4A-C*、*TaMoc-2433(Hap-L)*（低）、*GW2-6A*（低）；木质素基因：*COMT-3Ba*（高）；穗发芽基因：*TaSdr-A1b*（高）；多酚氧化酶基因：*Ppo-A1a*（高）、*Ppo-D1a*（低）；黄色素基因：*TaPds-B1a*（高）；谷蛋白亚基基因：*Glu-A1*（1）；籽粒蛋白积累基因：*NAM-6A1a*；抗叶锈病基因：*Lr14a*。

/ 品质表现 / 2008—2009 年生产试验统一取样测试：籽粒蛋白质含量 14.1%，湿面筋含量 34.4%，沉降值 47.0 mL，吸水率 60.3 mL/100g，稳定时间 7.8 min，面粉白度 77.4。

/ 产量表现 / 2006—2008 年参加山东省小麦品种中高肥组区域试验，两年平均亩产 506.66 kg，比济麦 19 增产 0.98%；2008—2009 年参加山东省小麦高肥组生产试验，平均亩产 543.65 kg，比济麦 19 增产 4.79%。

/ 生产应用 / 适合菏泽市高肥水地块作为强筋类型品种种植。2009—2019 年山东省累计种植面积 65.8 万亩。其中，2012 年种植面积 18.4 万亩，为最大种植面积年份；2019 年山东省种植面积 0.7 万亩。

10cm

cm

cm

青麦 7 号

省库编号：LM12286　国库编号：ZM028610

/ 品种来源 / 青岛农业大学以烟 1604 为母本、8764 为父本杂交，经系统选育而成。2009 年通过山东省农作物品种审定委员会审定，审定编号：鲁农审 2009061 号。

/ 特征特性 / 幼苗匍匐，分蘖力中等，分蘖成穗率 47.7%，亩穗数 42.0 万穗；株高 76.4 cm，株型紧凑。穗纺锤形，长芒，白壳，穗粒数 33.5 粒；白粒，卵圆形，角质，籽粒较饱满，千粒重 38.9 g，容重 774.3 g/L。2009 年中国农业科学院植物保护研究所抗病性鉴定结果：中感条锈病，高感叶锈病、白粉病、赤霉病和纹枯病。半冬性；较抗倒伏；中早熟，全生育期 236 d，比对照品种鲁麦 21 早熟 1 d，熟相较好。

/ 基因信息 / 硬度基因：*Pinb-D1*（硬）、*Pinb2-V2*（硬）；开花基因：*TaELF3-D1-1*（晚）、*PRR73A1*（早）；穗粒数基因：*TEF-7A*（低）；籽粒颜色基因：*R-B1a*（白）；粒重相关基因：*TaGS2-A1a*（低）、*TaGS5-A1a*（低）、*TaTGW-7Aa*（高）、*TaCwi-4A-C*、*TaMoc-2433(Hap-L)*（低）、*GW2-6A*（低）；穗发芽基因：*TaSdr-A1a*（低）；多酚氧化酶基因：*Ppo-A1b*（低）、*Ppo-D1b*(高）；黄色素基因：*TaPds-B1a*（高）；谷蛋白亚基基因：*Glu-A1*（N）、*Glu-B3d*；籽粒蛋白积累基因：*NAM-6A1c*。

/ 品质表现 / 2008—2009 年生产试验统一取样测试：籽粒蛋白质含量 12.0%，湿面筋含量 34.0%，沉降值 30.5 mL，吸水率 66.5 mL/100g，稳定时间 3.1 min，面粉白度 74.7。

/ 产量表现 / 2006—2008 年参加山东省小麦品种旱地组区域试验，两年平均亩产 410.24 kg，比对照鲁麦 21 增产 6.70%；2008—2009 年参加山东省小麦旱地组生产试验，平均亩产 446.31 kg，比对照鲁麦 21 增产 6.56%。

/ 生产应用 / 适合山东省旱肥地块种植。2013—2019 年山东省累计种植面积 36.45 万亩。其中，2017 年山东省种植面积 15.5 万亩，为最大种植面积年份；2019 年山东省种植面积 0.86 万亩。2017 年（青麦 7 号 + 青麦 6 号）获山东省科技进步二等奖。

10cm

cm

cm

汶农 14

省库编号：LM12287　国库编号：ZM029693

/ 品种来源 / 泰安市汶农种业有限责任公司育成，亲本组合为 84139//9215/876161。2010 年通过山东省农作物品种审定委员会审定，审定编号：鲁农审 2010068 号。

/ 特征特性 / 幼苗半直立，叶色深绿，分蘖力较强，分蘖成穗率 43.5%，亩穗数 41.6 万穗；株高 80.8 cm，旗叶上冲，株型紧凑。穗纺锤形，长芒，白壳，穗粒数 34.7 粒；白粒，长椭圆形，角质，籽粒较饱满，千粒重 42.1 g，容重 793.3 g/L。抗病性鉴定结果：慢条锈病，高抗叶锈病，中感白粉病，高感赤霉病和纹枯病。半冬性；较抗倒伏；中熟，全生育期 239 d，与济麦 19 相当，熟相较好。

/ 基因信息 / 硬度基因：*Pinb-D1*（硬）；开花基因：*TaELF3-D1-1*（晚）、*PRR73A1*（早）；籽粒颜色基因：*R-B1a*（白）；粒重相关基因：*TaGS2-A1a*（低）、*TaGS5-A1a*（低）、*TaTGW-7Aa*（高）、*TaMoc-2433(Hap-L)*（低）；穗发芽基因：*TaSdr-A1a*（低）；多酚氧化酶基因：*Ppo-A1b*（低）、*Ppo-D1b*（高）；黄色素基因：*TaPds-B1b*（低）；谷蛋白亚基基因：*Glu-A1*（N）、*Glu-D1*（2+12）、*Glu-B3d*；籽粒蛋白积累基因：*NAM-6A1c*；抗叶锈病基因：*Lr46*。

/ 品质表现 / 2009—2010 年生产试验统一取样测试：籽粒蛋白质含量 12.9%，湿面筋含量 37.2%，沉降值 32.3 mL，吸水率 62.3 mL/100g，稳定时间 2.6 min，面粉白度 75.8。

/ 产量表现 / 2007—2009 年参加山东省小麦品种高肥组区域试验，两年平均亩产分别为 584.94 kg 和 563.70 kg，2008 年比对照品种潍麦 8 号增产 7.67%，2009 年比对照品种济麦 19 增产 8.21%；2009—2010 年参加山东省小麦生产试验，平均亩产 577.26 kg，比对照品种济麦 22 增产 9.79%。

/ 生产应用 / 适合山东省高肥水地块种植。2011—2019 年山东省累计种植面积 121.0 万亩。其中，2013 年种植面积 42.7 万亩，为最大种植面积年份；2019 年种植面积 1.1 万亩。

10cm

cm

cm

良星 77

省库编号：LM12288　国库编号：ZM030657

/ 品种来源 / 山东良星种业有限公司育成，亲本组合为济 991102/ 济 935031。2010 年通过山东省农作物品种审定委员会审定，审定编号：鲁农审 2010069 号。

/ 特征特性 / 幼苗半直立，叶色深绿，分蘖力强，亩穗数 42.3 万穗，分蘖成穗率 39.6%；株高 74.0 cm，旗叶上冲，株型紧凑。穗纺锤形，长芒，白壳，穗粒数 33.3 粒；白粒，椭圆形，角质，籽粒较饱满，千粒重 44.1 g，容重 789.9 g/L。抗病性鉴定结果：中抗条锈病，叶锈病近免疫，中感白粉病和纹枯病，高感赤霉病。半冬性；抗倒伏；中熟，全生育期 238 d，与济麦 19 相当，熟相较好。

/ 基因信息 / 硬度基因：*Pinb-D1*（硬）、*Pinb2-V2*（硬）；开花基因：*TaELF3-D1-1*（晚）、*PRR73A1*（早）；穗粒数基因：*TEF-7A*（低）；籽粒颜色基因：*R-B1b*（红）；粒重相关基因：*TaGS2-A1a*（低）、*TaTGW-7Aa*（高）、*TaCwi-4A-C*、*TaMoc-2433(Hap-L)*（低）、*GW2-6A*（低）；木质素基因：*COMT-3Ba*（高）；穗发芽基因：*TaSdr-A1b*（高）；多酚氧化酶基因：*Ppo-D1b*（高）；过氧化物酶基因：*TaPod-A1*（高）；黄色素基因：*TaPds-B1a*（高）；籽粒蛋白积累基因：*NAM-6A1a*；抗叶锈病基因：*Lr14a*。

/ 品质表现 / 2009—2010 年生产试验统一取样测试：籽粒蛋白质含量 12.9%，湿面筋含量 38.1%，沉降值 34.5 mL，吸水率 63.0 mL/100g，稳定时间 3.3 min，面粉白度 76.7。

/ 产量表现 / 2007—2009 年参加山东省小麦品种高肥组区域试验，两年平均亩产分别为 570.15 kg 和 589.18 kg，2008 年比对照品种潍麦 8 号增产 4.95%，2009 年比对照品种济麦 19 增产 6.50%；2009—2010 年参加山东省小麦生产试验，平均亩产 564.94 kg，比对照品种济麦 22 增产 7.44%。

/ 生产应用 / 适合山东省高肥水地块种植。2012—2019 年山东省累计种植面积 918.79 万亩。其中，2014 年种植面积 208.9 万亩，为最大种植面积年份；2019 年种植面积 62.8 万亩。

10cm

cm

cm

青农2号

省库编号：LM12290　国库编号：ZM026025

/ 品种来源 /　山东省青丰种子有限公司育成，亲本组合为鲁麦14/烟农15//矮秆麦。2010年通过山东省农作物品种审定委员会审定，审定编号：鲁农审2010070号。

/ 特征特性 /　幼苗半直立，叶色深绿，叶片稍窄，分蘖力较强，分蘖成穗率43.9%，亩穗数42.0万穗；株高77.8 cm，茎秆蜡质多，株型稍松散。穗纺锤形，长芒，白壳，穗粒数36.7粒；白粒，卵圆形，角质，籽粒较饱满，千粒重41.1 g，容重788.0 g/L。抗病性鉴定结果：中抗条锈病，中感叶锈病和白粉病，高感赤霉病和纹枯病。半冬性；抗倒性中等；中熟，全生育期238 d，与对照济麦19相当，熟相较好。

/ 基因信息 /　硬度基因：*Pinb-D1*（硬）、*Pinb2-V2*（软）；开花基因：*TaELF3-D1-1*（晚）、*PRR73A1*（早）；穗粒数基因：*TEF-7A*（高）；籽粒颜色基因：*R-B1a*（白）；粒重相关基因：*TaGS-D1b*（低）、*TaGS2-A1a*（低）、*TaGS5-A1a*（低）、*TaTGW-7Aa*（高）、*TaCwi-4A-C*、*TaMoc-2433(Hap-L)*（低）、*GW2-6A*（低）；穗发芽基因：*TaSdr-A1a*（低）；多酚氧化酶基因：*Ppo-D1b*（高）；黄色素基因：*TaPds-B1b*（低）；谷蛋白亚基基因：*Glu-A1*（1）、*Glu-B3d*；籽粒蛋白积累基因：*NAM-6A1c*。

/ 品质表现 /　2009—2010年生产试验统一取样测试：籽粒蛋白质含量10.7%，湿面筋含量32.0%，沉降值32.8 mL，吸水率59.4 mL/100g，稳定时间3.9 min，面粉白度75.1。

/ 产量表现 /　2007—2009年参加山东省小麦品种高肥组区域试验，两年平均亩产分别为571.42 kg和562.42 kg，2008年比对照潍麦8号增产5.18%，2009年比对照济麦19增产5.97%；2009—2010年参加山东省小麦生产试验，平均亩产571.07 kg，比对照济麦22增产8.61%。

/ 生产应用 /　适合山东省高肥水地块种植。2013—2019年山东省累计种植面积442.1万亩。其中，2017年种植面积203.3万亩，为最大种植面积年份；2019年种植面积66.0万亩。

10cm

cm

cm

山农 21

省库编号：LM12289　国库编号：ZM028363

/ 品种来源 / 山东农业大学与泰安市泰山区瑞丰作物育种研究所合作育成，亲本组合为莱州137/ 烟辐 188。2010 年通过山东省农作物品种审定委员会审定，审定编号：鲁农审 2010071 号。

/ 特征特性 / 幼苗半直立，分蘖力强，分蘖成穗率 31.9%，亩穗数 33.4 万穗；株高 82.3 cm，株型稍紧凑。穗长方形，长芒，白壳，穗粒数 41.8 粒；白粒，卵圆形，角质，籽粒较饱满，千粒重 42.3 g，容重 794.3 g/L。抗病性鉴定结果：中抗条锈病，中感白粉病，高感叶锈病、赤霉病和纹枯病。冬性；抗倒伏；中熟，全生育期 239 d，比济麦 19 晚熟 1 d，熟相好。

/ 基因信息 / 硬度基因：*Pinb2-V2*（硬）；开花基因：*TaELF3-D1-1*（晚）、*PRR73A1*（早）；穗粒数基因：*TEF-7A*（低）；籽粒颜色基因：*R-B1a*（白）；粒重相关基因：*TaGS2-A1a*（低）、*TaGS5-A1a*（低）、*TaTGW-7Aa*（高）、*TaCwi-4A-C*、*TaMoc-2433(Hap-L)*（低）、*GW2-6A*（低）；穗发芽基因：*TaSdr-A1b*（高）；多酚氧化酶基因：*Ppo-A1b*（低）、*Ppo-D1b*（高）；黄色素基因：*TaPds-B1b*（低）；谷蛋白亚基基因：*Glu-A1*（N）、*Glu-D1*（5+10）、*Glu-B3d*；籽粒蛋白积累基因：*NAM-6A1c*；抗叶锈病基因：*Lr14a*。

/ 品质表现 / 2009—2010 年生产试验统一取样测试：籽粒蛋白质含量 12.5%，湿面筋含量 34.0%，沉降值 45.8 mL，吸水率 56.5 mL/100g，稳定时间 8.6 min，面粉白度 80.0。

/ 产量表现 / 2007—2009 年参加山东省小麦品种高肥组区域试验，两年平均亩产分别为 561.57 kg 和 585.18kg，2008 年比对照潍麦 8 号增产 3.30%，2009 年比对照济麦 19 增产 5.78%；2009—2010 年参加山东省小麦生产试验，平均亩产 545.97 kg，比对照济麦 22 增产 3.84%。

/ 生产应用 / 适合山东省高肥水地块种植。2011—2019 年山东省累计种植面积 26.51 万亩。其中，2017 年山东省种植面积 5.8 万亩，为最大种植面积年份；2019 年种植面积 0.7 万亩。

10cm

cm

cm

山农紫麦 1 号

省库编号：LM12291 国库编号：ZM028365

/ 品种来源 / 山东农业大学利用外源 DNA 花粉管通道导入技术，将红高粱农家品种总 DNA 导入济核 916，经系统选育而成。2010 年通过山东省农作物品种审定委员会审定，审定编号：鲁农审 2010072 号。

/ 特征特性 / 幼苗半直立，叶色深绿，芽鞘紫，分蘖力较强，分蘖成穗率 43.0%，亩穗数 43.0 万穗；株高 86.0 cm，株型稍松散。穗纺锤形，长芒，白壳，穗粒数 37.1 粒；紫粒，长椭圆形，角质，籽粒较饱满，千粒重 36.5 g，容重 777.0 g/L。抗病性鉴定结果：慢条锈病，高感叶锈病和赤霉病，中感白粉病和纹枯病。半冬性；抗倒性一般；中熟，生育期 238 d，比济麦 19 早熟 1 d，熟相中等。

/ 基因信息 / 硬度基因：*Pinb-D1*（软）、*Pinb2-V2*（硬）；开花基因：*TaELF3-D1-1*（晚）、*PRR73A1*（早）；穗粒数基因：*TEF-7A*（高）；籽粒颜色基因：*R-B1a*（白）；粒重相关基因：*TaGS-D1a*（高）、*TaGS2-A1b*（高）、*TaGS5-A1b*（高）、*TaTGW-7Aa*（高）、*TaCwi-4A-C*、*TaMoc-2433(Hap-L)*（低）、*GW2-6A*（低）；多酚氧化酶基因：*Ppo-A1b*（低）；过氧化物酶基因：*TaPod-A1*（低）；黄色素基因：*TaPds-B1a*（高）；谷蛋白亚基基因：*Glu-A1*（1）；籽粒蛋白积累基因：*NAM-6A1c*；抗叶锈病基因：*Lr14a*。

/ 品质表现 / 2009—2010 年生产试验统一取样测试：籽粒蛋白质含量 12.2%，湿面筋含量 38.8%，沉降值 35.2 mL，吸水率 61.5 mL/100g，稳定时间 2.5 min，面粉白度 74.5。

/ 产量表现 / 2007—2008 年参加山东省小麦品种中高肥组和 2008—2009 年高肥组区域试验，两年平均亩产 508.21 kg，比对照品种济麦 19 减产 3.68%；2009—2010 年参加山东省小麦高肥组生产试验，平均亩产 509.15 kg，比对照品种济麦 22 减产 3.17%。

/ 生产应用 / 适合山东省中高肥水地块种植。

10cm

cm

cm

烟农 836

省库编号：LM12270 国库编号：ZM028397

/ 品种来源 / 山东省烟台市农业科学研究院以烟 9292 为材料，利用卫星搭载处理，后代经系统选育，培育出烟农 836。2010 年通过山东省农作物品种审定委员会审定，审定编号：鲁农审 2010073 号；2014 年通过国家农作物品种审定委员会审定，审定编号：国审麦 2013019。

/ 特征特性 / 幼苗半直立，分蘖力中等，分蘖成穗率 42.4%，亩穗数 38.7 万穗；株高 79.0 cm，株型紧凑，叶片上冲。穗纺锤形，长芒，白壳，穗粒数 34.7 粒；白粒，卵圆形，角质，籽粒饱满，千粒重 43.5 g，容重 792.0 g/L。抗病性鉴定结果：慢条锈病，高感叶锈病、赤霉病和纹枯病，中感白粉病。偏冬性；抗倒性中等；抗旱性中等；中熟，全生育期 237 d，与对照鲁麦 21 相当，熟相中等。

/ 基因信息 / 硬度基因：*Pinb-D1*（硬）、*Pinb2-V2*（硬）；开花基因：*TaELF3-D1-1*（晚）、*PRR73A1*（早）；穗粒数基因：*TEF-7A*（高）；籽粒颜色基因：*R-B1a*（白）；粒重相关基因：*TaGS2-A1a*（低）、*TaGS5-A1b*（高）、*TaTGW-7Aa*（高）、*TaCwi-4A-C*、*TaMoc-2433(Hap-L)*（低）、*GW2-6A*（低）；穗发芽基因：*TaSdr-A1b*（高）；多酚氧化酶基因：*Ppo-A1b*（低）、*Ppo-D1b*（高）；黄色素基因：*TaPds-B1b*（低）；谷蛋白亚基基因：*Glu-A1*（1）、*Glu-B3d*；籽粒蛋白积累基因：*NAM-6A1c*。

/ 品质表现 / 2009—2010 年生产试验统一取样测试：籽粒蛋白质含量 10.8%，湿面筋含量 32.2%，沉降值 29.4 mL，吸水率 58.9 mL/100g，稳定时间 4.0 min，面粉白度 76.1。

/ 产量表现 / 2007—2009 年参加山东省小麦品种旱地组区域试验，两年平均亩产 476.89 kg，比对照鲁麦 21 增产 5.17%；2009—2010 年参加山东省小麦旱地组生产试验，平均亩产 447.00 kg，比对照鲁麦 21 增产 9.74%。2011—2012 年参加黄淮冬麦区旱肥组区域试验，平均亩产 440.8 kg，比对照洛旱 7 号增产 5.7%；2012—2013 年续试，平均亩产 329.6 kg，比洛旱 7 号增产 6.7%。2012—2013 年生产试验，平均亩产 304.3 kg，比洛旱 7 号增产 5.3%。

/ 生产应用 / 适合黄淮冬麦区的山西晋南、陕西咸阳和渭南、河南西北部、河北南部、山东旱肥地种植。

10cm

cm

cm

山农 19

省库编号：LM12520　国库编号：ZM030753

/ 品种来源 / 山东农业大学育成，亲本组合：[83(3)-113/1604]F_3//886059。2010 年通过国家农作物品种审定委员会审定，审定编号为国审麦 2010005。

/ 特征特性 / 幼苗半直立，分蘖力较强，成穗率中等，亩穗数 42.8 万~44.2 万穗；株高约 86 cm，株型较紧凑，旗叶平展细长、深绿色，穗层厚。穗长方形，长芒，白壳，穗粒数 30.7~31.8 粒；白粒，卵圆形，半角质，饱满度一般，黑胚率偏高，千粒重 40.3~43.8 g，容重 784g/L。接种抗病性鉴定：高感赤霉病，中感条锈病、叶锈病、白粉病和纹枯病。半冬性，越冬性好，抗倒春寒能力差；茎秆弹性好，抗倒性中等；中早熟，成熟期比对照新麦 18 早 1 d，比周麦 18 早 2 d，熟相一般。

/ 基因信息 / 春化基因：*Vrn-D1a*（春性）；硬度基因：*Pinb-D1*（硬）、*Pinb2-V2*（软）；开花基因：*TaELF3-D1-1*（早）、*PRR73A1*（晚）；穗粒数基因：*TEF-7A*（低）；籽粒颜色基因：*R-B1a*（白）；粒重相关基因：*TaGS-D1a*（高）、*TaGS2-A1b*（高）、*TaGS5-A1b*（高）、*TaTGW-7Ab*（低）、*TaCwi-4A-T*、*TaMoc-2433(Hap-L)*（低）、*GW2-6A*（高）；穗发芽基因：*TaSdr-A1a*（低）；过氧化物酶基因：*TaPod-A1*（低）；黄色素基因：*TaPds-B1b*（低）；谷蛋白亚基基因：*Glu-A1*（N）、*Glu-B3d*；籽粒蛋白积累基因：*NAM-6A1c*；抗叶锈病基因：*Lr14a*。

/ 品质表现 / 2008 年、2009 年分别测定混合样：籽粒硬度指数分别为 67.0、67.7，蛋白质含量为 13.94%、13.93%；湿面筋含量为 31.1%、30.8%，沉降值为 27.8 mL、33.2 mL，吸水率为 60.6 mL/100g、61.0 mL/100g，稳定时间为 1.9 min、2.4 min，最大抗延阻力为 168 EU、274 EU，延伸性为 153 mm、166 mm，拉伸面积为 38 cm^2、66 cm^2。

/ 产量表现 / 2007—2008 年参加黄淮冬麦区南片冬水组品种区域试验，平均亩产 559.0 kg，比对照新麦 18 增产 2.5%；2008—2009 年续试，平均亩产 524.0 kg，比对照新麦 18 增产 4.4%；2009—2010 年参加生产试验，平均亩产 493.9 kg，比对照周麦 18 增产 3.1%。

/ 生产应用 / 适合在黄淮冬麦区南片的河南（南阳、信阳除外）、安徽北部、江苏北部、陕西关中地区中高肥水地块早中茬种植。在江苏北部、安徽北部和河南东部倒春寒频发地区种植，应采取调整播期等措施，预防倒春寒。

10cm

cm

cm

山农 20

省库编号：LM12512　国库编号：ZM027160

/ 品种来源 / 山东农业大学育成，亲本组合为 PH82-2-2/954072。2010 年、2011 年分别通过国家农作物品种审定委员会审定，审定编号：国审麦 2010006、国审麦 2011012。

/ 特征特性 / 幼苗匍匐，分蘖力较强，成穗率中等，亩穗数 43.2 万 ~45.8 万穗；株高约 85cm，株型较紧凑，旗叶短小、上冲、深绿色，穗层整齐。穗纺锤形，长芒，白壳，穗粒数 31.8~32.9 粒；白粒，卵圆形，半角质，较饱满，千粒重 40.2~43.1 g。接种抗病性鉴定：高感赤霉病，中感条锈病和纹枯病，慢叶锈病，白粉病免疫。半冬性，冬季抗寒性好，抗倒春寒能力较差；茎秆弹性一般，抗倒性一般；中晚熟，成熟期比对照品种新麦 18 晚熟 1 d，与周麦 18 相当，熟相较好。

/ 基因信息 / 硬度基因：*Pinb-D1*（硬）、*Pinb2-V2*（硬）；开花基因：*TaELF3-D1-1*（晚）、*PRR73A1*（早）；穗粒数基因：*TEF-7A*（低）；籽粒颜色基因：*R-B1a*（白）；粒重相关基因：*TaGS2-A1a*（低）、*TaGS5-A1a*（低）、*TaTGW-7Aa*（高）、*TaCwi-4A-C*、*TaMoc-2433(Hap-L)*（低）、*GW2-6A*（低）；穗发芽基因：*TaSdr-A1a*（低）；多酚氧化酶基因：*Ppo-A1b*（低）、*Ppo-D1b*（高）；黄色素基因：*TaPds-B1b*（低）；谷蛋白亚基基因：*Glu-A1*（N）、*Glu-B3d*；籽粒蛋白积累基因：*NAM-6A1c*。

/ 品质表现 / 2008 年、2009 年分别测定混合样：籽粒容重分别为 805g/L 和 786g/L，硬度指数为 66.0、66.8，蛋白质含量为 13.57%、13.80%，湿面筋含量为 31.4%、30.9%，沉降值为 29.6mL、31.4mL，吸水率为 61.5 mL/100g、62.5 mL/100g，稳定时间为 3.2 min、3.4 min，最大抗延阻力 204EU、282 EU，延伸性为 152 mm、146 mm，拉伸面积为 45 cm^2、58 cm^2。

/ 产量表现 / 2007—2009 年参加黄淮冬麦区南片冬水组品种区域试验，两年平均亩产分别为 564.9kg 和 542.3 kg，比对照新麦 18 分别增产 3.9% 和 8.9%。2009—2010 年参加黄淮冬麦区南片冬水组生产试验，平均亩产 505.1 kg，比对照周麦 18 增产 5.5%。

/ 生产应用 / 适合在黄淮冬麦区南片的河南（南阳、信阳除外）、安徽北部、江苏北部、陕西关中地区中高肥水地块早中茬种植。2011—2019 年山东省累计种植面积 4 703.5 万亩。其中，2016 年种植面积 1 132.3 万亩，为最大种植面积年份；2019 年种植面积 37.2 万亩。2014 年获山东省科技进步二等奖；2017 年获国家科技进步二等奖。

10cm

cm

cm

山农 22

省库编号：LM12293 国库编号：ZM026026

/ 品种来源 / 山东农业大学从创建的 Ta1(Ms2) 小麦轮选群体中选择可育株，经多代系统选育而成。2010 年通过国家农作物品种审定委员会审定，审定编号：国审麦 2010006；2011 年通过山东省农作物品种审定委员会审定，审定编号：鲁农审 2011030 号。

/ 特征特性 / 幼苗半直立，叶色深绿，分蘖力较强，分蘖成穗率 43.4%，亩穗数 41.6 万穗；株高 77.1 cm，株型松散，茎叶蜡质重。穗长方形，长芒，白壳，穗粒数 39.0 粒；白粒，卵圆形，角质，籽粒饱满，千粒重 39.3 g，容重 792.7 g/L。2011 年中国农业科学院植物保护研究所接种抗病鉴定结果：中抗纹枯病，中感条锈病，高感叶锈病和白粉病。偏冬性；抗倒性中等；生育期与济麦 22 相当，熟相好。

/ 基因信息 / 硬度基因：*Pinb-D1*（硬）、*Pinb2-V2*（硬）；开花基因：*PRR73A1*（早）；穗粒数基因：*TEF-7A*（低）；籽粒颜色基因：*R-B1a*（白）；粒重相关基因：*TaGS-D1a*（高）、*TaGS2-A1b*（高）、*TaGS5-A1a*（低）、*TaTGW-7Aa*（高）、*TaCwi-4A-C*、*TaMoc-2433(Hap-L)*（低）、*GW2-6A*（高）；穗发芽基因：*TaSdr-A1a*（低）；多酚氧化酶基因：*Ppo-A1b*（低）；过氧化物酶基因：*TaPod-A1*（低）；黄色素基因：*TaPds-B1a*（高）；谷蛋白亚基基因：*Glu-A1*（1）、*Glu-D1*（5+10）；籽粒蛋白积累基因：*NAM-6A1c*；抗叶锈病基因：*Lr14a*。

/ 品质表现 / 2008—2010 年区域试验统一取样测试：籽粒蛋白质含量 13.0%，湿面筋含量 32.9%，沉降值 34.1 mL，吸水率 64.8 mL/100g，稳定时间 4.2 min，面粉白度 75.1。

/ 产量表现 / 2008—2010 年参加山东省小麦品种高肥组区域试验，两年平均亩产分别为 575.97 kg 和 534.45 kg，2019 年比对照济麦 19 增产 10.57%，2010 年比对照济麦 22 增产 4.99%；2010—2011 年参加山东省小麦高肥组生产试验，平均亩产 585.46 kg，比对照济麦 22 增产 4.28%。

/ 生产应用 / 适合山东省中高肥水地块种植。2013—2019 年山东省累计种植面积 489.25 万亩。其中，2015 年山东省种植面积 186.93 万亩，为最大种植面积年份；2019 年种植面积 12.8 万亩。

10cm

cm

cm

泰农 19

省库编号：LM12295　国库编号：ZM028706

/ 品种来源 / 泰安市泰山区瑞丰作物育种研究所以莱州 137 变异株为母本、济南 17 为父本杂交，经系统选育而成。2011 年通过山东省农作物品种审定委员会审定，审定编号：鲁农审 2011031 号。

/ 特征特性 / 幼苗半直立，叶色深绿，分蘖力强，分蘖成穗率 41.8%，亩穗数 47.6 万穗；株高 78.6 cm，株型较紧凑。穗纺锤形，长芒，白壳，穗粒数 35.0 粒；白粒，卵圆形，半角质，籽粒较饱满，千粒重 38.2 g，容重 795.3 g/L。2011 年中国农业科学院植物保护研究所接种抗病鉴定结果：中抗条锈病，中感纹枯病，高感叶锈病和白粉病。冬性，抗寒性较好；较抗倒伏；中熟，成熟期与济麦 19 相当，熟相较好。

/ 基因信息 / 硬度基因：*Pinb-D1*（硬）、*Pinb2-V2*（软）；开花基因：*TaELF3-D1-1*（晚）、*PRR73A1*（晚）；穗粒数基因：*TEF-7A*（高）；籽粒颜色基因：*R-B1a*（白）；粒重相关基因：*TaGS-D1a*（高）、*TaGS2-A1b*（高）、*TaGS5-A1a*（低）、*TaTGW-7Aa*（高）、*TaCwi-4A-C*、*TaMoc-2433(Hap-H)*（高）、*GW2-6A*（高）；木质素基因：*COMT-3Bb*（低）；穗发芽基因：*TaSdr-A1a*（低）；多酚氧化酶基因：*Ppo-A1b*（低）；过氧化物酶基因：*TaPod-A1*（高）；黄色素基因：*TaPds-B1b*（低）；谷蛋白亚基基因：*Glu-A1*（N）、*Glu-D1*（5+10）、*Glu-B3 d*；籽粒蛋白积累基因：*NAM-6A1c*；抗叶锈病基因：*Lr14a*、*Lr46*。

/ 品质表现 / 2007—2009 年区域试验统一取样测试：籽粒蛋白质含量 12.2%，湿面筋含量 31.0%，沉降值 35.1 mL，吸水率 62.1 mL/100g，稳定时间 5.6 min，面粉白度 77.9。

/ 产量表现 / 2007—2009 年参加山东省小麦品种高肥组区域试验，两年平均亩产 568.09 kg，比对照济麦 19 增产 8.40%；2010—2011 年参加山东省小麦高肥组生产试验，平均亩产 578.96 kg，比对照济麦 22 增产 3.12%。

/ 生产应用 / 适合山东省高肥水地块种植。2015—2019 年山东省累计种植面积 12 万亩。其中，2016 年种植面积 5 万亩，为最大种植面积年份；2019 年种植面积 0.8 万亩。

10cm

cm

cm

烟农 999

省库编号：LM12297　国库编号：ZM028398

/ 品种来源 / 原系号：烟 99102。山东省烟台市农业科学研究院以（烟航选 2 号 / 临 9511）F_1 为母本、烟 BLU14-15 为父本杂交，经系统选育而成。2011 年通过山东省农作物品种审定委员会审定，审定编号：鲁农审 2011032 号；2016 年通过国家农作物品种审定委员会审定，审定编号：国审麦 2016012；2018 年通过山西省引种认定，引种编号：（晋）引种〔2018〕3 号。

/ 特征特性 / 幼苗半直立，分蘖力一般，分蘖成穗率 48.7%，亩穗数 38.2 万穗；株高 79.1 cm，叶片上冲，株型较紧凑。穗纺锤形，长芒，白壳，穗粒数 38.1 粒；白粒，卵圆形，半角质，籽粒饱满，千粒重 43.6 g，容重 788.0 g/L。2011 年中国农业科学院植物保护研究所接种抗病鉴定结果：中抗叶锈病，中感纹枯病，高感条锈病和白粉病。半冬性；较抗倒伏；中晚熟，成熟期与济麦 22 相当，熟相较好。

/ 基因信息 / 硬度基因：*Pinb-D1*（软）；开花基因：*TaELF3-D1-1*（晚）、*PRR73A1*（晚）；籽粒颜色基因：*R-B1a*（白）；粒重相关基因：*TaGS-D1a*（高）、*TaGS2-A1a*（低）、*TaGS5-A1a*（低）、*TaTGW-7Aa*（高）、*TaMoc-2433(Hap-L)*（低）、穗发芽基因：*TaSdr-A1b*（高）；多酚氧化酶基因：*Ppo-A1b*（低）、*Ppo-D1b*（高）；黄色素基因：*TaPds-B1a*（高）；谷蛋白亚基基因：*Glu-A1*（1）、*Glu-D1*（5+10）、*Glu-B3 d*；籽粒蛋白积累基因：*NAM-6A1c*；抗叶锈病基因：*Lr14a*、*Lr46*、*Lr68*。

/ 品质表现 / 2008—2010 年区域试验统一取样测试：籽粒蛋白质含量 12.8%，湿面筋含量 32.5%，沉降值 35.7 mL，吸水率 58.7 mL/100g，稳定时间 5.0 min，面粉白度 78.8。2012—2013 年国家冬小麦区域试验统一取样经农业部谷物品质监督检验测试中心测试：籽粒容重 803g/L，湿面筋含量 32.7%，沉降值 39.7mL，籽粒蛋白质含量 15.63%，吸水率 54.8mL/100g，稳定时间 8.8min，最大抗延阻力 472 EU，拉伸面积 100cm^2，延伸性 157mm。

/ 产量表现 / 2008—2010 年参加山东省小麦品种高肥组区域试验，两年平均亩产分别为 558.78 kg 和 546.29 kg，2009 年比对照济麦 19 增产 5.81%，2010 年比对照济麦 22 增产 7.32%；2010—2011 年参加山东省小麦高肥组生产试验，平均亩产 577.42 kg，比对照济麦 22 增产 2.85%。2012—2013 年参加黄淮冬麦区南片冬水组品种区域试验，平均亩产 476.8 kg，比对照周麦 18 增产 2.5%；2013—2014 年续试，平均亩产 581.1 kg，比对照周麦 18 增产 3.6%。2014—2015 年生产试验，平均亩产 552.3 kg，比对照周麦 18 增产 4.6%。2014 年农业部组织的专家验收实打亩产 817.0 kg，创农业部专家实打验收全国冬小麦单产最高纪录。

/ 生产应用 / 适合山东省高肥水地块种植，也适合黄淮冬麦区南片的河南驻马店及以北地区、安徽淮北地区、江苏淮北地区、陕西关中地区中高肥水地块早中茬种植。2012—2019 年山东省累计种植面积 420.8 万亩，2019 年山东省种植面积达到 259.5 万亩。

10cm

cm

cm

汶农 17

省库编号：LM12296　国库编号：ZM028620

/ 品种来源 / 泰安市汶农种业有限责任公司以潍麦 8 号为母本、邯 3475 为父本杂交，经系统选育而成。2011 年通过山东省农作物品种审定委员会审定，审定编号：鲁农审 2011033 号。

/ 特征特性 / 幼苗半直立，分蘖力强，分蘖成穗率 35.3%，亩穗数 41.7 万穗；株高 81.0 cm，株型较紧凑。穗纺锤形，长芒，白壳，穗粒数 36.4 粒；白粒，椭圆形，角质，较饱满，千粒重 39.5 g，容重 788.3 g/L。2011 年中国农业科学院植物保护研究所接种抗病鉴定结果：中感条锈病、叶锈病和纹枯病，高感白粉病；偏冬性；抗倒性中等；中晚熟，比济麦 22 晚熟 1 d，熟相较好。

/ 基因信息 / 硬度基因：*Pinb-D1*（硬）、*Pinb2-V2*（硬）；开花基因：*PRR73A1*（早）；穗粒数基因：*TEF-7A*（低）；籽粒颜色基因：*R-B1a*（白）；粒重相关基因：*TaGS-D1a*（高）、*TaGS2-A1a*（低）、*TaGS5-A1a*（低）、*TaTGW-7Aa*（高）、*TaCwi-4A-T*、*TaMoc-2433(Hap-L)*（低）、*GW2-6A*（高）；穗发芽基因：*TaSdr-A1b*（高）；多酚氧化酶基因：*Ppo-A1b*（低）、*Ppo-D1b*（高）；过氧化物酶基因：*TaPod-A1*（低）；黄色素基因：*TaPds-B1a*（高）；谷蛋白亚基基因：*Glu-A1*（1）；籽粒蛋白积累基因：*NAM-6A1c*；抗叶锈病基因：*Lr14a*。

/ 品质表现 / 2008—2010 年区域试验统一取样测试：籽粒蛋白质含量 13.0%，湿面筋含量 35.8%，沉降值 32.5 mL，吸水率 62.2 mL/100g，稳定时间 2.6 min，面粉白度 72.7。

/ 产量表现 / 2008—2010 年参加山东省小麦品种高肥组区域试验，两年平均亩产分别为 566.72 kg 和 529.20 kg，2009 年比对照品种济麦 19 增产 4.13%，2010 年比对照品种济麦 22 增产 4.22%；2010—2011 年参加山东省小麦高肥组生产试验，平均亩产 575.60 kg，比对照品种济麦 22 增产 2.52%。

/ 生产应用 / 适合山东省中高肥水地块种植。

10cm

cm

cm

山农 23

省库编号：LM12294　国库编号：ZM028390

/ 品种来源 / 山东农业大学从创建的 Ta1(Ms2) 小麦轮选群体中选择可育株，后经多代系统选育而成。2011 年通过山东省农作物品种审定委员会审定，审定编号：鲁农审 2011034 号。

/ 特征特性 / 幼苗半直立，叶色深绿，分蘖力稍差，分蘖成穗率 35.8%，亩穗数 29.5 万穗；株高 78.6 cm，株型半紧凑，茎叶蜡质。穗长方形，长芒，白壳，穗粒数 46.6 粒；白粒，卵圆形，角质，籽粒饱满，千粒重 44.4 g，容重 780.1 g/L。2011 年中国农业科学院植物保护研究所接种抗病鉴定结果：中抗条锈病，中感叶锈病、白粉病和纹枯病。半冬性，抗寒性较好；较抗倒伏；中熟，成熟期与潍麦 8 号相当，熟相较好。

/ 基因信息 / 硬度基因：*Pinb-D1*（硬）、*Pinb2-V2*（硬）；开花基因：*PRR73A1*（早）；穗粒数基因：*TEF-7A*（低）；籽粒颜色基因：*R-B1a*（白）；粒重相关基因：*TaGS-D1a*（高）、*TaGS2-A1b*（高）、*TaGS5-A1a*（低）、*TaTGW-7Aa*（高）、*TaMoc-2433(Hap-L)*（低）、*GW2-6A*（高）；穗发芽基因：*TaSdr-A1a*（低）；多酚氧化酶基因：*Ppo-A1b*（低）、*Ppo-D1a*（低）；过氧化物酶基因：*TaPod-A1*（低）；黄色素基因：*TaPds-B1a*（高）；谷蛋白亚基基因：*Glu-A1*（1）；籽粒蛋白积累基因：*NAM-6A1c*；抗叶锈病基因：*Lr14a*。

/ 品质表现 / 2006—2008 年区域试验统一取样测试：籽粒蛋白质含量 13.3%，湿面筋含量 31.9%，沉降值 29.5 mL，吸水率 62.9 mL/100g，稳定时间 6.3 min，面粉白度 76.3。

/ 产量表现 / 2006—2008 年参加山东省小麦品种高肥组区域试验，两年平均亩产 551.56 kg，比对照潍麦 8 号增产 5.18%；2010—2011 年参加山东省小麦高肥组生产试验，平均亩产 582.03 kg，比对照济麦 22 增产 3.67%。

/ 生产应用 / 适合山东省高肥水地块种植。2013—2019 年山东省累计种植面积 143.23 万亩。其中，2017 年种植面积 46.3 万亩，为最大种植面积年份；2019 年种植面积 9.5 万亩。

10cm

cm

cm

菏麦 17

省库编号：LM12268　国库编号：ZM026020

/ 品种来源 / 菏泽市农业科学院与山东省菏泽市科源种业有限公司合作，以 95-12 为母本、烟 886059 为父本杂交，经系统选育而成。2011 年通过山东省农作物品种审定委员会审定，审定编号：鲁农审 2011035 号。

/ 特征特性 / 幼苗半直立，叶片深绿色，分蘖力较强，分蘖成穗率 38.4%，亩穗数 35.0 万穗；株高 71.5 cm，株型较紧凑。穗近长方形，长芒，白壳，穗粒数 35.1 粒；白粒，椭圆形，角质，籽粒饱满，千粒重 42.0 g，容重 795.9 g/L。2011 年中国农业科学院植物保护研究所接种抗病鉴定结果：高抗条锈病和叶锈病，中感纹枯病，高感白粉病。偏冬性；较抗倒伏；抗旱性中等；中熟，生育期与鲁麦 21 相当，熟相较好。

/ 基因信息 / 硬度基因：*Pinb-D1*（硬）、*Pinb2-V2*（硬）；开花基因：*TaELF3-D1-1*（晚）、*PRR73A1*（晚）；穗粒数基因：*TEF-7A*（高）；籽粒颜色基因：*R-B1b*（红）；粒重相关基因：*TaGS2-A1b*（高）、*TaGS5-A1b*（高）、*TaTGW-7Aa*（高）、*TaCwi-4A-C*、*TaMoc-2433(Hap-L)*（低）、*GW2-6A*（低）；木质素基因：*COMT-3Ba*（高）；穗发芽基因：*TaSdr-A1b*（高）；多酚氧化酶基因：*Ppo-A1a*（高）、*Ppo-D1b*（高）；过氧化物酶基因：*TaPod-A1*（高）；黄色素基因：*TaPds-B1b*（低）；谷蛋白亚基基因：*Glu-A1*（1）；籽粒蛋白积累基因：*NAM-6A1a*。

/ 品质表现 / 2008—2010 年区域试验统一取样测试：籽粒蛋白质含量 12.1%，湿面筋含量 33.5%，沉降值 32.2 mL，吸水率 62.4 mL/100g，稳定时间 3.4 min，面粉白度 75.1。

/ 产量表现 / 2008—2010 年参加山东省小麦品种旱肥地组区域试验，两年平均亩产 447.13 kg，比对照鲁麦 21 增产 6.03%；2010—2011 年参加山东省小麦旱肥地组生产试验，平均亩产 402.34 kg，比对照鲁麦 21 增产 5.16%。

/ 生产应用 / 适合山东省旱肥地块种植。2013—2019 年山东省累计种植面积 23.6 万亩。其中，2013 年种植面积 8.0 万亩，为最大种植面积年份；2019 年山东省种植面积 2.0 万亩。2017 年获菏泽市科技进步一等奖。

10cm

cm

cm

鲁原 502

省库编号：LM12301　国库编号：ZM028717

/ 品种来源 / 山东省农业科学院原子能农业应用研究所与中国农业科学院作物科学研究所合作，以 9940168 为母本、济麦 19 为父本杂交，经系统选育而成。2012 年通过山东省农作物品种审定委员会审定，审定编号：鲁农审 2012048 号。

/ 特征特性 / 幼苗半直立，分蘖力强，分蘖成穗率 35.9%，亩穗数 40.6 万穗；株高 76.0 cm，株型稍松散。穗长方形，长芒，白壳，穗粒数 38.6 粒；白粒，椭圆形，角质，较饱满，千粒重 43.8 g，容重 769.8 g/L。2012 年中国农业科学院植物保护研究所接种抗病鉴定结果：慢条锈病，中抗纹枯病，高感叶锈病、白粉病。偏冬性，抗寒性中等；较抗倒伏；中熟，全生育期 243 d，比济麦 22 早熟 1 d，熟相较好。

/ 基因信息 / 1B/1R。硬度基因：*Pinb-D1*（硬）；开花基因：*TaELF3-D1-1*（晚）、*PRR73A1*（早）；籽粒颜色基因：*R-B1a*（白）；粒重相关基因：*TaGS-D1a*（高）、*TaGS2-A1a*（低）、*TaGS5-A1a*（低）、*TaTGW-7Aa*（高）、*TaMoc-2433(Hap-L)*（低）；穗发芽基因：*TaSdr-A1a*（低）；多酚氧化酶基因：*Ppo-A1b*（低）、*Ppo-D1b*（高）；黄色素基因：*TaPds-B1b*（低）；谷蛋白亚基基因：*Glu-A1*（N）、*Glu-D1*（2+12）、*Glu-B3 d*；籽粒蛋白积累基因：*NAM-6A1c*；抗叶锈病基因：*Lr46*。

/ 品质表现 / 2010—2011 年区域试验统一取样测试：籽粒蛋白质含量 13.1%，湿面筋含量 36.2%，沉降值 28.0 mL，吸水率 66.0 mL/100g，稳定时间 2.6 min，面粉白度 74.6。

/ 产量表现 / 2009—2011 年参加山东省小麦品种高肥组区域试验，两年平均亩产 575.34 kg，比对照济麦 22 增产 4.99%；2011—2012 年参加山东省小麦高肥组生产试验，平均亩产 554.85 kg，比对照济麦 22 增产 2.68%。

/ 生产应用 / 适合山东省高肥水地块种植。2012—2019 年山东省累计种植面积 7 004.74 万亩。其中，2018 年山东省种植面积 1 524.00 万亩，为最大种植面积年份；2019 年山东省种植面积 439.99 万亩。2018 年获山东省科技进步一等奖，2019 年获国家科技进步二等奖。

10cm

cm

cm

菏麦 18

省库编号：LM12300 国库编号：ZM026027

/ 品种来源 / 山东省菏泽市科源种业有限公司以 896063 为母本、济宁 13 为父本杂交，经系统选育而成。2012 年通过山东省农作物品种审定委员会审定，审定编号：鲁农审 2012049 号。

/ 特征特性 / 幼苗半直立，分蘖力较强，分蘖成穗率 37.8%，亩穗数 35.6 万穗；株高 73.5 cm，株型半紧凑。穗长方形，长芒，白壳，穗粒数 39.1 粒；白粒，近卵圆形，角质，较饱满，千粒重 46.5 g，容重 785.0 g/L。2012 年中国农业科学院植物保护研究所接种抗病鉴定结果：中感白粉病，中抗纹枯病，高感叶锈病。半冬性，抗寒性较差；较抗倒伏；中晚熟，全生育期 243 d，成熟期与济麦 22 相当，熟相中等。

/ 基因信息 / 1B/1R。硬度基因：*Pinb-D1*（硬）、*Pinb2-V2*（软）；开花基因：*TaELF3-D1-1*（晚）、*PRR73A1*（早）；穗粒数基因：*TEF-7A*（低）；籽粒颜色基因：*R-B1b*（红）；粒重相关基因：*TaGS-D1a*（高）、*TaGS2-A1b*（高）、*TaGS5-A1b*（高）、*TaTGW-7Aa*（高）、*TaCwi-4A-C*、*TaMoc-2433(Hap-L)*（低）、*GW2-6A*（低）；穗发芽基因：*TaSdr-A1b*（高）；多酚氧化酶基因：*Ppo-A1a*（高）；过氧化物酶基因：*TaPod-A1*（低）；黄色素基因：*TaPds-B1a*（高）；籽粒蛋白积累基因：*NAM-6A1a*；抗叶锈病基因：*Lr14a*；抗叶斑病基因：*Cu81c*。

/ 品质表现 / 2010 年、2011 年区域试验统一取样测试结果平均：籽粒蛋白质含量 13.4%，湿面筋含量 32.9%，沉降值 24.8 mL，吸水率 62.8 mL/100g，稳定时间 1.8 min，面粉白度 74.8。

/ 产量表现 / 2009—2011 年参加山东省小麦品种高肥组区域试验，两年平均亩产 574.83 kg，比对照济麦 22 增产 5.26%；2011—2012 年参加山东省南片高肥组生产试验，平均亩产 546.02 kg，比对照济麦 22 增产 5.01%。

/ 生产应用 / 适合菏泽、临沂和枣庄三市高肥水地块种植。2013—2019 年山东省累计种植面积 50.9 万亩。其中，2013 年种植面积 15.0 万亩，为最大种植面积年份；2019 年种植面积 3.2 万亩。

10cm

cm

cm

泰山 27

省库编号：LM12302　国库编号：ZM028614

/ 品种来源 / 别名：泰山 4173。泰安市农业科学研究院以泰山 651 为母本、藏选 1 号为父本杂交，经系统选育而成。2012 年通过山东省农作物品种审定委员会审定，审定编号：鲁农审 2012050 号。

/ 特征特性 / 幼苗匍匐，分蘖力强，亩穗数 34.2 万穗，分蘖成穗率 33.8%；株高 80.2 cm，株型紧凑。穗长方形，长芒，白壳，穗粒数 39.8 粒；白粒，卵圆形，角质，籽粒饱满，千粒重 41.5 g，容重 801.7 g/L。2012 年中国农业科学院植物保护研究所接种抗病鉴定结果：慢条锈病，高抗白粉病，中抗纹枯病，高感叶锈病。偏冬性，抗寒性较差；较抗倒伏；中晚熟，全生育期 242 d，比济麦 22 晚熟 1 d，熟相较好。

/ 基因信息 / 硬度基因：*Pinb-D1*（硬）、*Pinb2-V2*（软）；开花基因：*TaELF3-D1-1*（晚）；穗粒数基因：*TEF-7A*（高）；籽粒颜色基因：*R-B1a*（白）；粒重相关基因：*TaGS-D1a*（高）、*TaGS2-A1a*（低）、*TaGS5-A1b*（高）、*TaTGW-7Ab*（低）、*TaCwi-4A-C*、*TaMoc-2433(Hap-L)*（低）、*GW2-6A*（高）；穗发芽基因：*TaSdr-A1a*（低）；过氧化物酶基因：*TaPod-A1*（低）；谷蛋白亚基基因：*Glu-A1*（1）、*Glu-B3 d*；籽粒蛋白积累基因：*NAM-6A1c*；抗叶锈病基因：*Lr14a*、*Lr46*。

/ 品质表现 / 2009 年、2010 年区域试验统一取样测试结果平均：籽粒蛋白质含量 14.1%，湿面筋含量 35.2%，沉降值 54.8 mL，吸水率 63.4 mL/100g，稳定时间 8.0 min，面粉白度 77.3。

/ 产量表现 / 2008—2010 年参加山东省小麦品种高肥组区域试验，两年平均亩产 542.83 kg 和 524.10 kg，2019 年比对照济麦 19 减产 0.55%，2010 年比对照济麦 22 增产 3.22%；2011—2012 年参加山东省南片高肥组生产试验，平均亩产 539.05 kg，比对照品种济麦 22 增产 3.67%。

/ 生产应用 / 适合菏泽、临沂和枣庄三市的高肥水地块作为强筋品种种植。2016 年获泰安市科技进步一等奖。

10cm

cm

cm

垦星1号

省库编号：LM12299　国库编号：ZM027339

/ 品种来源 / 原国营苍山农垦实业总公司（现兰陵农垦实业总公司）以CN01-3为母本、烟农19为父本杂交，经系统选育而成。2012年通过山东省农作物品种审定委员会审定，审定编号：鲁农审2012051号。

/ 特征特性 / 幼苗半直立，分蘖力稍差，分蘖成穗率41.9%，亩穗数34.0万穗；株高67.2 cm，株型半紧凑。穗长方形，长芒，白壳，穗粒数37.4粒；白粒，长椭圆形，角质，籽粒较饱满，千粒重39.1 g，容重786.9 g/L。2011年中国农业科学院植物保护研究所接种抗病鉴定结果：慢条锈病，中抗纹枯病，高感叶锈病、白粉病。半冬性，抗寒性中等；较抗倒伏；抗旱性中等；中熟，全生育期237 d，成熟期与对照品种鲁麦21相当，熟相好。

/ 基因信息 / 1B/1R。硬度基因：*Pinb-D1*（硬）、*Pinb2-V2*（软）；开花基因：*TaELF3-D1-1*（晚）、*PRR73A1*（早）；穗粒数基因：*TEF-7A*（高）；籽粒颜色基因：*R-B1b*（红）；粒重相关基因：*TaGS-D1a*（高）、*TaGS2-A1b*（高）、*TaGS5-A1b*（高）、*TaTGW-7Aa*（高）、*TaCwi-4A-T*、*TaMoc-2433(Hap-L)*（低）、GW2-6A（高）；穗发芽基因：*TaSdr-A1b*（高）；过氧化物酶基因：*TaPod-A1*（低）；黄色素基因：*TaPds-B1a*（高）；谷蛋白亚基基因：*Glu-A1*（1）；籽粒蛋白积累基因：*NAM-6A1a*；抗叶锈病基因：*Lr14a*、*Lr68*。

/ 品质表现 / 2010年、2011年区域试验统一取样测试结果平均：籽粒蛋白质含量13.2%，湿面筋含量35.3%，沉降值28.6 mL，吸水率60.6 mL/100g，稳定时间2.6 min，面粉白度75.3。

/ 产量表现 / 2009—2011年参加山东省小麦品种旱地组区域试验，两年平均亩产420.99 kg，比对照鲁麦21增产5.51%；2010—2011年参加山东省小麦旱地组生产试验，平均亩产487.73 kg，比对照鲁麦21增产6.53%。

/ 生产应用 / 适合山东省旱肥地块种植。2013—2019年山东省累计种植面积108.45万亩。其中，2016年种植面积22.4万亩，为最大种植面积年份；2019年种植面积10.1万亩。

10cm

cm

cm

鑫麦 296

省库编号：LM12304 国库编号：ZM028621

/ 品种来源 / 山东鑫丰种业有限公司以 935031 为母本、鲁麦 23 为父本杂交，经系统选育而成。2013 年通过山东省农作物品种审定委员会审定，审定编号：鲁农审 2013046 号。

/ 特征特性 / 幼苗半直立，叶色深绿，分蘖力较强，分蘖成穗率 40.6%，亩穗数 42.0 万穗；株高 76.0 cm，株型半紧凑。穗长方形，长芒，白壳，穗粒数 38.8 粒；白粒，卵圆形，角质，较饱满，千粒重 40.2 g，容重 795.3 g/L。2013 年中国农业科学院植物保护研究所接种抗病鉴定结果：中抗条锈病和白粉病，高感叶锈病、纹枯病和赤霉病。半冬性，越冬抗寒性中等；较抗倒伏；中晚熟，全生育期与济麦 22 相当，熟相好。

/ 基因信息 / 硬度基因：*Pinb-D1*（硬）、*Pinb2-V2*（软）；开花基因：*TaELF3-D1-1*（晚）、*PRR73A1*（早）；穗粒数基因：*TEF-7A*（高）；籽粒颜色基因：*R-B1a*（白）；粒重相关基因：*TaGS2-A1b*（高）、*TaGS5-A1a*（低）、*TaTGW-7Aa*（高）、*TaCwi-4A-C*、*TaMoc-2433(Hap-L)*（低）、*GW2-6A*（低）；穗发芽基因：*TaSdr-A1a*（低）；过氧化物酶基因：*TaPod-A1*（高）；黄色素基因：*TaPds-B1a*（高）；谷蛋白亚基基因：*Glu-A1*（N）、*Glu-B3 d*；籽粒蛋白积累基因：*NAM-6A1c*。

/ 品质表现 / 两年区域试验统一取样测试结果平均：籽粒蛋白质含量 14.6%，湿面筋含量 35.7%，沉降值 34.3 mL，吸水率 65.5 mL/100g，稳定时间 2.9 min，面粉白度 74.7。

/ 产量表现 / 2010—2012 年参加山东省小麦品种高肥组区域试验，两年平均亩产 587.25 kg，比对照品种济麦 22 增产 5.52%；2012—2013 年参加山东省小麦高肥组生产试验，平均亩产 544.99 kg，比对照品种济麦 22 增产 5.18%。

/ 生产应用 / 适合山东省高肥水地块种植。2014—2019 年山东省累计种植面积 432.55 万亩。其中，2017 年种植面积 121.6 万亩，为最大种植面积年份；2019 年种植面积 28.9 万亩。

10cm

cm

cm

山农 24

省库编号：LM12521　国库编号：ZM030754

/ 品种来源 / 山东农业大学与山东银兴种业股份有限公司合作，从创建的 Ta1(Ms2) 小麦轮选群体中选择可育株，经多代选择育成。2013 年通过山东省农作物品种审定委员会审定，审定编号：鲁农审 2013047 号。

/ 特征特性 / 幼苗半直立，叶色深绿，分蘖力强，分蘖成穗率 42.4%，亩穗数 43.8 万穗，穗层不齐；株高 75.4 cm，株型稍松散。穗纺锤形，长芒，白壳，穗粒数 38.9 粒；白粒，卵圆形，角质，籽粒较饱满，千粒重 41.3 g，容重 788.4 g/L。2013 年中国农业科学院植物保护研究所接种抗病鉴定结果：中抗条锈病，中感白粉病和赤霉病，高感叶锈病和纹枯病。偏冬性，越冬抗寒性好；抗倒性中等；中晚熟，全生育期与济麦 22 相当，熟相好。

/ 基因信息 / 硬度基因：*Pinb-D1*（硬）；开花基因：*TaELF3-D1-1*（晚）、*PRR73A1*（早）；籽粒颜色基因：*R-B1a*（白）；粒重相关基因：*TaGS-D1a*（高）、*TaGS2-A1b*（高）、*TaGS5-A1a*（低）、*TaTGW-7Aa*（高）、*TaMoc-2433(Hap-L)*（低）；木质素基因：*COMT-3Bb*（低）；穗发芽基因：*TaSdr-A1b*（高）；多酚氧化酶基因：*Ppo-A1b*（低）；黄色素基因：*TaPds-B1a*（高）；谷蛋白亚基基因：*Glu-A1*（1）、*Glu-D1*（5+10）；籽粒蛋白积累基因：*NAM-6A1c*；抗叶锈病基因：*Lr14a*、*Lr46*。

/ 品质表现 / 两年区域试验统一取样测试结果平均：籽粒蛋白质含量 13.1%，湿面筋含量 34.6%，沉降值 36.4 mL，吸水率 66.0 mL/100g，稳定时间 4.9 min，面粉白度 76.6。

/ 产量表现 / 2009—2011 年参加山东省小麦品种高肥组区域试验，两年平均亩产 581.08 kg，比对照品种济麦 22 增产 5.80%；2012—2013 年参加山东省小麦高肥组生产试验，平均亩产 537.41 kg，比对照品种济麦 22 增产 3.72%。

/ 生产应用 / 适合山东省高肥水地块种植。2014—2019 年山东省累计种植面积 146.67 万亩。其中，2016 年种植面积 40.3 万亩，为最大种植面积年份；2019 年种植面积 35.5 万亩。

10cm

cm

cm

泰山 28

省库编号：LM12522　国库编号：ZM028615

/ 品种来源 / 泰安市农业科学研究院以 3262 为母本、皖麦 38 为父本杂交，经系统选育而成。2013 年通过山东省农作物品种审定委员会审定，审定编号：鲁农审 2013048 号。

/ 特征特性 / 幼苗半直立，叶色浓绿，分蘖力强，分蘖成穗率 36.3%，亩穗数 42.7 万穗；株高 73.3 cm，株型稍松散。穗纺锤形，长芒，白壳，小穗排列较密，穗粒数 37.0 粒；白粒，卵圆形，角质，较饱满，千粒重 42.7 g，容重 811.6 g/L。2013 年中国农业科学院植物保护研究所接种抗病鉴定结果：条锈病近免疫，慢叶锈病，中感白粉病、纹枯病和赤霉病。冬性，越冬抗寒性好，遇倒春寒危害顶部小穗不育；抗倒性中等；中晚熟，全生育期与济麦 22 相当，熟相中等。

/ 基因信息 / 1B/1R。硬度基因：*Pinb-D1*（硬）、*Pinb2-V2*（软）；开花基因：*TaELF3-D1-1*（晚）、*PRR73A1*（早）；穗粒数基因：*TEF-7A*（低）；籽粒颜色基因：*R-B1a*（白）；粒重相关基因：*TaGS-D1a*（高）、*TaGS2-A1b*（高）、*TaGS5-A1a*（低）、*TaTGW-7Aa*（高）、*TaCwi-4A-C*、*TaMoc-2433(Hap-L)*（低）、*GW2-6A*（高）；穗发芽基因：*TaSdr-A1b*（高）；过氧化物酶基因：*TaPod-A1*（低）；黄色素基因：*TaPds-B1a*（高）；谷蛋白亚基基因：*Glu-A1*（N）、*Glu-B3 d*；籽粒蛋白积累基因：*NAM-6A1c*；抗叶锈病基因：*Lr14a*。

/ 品质表现 / 两年区域试验统一取样测试结果平均：籽粒蛋白质含量 13.3%，湿面筋含量 33.5%，沉降值 21.6 mL，吸水率 64.7 mL/100g，稳定时间 1.5 min，面粉白度 73.4。

/ 产量表现 / 2010—2012 年参加山东省小麦品种高肥组区域试验，两年平均亩产 576.24 kg，比对照品种济麦 22 增产 4.00%；2012—2013 年参加山东省小麦高肥组生产试验，平均亩产 538.77 kg，比对照品种济麦 22 增产 3.98%。

/ 生产应用 / 适合山东省高肥水地块种植。2015—2019 年山东省累计种植面积 13.5 万亩。其中，2017 年种植面积 6.5 万亩，为最大种植面积年份；2019 年种植面积 2.6 万亩。

10cm

cm

cm

阳光 10

省库编号：LM12523　国库编号：ZM030755

/ 品种来源 / 郯城县种子公司以泰山 21 为母本、1922 为父本杂交，经系统选育而成。2013 年通过山东省农作物品种审定委员会审定，审定编号：鲁农审 2013049 号。

/ 特征特性 / 幼苗半直立，分蘖力中等，分蘖成穗率 41.8%，亩穗数 37.8 万穗；株高 70.8 cm，株型半紧凑。穗长方形，长芒，白壳，穗粒数 36.1 粒；白粒，椭圆形，较饱满，角质，千粒重 39.3 g，容重 782.6 g/L。2013 年中国农业科学院植物保护研究所接种抗病鉴定结果：中感条锈病、白粉病、纹枯病和赤霉病，高感叶锈病。冬性，越冬抗寒性中等；抗旱性较好；抗倒性中等；中熟，比对照品种鲁麦 21 早熟 1 d，熟相好。

/ 基因信息 / 硬度基因：*Pinb-D1*（硬）、*Pinb2-V2*（硬）；开花基因：*PRR73A1*（早）；穗粒数基因：*TEF-7A*（低）；籽粒颜色基因：*R-B1a*（白）；粒重相关基因：*TaGS-D1a*（高）、*TaGS2-A1b*（高）、*TaGS5-A1a*（低）、*TaTGW-7Aa*（高）、*TaCwi-4A-C*、*TaMoc-2433(Hap-L)*（低）、*GW2-6A*（高）；木质素基因：*COMT-3Bb*（低）；穗发芽基因：*TaSdr-A1a*（低）；多酚氧化酶基因：*Ppo-A1b*（低）；过氧化物酶基因：*TaPod-A1*（低）；黄色素基因：*TaPds-B1a*（高）；谷蛋白亚基基因：*Glu-A1*（1）、*Glu-D1*（5+10）；籽粒蛋白积累基因：*NAM-6A1c*；抗叶锈病基因：*Lr14a*；抗黄花叶病毒病基因：*Sbmp 6061*。

/ 品质表现 / 2011—2013 年两年区域试验统一取样测试结果平均：籽粒蛋白质含量 14.7%，湿面筋含量 32.9%，沉降值 39.2 mL，吸水率 64.6 mL/100g，稳定时间 12.0 min，面粉白度 76.6。

/ 产量表现 / 2010—2012 年参加山东省小麦品种旱地组区域试验，两年平均亩产 466.86 kg，比对照品种鲁麦 21 增产 4.77%；2012—2013 年参加山东省小麦旱地组生产试验，平均亩产 440.39 kg，比对照品种鲁麦 21 增产 8.67%。

/ 生产应用 / 适合山东省旱肥地种植。2014—2019 年山东省累计种植面积 47.3 万亩。其中，2016 年种植面积 11.9 万亩，为最大种植面积年份；2019 年种植面积 6.6 万亩。

10cm

cm

cm

山农 28

省库编号：LM131519　国库编号：ZM028633

/ 品种来源 / 山东农业大学与淄博禾丰种子有限公司合作，以济麦 22 为母本、6125 为父本杂交，经系统选育而成。2014 年通过山东省农作物品种审定委员会审定，审定编号：鲁农审 2014036 号；2017 年通过国家农作物品种审定委员会审定，审定编号：国审麦 20170018。

/ 特征特性 / 幼苗半直立，叶色浓绿，分蘖力较强，分蘖成穗率 46.9%，亩穗数 46.3 万穗；株高 75.1 cm，株型半紧凑，叶片窄短上挺。穗纺锤形，长芒，白壳，穗粒数 32.7 粒；白粒，卵圆形，角质，较饱满，千粒重 43.9 g，容重 794.8 g/L。2014 年中国农业科学院植物保护研究所接种抗病鉴定结果：高抗白粉病，中感赤霉病、纹枯病和条锈病，高感叶锈病。半冬性，越冬抗寒性中等；较抗倒伏；中晚熟，生育期比济麦 22 早熟近 1 d，熟相好。

/ 基因信息 / 硬度基因：*Pinb-D1*（硬）、*Pinb2-V2*（软）；开花基因：*TaELF3-D1-1*（晚）、*PRR73A1*（早）；穗粒数基因：*TEF-7A*（高）；籽粒颜色基因：*R-B1a*（白）；粒重相关基因：*TaGS2-A1a*（低）、*TaGS5-A1a*（低）、*TaTGW-7Aa*（高）、*TaCwi-4A-C*、*TaMoc-2433(Hap-L)*（低）、*GW2-6A*（低）；穗发芽基因：*TaSdr-A1a*（低）；多酚氧化酶基因：*Ppo-A1b*（低）、*Ppo-D1b*（高）；过氧化物酶基因：*TaPod-A1*（低）；黄色素基因：*TaPds-B1a*（高）；谷蛋白亚基基因：*Glu-A1*（N）、*Glu-B3 d*；籽粒蛋白积累基因：*NAM-6A1c*。

/ 品质表现 / 2011 年、2012 年区域试验统一取样测试结果平均：籽粒蛋白质含量 14.5%，湿面筋含量 36.6%，沉降值 33.3 mL，吸水率 59.9 mL/100g，稳定时间 3.1 min，面粉白度 74.1。

/ 产量表现 / 2011—2013 年参加山东省小麦品种高肥组区域试验，两年平均亩产 577.95 kg，比对照品种济麦 22 增产 6.07%；2013—2014 年参加山东省小麦高肥组生产试验，平均亩产 618.46 kg，比对照品种济麦 22 增产 6.45%。

/ 生产应用 / 适合山东省高肥水地块种植。2015—2019 年山东省累计种植面积 2 741.29 万亩。其中，2018 年种植面积 849.29 万亩，为最大种植面积年份。

10cm

cm

cm

齐麦2号

省库编号：LM131567　国库编号：ZM030756

/ 品种来源 /　济南永丰种业有限公司以潍麦8号为母本、05-38为父本杂交，经系统选育而成。2014年通过山东省农作物品种审定委员会审定，审定编号：鲁农审2014037号。

/ 特征特性 /　幼苗半直立，叶色浓绿，分蘖力较高，分蘖成穗率39.7%，亩穗数39.9万穗，穗层稍不整齐；株高78.6 cm，株型稍松散。穗长方形，长芒，白壳，穗粒数37.1粒；白粒，近卵圆形，角质，较饱满，千粒重42.1 g，容重798.2 g/L。2014年中国农业科学院植物保护研究所接种抗病鉴定结果：中感白粉病和赤霉病，高感条锈病、叶锈病和纹枯病。冬性，越冬抗寒性较好；抗倒性一般；中晚熟，比济麦22晚熟近1 d，熟相好。

/ 基因信息 /　硬度基因：*Pinb-D1*（硬）、*Pinb2-V2*（硬）；开花基因：*PRR73A1*（早）；穗粒数基因：*TEF-7A*（低）；籽粒颜色基因：*R-B1a*（白）；粒重相关基因：*TaGS-D1a*（高）、*TaGS2-A1b*（高）、*TaGS5-A1a*（低）、*TaTGW-7Aa*（高）、*TaCwi-4A-C*、*TaMoc-2433(Hap-L)*（低）、*GW2-6A*（高）；多酚氧化酶基因：*Ppo-A1b*（低）；黄色素基因：*TaPds-B1a*（高）；谷蛋白亚基基因：*Glu-A1*（1）；籽粒蛋白积累基因：*NAM-6A1c*。

/ 品质表现 /　2011年、2012年区域试验统一取样测试结果平均：籽粒蛋白质含量14.4%，湿面筋含量33.4%，沉降值32.6 mL，吸水率61.3 mL/100g，稳定时间3.6 min，面粉白度75.2。

/ 产量表现 /　2011—2013年参加山东省小麦品种高肥组区域试验，两年平均亩产577.28 kg，比对照品种济麦22增产6.59%；2013—2014年参加山东省小麦高肥组生产试验，平均亩产612.22 kg，比对照品种济麦22增产5.38%。

/ 生产应用 /　适合山东省高肥水地块种植。2016—2019年山东省累计种植面积24.3万亩。其中，2019年种植面积7.2万亩，为最大种植面积年份。

10cm

cm

cm

儒麦1号

省库编号：LM12309　国库编号：ZM026031

/ 品种来源 / 济宁市农业科学研究院以济宁 16 为母本、临麦 2 号为父本杂交，经系统选育而成。2014 年通过山东省农作物品种审定委员会审定，审定编号：鲁农审 2014038 号。

/ 特征特性 / 幼苗半直立，叶色绿，分蘖力较强，分蘖成穗率 36.4%，亩穗数 34.0 万穗；株高 80.3 cm，株型紧凑，叶片上举。穗长方形，长芒，白壳，穗粒数 40.9 粒；白粒，椭圆形，半角质，籽粒饱满，千粒重 41.5 g，容重 789.4 g/L。2014 年中国农业科学院植物保护研究所接种抗病鉴定结果：中抗条锈病，中感叶锈病、白粉病、赤霉病和纹枯病。冬性，越冬抗寒性较好；抗倒性好；中晚熟，比济麦 22 早熟近 1 d，熟相好。

/ 基因信息 / 硬度基因：*Pinb-D1*（软）；开花基因：*TaELF3-D1-1*（晚）、*PRR73A1*（早）；籽粒颜色基因：*R-B1b*（红）；粒重相关基因：*TaGS-D1a*（高）、*TaGS2-A1b*（高）、*TaGS5-A1b*（高）、*TaTGW-7Aa*（高）、*TaMoc-2433(Hap-L)*（低）；穗发芽基因：*TaSdr-A1b*（高）；多酚氧化酶基因：*Ppo-A1a*（高）；黄色素基因：*TaPds-B1a*（高）；谷蛋白亚基基因：*Glu-A1*（1）、*Glu-D1*(2+12)；籽粒蛋白积累基因：*NAM-6A1a*；抗叶锈病基因：*Lr46*。

/ 品质表现 / 2011 年、2012 年区域试验统一取样测试结果平均：籽粒蛋白质含量 14.5%，湿面筋含量 35.9%，沉降值 28.7 mL，吸水率 59.1 mL/100g，稳定时间 1.8 min，面粉白度 76.4。

/ 产量表现 / 2011—2013 年参加山东省小麦品种高肥组区域试验，两年平均亩产 558.89 kg，比对照品种济麦 22 增产 3.50%；2013—2014 年参加山东省小麦高肥组生产试验，平均亩产 607.30 kg，比对照品种济麦 22 增产 4.53%。

/ 生产应用 / 适合山东省高肥水地块种植。2015—2019 年山东省累计种植面积 48.5 万亩。其中，2015 年种植面积 26.8 万亩，为最大种植面积年份；2019 年少有种植。

10cm

cm

cm

山农 27

省库编号：LM12307 国库编号：ZM028634

/ 品种来源 / 山东农业大学与淄博禾丰种子有限公司合作，以 6125 为母本、济麦 22 为父本杂交，经系统选育而成。2014 年通过山东省农作物品种审定委员会审定，审定编号：鲁农审 2014039 号。

/ 特征特性 / 幼苗半直立，叶色浓绿，分蘖力中等，分蘖成穗率 44.5%，亩穗数 39.8 万穗；株高 72.0 cm，株型紧凑。穗长方形，长芒，白壳，穗粒数 31.3 粒；白粒，椭圆形，角质，籽粒饱满，千粒重 41.2 g，容重 770.1 g/L。2014 年中国农业科学院植物保护研究所接种抗病鉴定结果：白粉病免疫，中感叶锈病、赤霉病和纹枯病，高感条锈病。半冬性，越冬抗寒性好；抗旱性强；较抗倒伏；中熟，全生育期与鲁麦 21 相当，熟相较好。

/ 基因信息 / 硬度基因：*Pinb-D1*（硬）；开花基因：*TaELF3-D1-1*（晚）、*PRR73A1*（早）；籽粒颜色基因：*R-B1a*（白）；粒重相关基因：*TaGS2-A1a*（低）、*TaGS5-A1a*（低）、*TaTGW-7Aa*（高）、*TaMoc-2433(Hap-L)*（低）；穗发芽基因：*TaSdr-A1a*（低）；多酚氧化酶基因：*Ppo-A1b*（低）、*Ppo-D1b*（高）；黄色素基因：*TaPds-B1a*（高）；谷蛋白亚基基因：*Glu-A1*（N）、*Glu-D1*(2+12)、*Glu-B3 d*；籽粒蛋白积累基因：*NAM-6A1c*；抗叶锈病基因：*Lr46*。

/ 品质表现 / 2011 年、2012 年两年区域试验统一取样测试结果平均：籽粒蛋白质含量 14.2%，湿面筋含量 35.9%，沉降值 32.2 mL，吸水率 62.3 mL/100g，稳定时间 2.7 min，面粉白度 74.2。

/ 产量表现 / 2011—2013 年参加山东省小麦品种旱地组区域试验，两年平均亩产 480.29 kg，比对照品种鲁麦 21 增产 6.42%；2013—2014 年参加山东省小麦旱地组生产试验，平均亩产 459.06 kg，比对照品种鲁麦 21 增产 6.87%。

/ 生产应用 / 适合山东省旱肥地种植。2015—2019 年山东省累计种植面积 80.83 万亩。其中，2017 年种植面积 32.8 万亩，为最大种植面积年份；2019 年种植面积 16.39 万亩。

10cm

cm

cm

山农 25

省库编号：LM12306 国库编号：ZM026028

/ 品种来源 / 山东农业大学以 J1697 为母本、烟农 19 为父本杂交，经系统选育而成。2014 年通过山东省农作物品种审定委员会审定，审定编号：鲁农审 2014040 号；2018 年通过国家农作物品种审定委员会审定，审定编号：国审麦 20180060。

/ 特征特性 / 幼苗半直立，叶色浓绿，分蘖力中等，分蘖成穗率 40.2%，亩穗数 39.9 万穗；株高 69.7 cm，株型半紧凑。穗长方形，长芒，白壳，穗粒数 34.9 粒；白粒，椭圆形，角质，籽粒饱满，千粒重 37.9 g，容重 769.6 g/L。2014 年中国农业科学院植物保护研究所接种抗病鉴定结果：中抗条锈病，中感白粉病和赤霉病，高感叶锈病和纹枯病。冬性，越冬抗寒性较好；抗旱性强；较抗倒伏；中熟，生育期比鲁麦 21 晚熟 1 d，熟相好。

/ 基因信息 / 硬度基因：*Pinb-D1*（硬）；开花基因：*PRR73A1*（早）；籽粒颜色基因：*R-B1a*（白）；粒重相关基因：*TaGS-D1a*（高）、*TaGS2-A1a*（低）、*TaGS5-A1a*（低）、*TaTGW-7Aa*（高）、*TaMoc-2433(Hap-L)*（低）；穗发芽基因：*TaSdr-A1a*（低）；多酚氧化酶基因：*Ppo-A1b*（低）；黄色素基因：*TaPds-B1a*（高）；谷蛋白亚基基因：*Glu-A1*（1）、*Glu-D1*（5+10）；籽粒蛋白积累基因：*NAM-6A1c*；抗叶锈病基因：*Lr14a*、*Lr46*；抗黄花叶病毒病基因：*Sbmp 6061*。

/ 品质表现 / 2011 年、2012 年区域试验统一取样测试结果平均：籽粒蛋白质含量 14.0%，湿面筋含量 30.2%，沉降值 40.2 mL，吸水率 58.5 mL/100g，稳定时间 11.0 min，面粉白度 76.6。

/ 产量表现 / 2011—2013 年参加山东省小麦品种旱地组区域试验，两年平均亩产 475.71 kg，比对照品种鲁麦 21 增产 4.96%；2013—2014 年参加山东省小麦旱地组生产试验，平均亩产 455.06 kg，比对照品种鲁麦 21 增产 5.94%。

/ 生产应用 / 适合山东省旱肥地种植。2015—2019 年山东省累计种植面积 167.53 万亩。其中，2019 年种植面积 107.12 万亩，为最大种植面积年份。

10cm

cm

cm

山农 26

省库编号：LM12524　国库编号：ZM030757

/ 品种来源 / 山东农业大学育成，亲本组合为 9501 矮 2/N2。2014 年通过国家农作物品种审定委员会审定，审定编号：国审麦 2014013。

/ 特征特性 / 幼苗半直立，生长健壮，分蘖力稍差，分蘖成穗率一般，春季返青起身较晚，两极分化较快，亩穗数 34.2 万穗；株高 82 cm，株型紧凑，穗层整齐，叶片长，茎叶蜡质较厚。穗长方形，长芒，白壳，穗粒数 30.8 粒；白粒，卵圆形，角质，籽粒饱满，黑胚率较低，千粒重 39.0g，容重 800.0 g/L。抗病性鉴定：高感白粉病，中感黄矮病，慢条锈病、叶锈病。半冬性；抗旱性较弱；抗倒性一般；中熟，全生育期 241 d，与对照洛旱 7 号相当，熟相一般。

/ 基因信息 / 硬度基因：*Pinb-D1*（硬）、*Pinb2-V2*（硬）；开花基因：*TaELF3-D1-1*（晚）、*PRR73A1*（早）；穗粒数基因：*TEF-7A*（低）；籽粒颜色基因：*R-B1a*（白）；粒重相关基因：*TaGS2-A1a*（低）、*TaGS5-A1a*（低）、*TaTGW-7Aa*（高）、*TaCwi-4A-C*、*TaMoc-2433(Hap-L)*（低）、*GW2-6A*（高）；穗发芽基因：*TaSdr-A1a*（低）；多酚氧化酶基因：*Ppo-A1b*（低）、*Ppo-D1b*（高）；过氧化物酶基因：*TaPod-A1*（高）；黄色素基因：*TaPds-B1b*（低）；谷蛋白亚基基因：*Glu-A1*（N）、*Glu-D1*（5+10）；籽粒蛋白积累基因：*NAM-6A1c*。

/ 品质表现 / 品质混合样测定：籽粒蛋白质含量 15.6%，硬度指数 65.6，湿面筋含量 33.6%，沉降值 59.9 mL，吸水率 58.8 mL/100g，稳定时间 17.1 min，最大拉伸阻力 671 EU，延伸性 163mm，拉伸面积 136 cm^2。

/ 产量表现 / 2008—2009 年参加黄淮冬麦区旱肥组品种区域试验，平均亩产 334.8 kg，比对照洛旱 2 号减产 3.7%；2010—2011 年续试，平均亩产 317.3 kg，比洛旱 7 号减产 3.2%；2012—2013 年参加黄淮冬麦区旱地组生产试验，平均亩产 312.8 kg，比洛旱 7 号增产 8.3%。

/ 生产应用 / 适合黄淮冬麦区的山西南部冬麦区、陕西咸阳和渭南地区、河南西北部、河北中南部、山东旱肥地种植。2017—2019 年山东省种植面积分别为 9.8 万亩、1.9 万亩和 0.5 万亩。

10cm

cm

cm

山农 32

省库编号：LM12514　国库编号：ZM029190

/ 品种来源 / 山东农业大学与淄博禾丰种业农业科学研究院合作，以 6125 为母本、954(5)-4 为父本杂交，经系统选育而成。2016 年通过山东省农作物品种审定委员会审定，审定编号：鲁农审 2016001 号。

/ 特征特性 / 幼苗半直立，叶色浓绿，分蘖力强，分蘖成穗率 43.6%，亩穗数 46.8 万穗；株高 74.6 cm，株型半紧凑，叶片窄短上挺。穗纺锤形，长芒，白壳，穗粒数 33.1 粒；白粒，卵圆形，半角质，籽粒饱满，千粒重 45.0 g，容重 796.5 g/L。2015 年中国农业科学院植物保护研究所接种抗病鉴定结果：白粉病免疫，中感条锈病和纹枯病，高感叶锈病和赤霉病。半冬性，越冬抗寒性好；较抗倒伏；中晚熟，生育期与济麦 22 相当，熟相好。

/ 基因信息 / 硬度基因：*Pinb-D1*（硬）；开花基因：*TaELF3-D1-1*（晚）、*PRR73A1*（早）；籽粒颜色基因：*R-B1a*（白）；粒重相关基因：*TaGS2-A1a*（低）、*TaGS5-A1a*（低）、*TaTGW-7Aa*（高）、*TaMoc-2433(Hap-L)*（低）；多酚氧化酶基因：*Ppo-A1b*（低）、*Ppo-D1b*（高）；黄色素基因：*TaPds-B1a*（高）；谷蛋白亚基基因：*Glu-A1*（1）、*Glu-D1*(2+12)、*Glu-B3 d*；籽粒蛋白积累基因：*NAM-6A1c*；抗叶锈病基因：*Lr46*。

/ 品质表现 / 2013 年、2014 年区域试验统一取样测试结果平均：籽粒蛋白质含量 13.9%，湿面筋含量 35.9%，沉降值 33.1 mL，吸水率 59.1 mL/100g，稳定时间 3.9 min，面粉白度 74.9。

/ 产量表现 / 2012—2014 年参加山东省小麦品种高肥组区域试验，两年平均亩产 601.87 kg，比对照品种济麦 22 增产 5.61%；2014—2015 年参加山东省小麦高肥组生产试验，平均亩产 596.33 kg，比对照品种济麦 22 增产 7.41%。

/ 生产应用 / 适合山东省高肥水地块种植。2017—2019 年山东省种植面积分别为 5.0 万亩、4.1 万亩和 7.8 万亩。

10cm

cm

cm

山农 29

省库编号：LM12310 国库编号：ZM028635

/ 品种来源 / 山东农业大学以临麦 6 号为母本、J1781 为父本杂交，经系统选育而成。2016 年分别通过国家和山东省农作物品种审定委员会审定，审定编号：国审麦 2016024、鲁农审 2016002 号。

/ 特征特性 / 幼苗半直立，叶色浓绿，分蘖力强，分蘖成穗率 42.2%，亩穗数 43.8 万穗；株高 77.6 cm，株型半紧凑，叶片短小，旗叶上冲。穗长方形，长芒，白壳，穗粒数 35.2 粒；白粒，卵圆形，半角质，籽粒饱满，千粒重 43.7 g，容重 780.0 g/L。2015 年中国农业科学院植物保护研究所接种抗病鉴定结果：高抗白粉病，中感叶锈病和纹枯病，高感条锈病和赤霉病。冬性，越冬抗寒性好；较抗倒伏；中晚熟，生育期与济麦 22 相当，熟相好。

/ 基因信息 / 硬度基因：*Pinb-D1*（硬）；开花基因：*TaELF3-D1-1*（晚）、*PRR73A1*（早）；籽粒颜色基因：*R-B1a*（白）；粒重相关基因：*TaGS2-A1a*（低）、*TaGS5-A1a*（低）、*TaTGW-7Aa*（高）、*TaMoc-2433(Hap-L)*（低）；多酚氧化酶基因：*Ppo-A1b*（低）、*Ppo-D1b*（高）；黄色素基因：*TaPds-B1b*（低）；谷蛋白亚基基因：*Glu-A1*（N）、*Glu-D1*（5+10）；籽粒蛋白积累基因：*NAM-6A1c*；抗叶锈病基因：*Lr46*。

/ 品质表现 / 2013 年、2014 年区域试验统一取样测试结果平均：籽粒蛋白质含量 13.7%，湿面筋含量 32.0%，沉降值 30.5 mL，吸水率 57.8 mL/100g，稳定时间 4.3 min，面粉白度 73.9。

/ 产量表现 / 2012—2014 年参加山东省小麦品种高肥组区域试验，两年平均亩产 595.85 kg，比对照品种济麦 22 增产 5.93%；2014—2015 年参加山东省小麦高肥组生产试验，平均亩产 591.73 kg，比对照品种济麦 22 增产 6.58%。2019 年全国农业技术推广服务中心组织专家在桓台县实打验收，亩产 835.2 kg，创全国冬小麦小面积单产最高纪录。

/ 生产应用 / 适合山东省高肥水地块种植。2015—2019 年山东省累计种植面积 1 683.17 万亩，其中 2019 年种植面积 662.4 万亩。

10cm

cm

cm

菏麦 19

省库编号：LM12311　国库编号：ZM030528

/ 品种来源 / 山东省菏泽市科源种业有限公司以烟农 19 为母本、临汾 139 为父本杂交选育而成。2016 年通过山东省农作物品种审定委员会审定，审定编号：鲁农审 2016003 号。

/ 特征特性 / 幼苗半直立，叶色深绿，分蘖力较强，分蘖成穗率 42.6%，亩穗数 42.9 万穗；株高 78.3 cm，株型稍松散。穗长方形，长芒，白壳，穗粒数 35.2 粒；白粒，椭圆形，角质，较饱满，千粒重 44.7 g，容重 790.0 g/L。2015 年中国农业科学院植物保护研究所接种抗病鉴定结果：中抗白粉病，高感条锈病、叶锈病、赤霉病和纹枯病。冬性，越冬抗寒性好；抗倒伏性一般；中晚熟，生育期比济麦 22 晚熟近 1 d，熟相好。

/ 基因信息 / 1B/1R。硬度基因：*Pinb-D1*（硬）、*Pinb2-V2*（硬）；开花基因：*TaELF3-D1-1*（晚）、*PRR73A1*（早）；穗粒数基因：*TEF-7A*（低）；籽粒颜色基因：*R-B1b*（红）；粒重相关基因：*TaGS2-A1a*（低）、*TaTGW-7Aa*（高）、*TaCwi-4A-C*、*TaMoc-2433(Hap-L)*（低）、*GW2-6A*（高）；木质素基因：*COMT-3Ba*（高）；穗发芽基因：*TaSdr-A1b*（高）；过氧化物酶基因：*TaPod-A1*（高）；黄色素基因：*TaPds-B1b*（低）；谷蛋白亚基基因：*Glu-D1*（5+10）；籽粒蛋白积累基因：*NAM-6A1a*；抗叶锈病基因：*Lr14a*。

/ 品质表现 / 2013 年、2014 年区域试验统一取样测试结果平均：籽粒蛋白质含量 14.5%，湿面筋含量 33.1%，沉降值 32.8 mL，吸水率 59.6 mL/100g，稳定时间 4.0 min，面粉白度 75.8。

/ 产量表现 / 2012—2014 年参加山东省小麦品种高肥组区域试验，两年平均亩产 598.68 kg，比对照品种济麦 22 增产 5.93%；2014—2015 年参加山东省小麦高肥组生产试验，平均亩产 586.01 kg，比对照品种济麦 22 增产 5.55%。

/ 生产应用 / 适合山东省高肥水地块种植。2016—2019 年山东省累计种植面积 90.5 万亩，其中 2019 年种植面积 54.4 万亩。

10cm

cm

cm

山农 31

省库编号：LM12513　国库编号：ZM027181

/ 品种来源 / 山东农业大学与淄博禾丰种业农业科学研究院合作，以 6125 为母本、济麦 22 为父本杂交，经系统选育而成。2016 年通过山东省农作物品种审定委员会审定，审定编号：鲁农审 2016004 号。

/ 特征特性 / 幼苗半直立，叶色浓绿，分蘖力强，分蘖成穗率 41.0%，亩穗数 44.4 万穗；株高 80.9 cm，株型半紧凑，叶片宽短上挺。穗纺锤形，顶芒，白壳，穗粒数 33.9 粒；白粒，椭圆形，角质，较饱满，千粒重 43.5 g，容重 779.7 g/L。2015 年中国农业科学院植物保护研究所接种抗病鉴定结果：高抗白粉病，中感条锈病，高感叶锈病和赤霉病，中抗纹枯病。冬性，越冬抗寒性好；较抗倒伏；中晚熟，生育期与济麦 22 相当，熟相中等。

/ 基因信息 / 硬度基因：*Pinb-D1*（硬）、*Pinb2-V2*（软）；开花基因：*TaELF3-D1-1*（晚）、*PRR73A1*（早）；穗粒数基因：*TEF-7A*（高）；籽粒颜色基因：*R-B1a*（白）；粒重相关基因：*TaGS2-A1a*（低）、*TaGS5-A1a*（低）、*TaTGW-7Aa*（高）、*TaCwi-4A-C*、*TaMoc-2433(Hap-L)*（低）、*GW2-6A*（低）；穗发芽基因：*TaSdr-A1b*（高）；多酚氧化酶基因：*Ppo-A1b*（低）、*Ppo-D1b*（高）；过氧化物酶基因：*TaPod-A1*（低）；黄色素基因：*TaPds-B1b*（低）；谷蛋白亚基基因：*Glu-A1*（N）、*Glu-B3 d*；籽粒蛋白积累基因：*NAM-6A1c*。

/ 品质表现 / 2013 年、2014 年区域试验统一取样测试结果平均：籽粒蛋白质含量 15.8%，湿面筋含量 41.4%，沉降值 36.0 mL，吸水率 60.3 mL/100g，稳定时间 3.8 min，面粉白度 74.5。

/ 产量表现 / 2012—2014 年参加山东省小麦品种高肥组区域试验，两年平均亩产 592.77 kg，比对照品种济麦 22 增产 5.42%；2014—2015 年参加山东省小麦高肥组生产试验，平均亩产 582.44 kg，比对照品种济麦 22 增产 4.91%。

/ 生产应用 / 适合山东省高肥水地块种植。2017—2019 年山东省种植面积分别为 0.5 万亩、6.9 万亩和 5.7 万亩。

10cm

cm

cm

烟农 173

省库编号：LM12312　国库编号：ZM028627

/ 品种来源 / 山东省烟台市农业科学研究院以济麦 22 为母本、烟 2415 为父本杂交，经系统选育而成。2016 年通过山东省农作物品种审定委员会审定，审定编号：鲁农审 2016005 号。

/ 特征特性 / 幼苗半直立，叶色浅绿，分蘖力较强，分蘖成穗率 42.6%，亩穗数 43.9 万穗；株高 82.7 cm，株型半紧凑，叶片上冲。穗纺锤形，长芒，白壳，穗粒数 37.5 粒；白粒，椭圆形，角质，较饱满，千粒重 40.6 g，容重 815.3 g/L。2015 年中国农业科学院植物保护研究所接种抗病鉴定结果：高抗叶锈病，中抗纹枯病，中感条锈病和白粉病，高感赤霉病。半冬性，越冬抗寒性好；抗倒伏能力较弱；中晚熟，生育期与济麦 22 相当，熟相好。

/ 基因信息 / 硬度基因：*Pinb-D1*（硬）、*Pinb2-V2*（硬）；开花基因：*TaELF3-D1-1*（晚）、*PRR73A1*（早）；穗粒数基因：*TEF-7A*（高）；籽粒颜色基因：*R-B1a*（白）；粒重相关基因：*TaGS-D1b*（低）、*TaGS2-A1a*（低）、*TaGS5-A1b*（高）、*TaTGW-7Aa*（高）、*TaCwi-4A-T*、*TaMoc-2433(Hap-L)*（低）、*GW2-6A*（低）；穗发芽基因：*TaSdr-A1b*（高）；多酚氧化酶基因：*Ppo-D1b*（高）；黄色素基因：*TaPds-B1b*（低）；谷蛋白亚基基因：*Glu-A1*（1）、*Glu-B3 d*；籽粒蛋白积累基因：*NAM-6A1c*。

/ 品质表现 / 2013 年、2014 年区域试验统一取样测试结果平均：籽粒蛋白质含量 14.4%，湿面筋含量 35.2%，沉降值 28.9 mL，吸水率 58.6 mL/100g，稳定时间 3.0 min，面粉白度 73.9。

/ 产量表现 / 2012—2014 年参加山东省小麦品种高肥组区域试验，两年平均亩产 600.09 kg，比对照品种济麦 22 增产 6.18%；2014—2015 年参加山东省小麦高肥组生产试验，平均亩产 581.29 kg，比对照品种济麦 22 增产 4.70%。

/ 生产应用 / 适合山东省中高肥水地块种植。2017—2019 年山东省种植面积分别为 3.4 万亩、3.5 万亩和 1.0 万亩。

10cm

cm

cm

泰农 33

省库编号：LM12313　国库编号：ZM026034

/ 品种来源 / 泰安登海五岳泰山种业有限公司以莱州 137 为母本、烟 886059 为父本，杂交选育而成。2016 年通过山东省农作物品种审定委员会审定，审定编号：鲁农审 2016006 号。

/ 特征特性 / 幼苗半直立，叶色中绿，分蘖力强，分蘖成穗率 41.4%，亩穗数 49.3 万穗；株高 78.4 cm，株型稍松散，叶片较上冲。穗纺锤形，长芒，白壳，穗粒数 34.1 粒；白粒，椭圆形，角质，较饱满，千粒重 40.6 g，容重 793.3 g/L。2015 年中国农业科学院植物保护研究所接种抗病鉴定结果：中感赤霉病和纹枯病，高感条锈病、叶锈病和白粉病。强冬性，越冬抗寒性好；抗倒伏能力较弱；中晚熟，生育期与济麦 22 相当，熟相好。

/ 基因信息 / 硬度基因：*Pinb-D1*（硬）、*Pinb2-V2*（硬）；开花基因：*TaELF3-D1-1*（晚）、*PRR73A1*（早）；籽粒颜色基因：*R-B1a*（白）；粒重相关基因：*TaGS-D1a*（高）、*TaGS2-A1a*（低）、*TaGS5-A1a*（低）、*TaTGW-7Aa*（高）、*TaMoc-2433(Hap-L)*（低）、*GW2-6A*（高）；木质素基因：*COMT-3Bb*（低）；多酚氧化酶基因：*Ppo-A1b*（低）、*Ppo-D1a*（低）；过氧化物酶基因：*TaPod-A1*（低）；黄色素基因：*TaPds-B1a*（高）；谷蛋白亚基基因：*Glu-A1*（1）、*Glu-D1*（5+10）；籽粒蛋白积累基因：*NAM-6A1c*。

/ 品质表现 / 2013 年、2014 年区域试验统一取样测试结果平均：籽粒蛋白质含量 13.7%，湿面筋含量 31.2%，沉降值 34.9 mL，吸水率 56.5 mL/100g，稳定时间 5.6 min，面粉白度 76.0。

/ 产量表现 / 2012—2014 年参加山东省小麦品种高肥组区域试验，两年平均亩产 601.27 kg，比对照品种济麦 22 增产 5.51%；2014—2015 年参加山东省小麦高肥组生产试验，平均亩产 583.44 kg，比对照品种济麦 22 增产 5.09%。

/ 生产应用 / 适合山东省中高肥水地块种植。2017—2019 年山东省种植面积分别为 0.3 万亩、8.29 万亩和 5.0 万亩。

10cm

cm

cm

济麦 229

省库编号：LM12314　国库编号：ZM026036

/ 品种来源 / 山东省农业科学院作物研究所以藁城 9411 为母本、200040919 为父本，杂交选育而成。2016 年通过山东省农作物品种审定委员会审定，审定编号：鲁农审 2016007 号。

/ 特征特性 / 幼苗半直立，分蘖力强，分蘖成穗率 40.9%，亩穗数 44.5 万穗；株高 82.0 cm，株型半紧凑，旗叶上举。穗纺锤形，长芒，白壳，穗粒数 38.6 粒；白粒，长椭圆形，角质，较饱满，千粒重 36.7 g，容重 798.7 g/L。2015 年中国农业科学院植物保护研究所接种抗病鉴定结果：中感纹枯病，高感条锈病、叶锈病、白粉病和赤霉病。半冬性，越冬抗寒性好；抗倒伏能力较弱；生育期比济麦 22 早熟 1 d，熟相中等。

/ 基因信息 / 硬度基因：*Pinb-D1*（硬）；开花基因：*TaELF3-D1-1*（晚）、*PRR73A1*（早）；籽粒颜色基因：*R-B1a*（白）；粒重相关基因：*TaGS2-A1a*（低）、*TaGS5-A1a*（低）、*TaTGW-7Aa*（高）、*TaMoc-2433(Hap-L)*（低）；穗发芽基因：*TaSdr-A1a*（低）；多酚氧化酶基因：*Ppo-A1b*（低）、*Ppo-D1b*（高）；黄色素基因：*TaPds-B1b*（低）；谷蛋白亚基基因：*Glu-A1*（N）、*Glu-D1*（5+10）、*Glu-B3 d*；籽粒蛋白积累基因：*NAM-6A1c*；抗叶锈病基因：*Lr14a*。

/ 品质表现 / 2013 年、2014 年区域试验统一取样测试结果平均：籽粒蛋白质含量 15.1%，湿面筋含量 31.9%，沉降值 42.4 mL，吸水率 57.2 mL/100g，稳定时间 19.5 min，面粉白度 72.7。

/ 产量表现 / 2012—2014 年参加山东省小麦品种高肥组区域试验，两年平均亩产 563.21 kg，比对照品种济麦 22 减产 0.89%；2014—2015 年参加山东省小麦高肥组生产试验，平均亩产 560.43 kg，比对照品种济麦 22 增产 0.94%。

/ 生产应用 / 适合山东省中高肥水地块种植。2017—2019 年山东省种植面积分别为 14.3 万亩、23.73 万亩和 10.3 万亩。

10cm

cm

cm

红地 95

省库编号：LM12315　国库编号：ZM030540

/ 品种来源 / 济宁红地种业有限责任公司以周麦 16 为母本、淮麦 18 为父本，杂交选育而成。2016 年通过山东省农作物品种审定委员会审定，审定编号：鲁农审 2016008 号。

/ 特征特性 / 幼苗半直立，叶色淡绿，分蘖力强，分蘖成穗率 39.5%，亩穗数 42.4 万穗；株高 77.0 cm，株型半紧凑，叶片上冲。穗纺锤形，长芒，白壳，穗粒数 35.5 粒；白粒，长椭圆形，粉质，较饱满，千粒重 41.4 g，容重 780.3 g/L。2015 年中国农业科学院植物保护研究所接种抗病鉴定结果：中抗纹枯病，中感条锈病和白粉病，高感叶锈病和赤霉病。冬性，越冬抗寒性好；较抗倒伏；中晚熟，生育期比济麦 22 晚熟近 1 d，熟相中等。

/ 基因信息 / 硬度基因：*Pinb-D1*（软）、*Pinb2-V2*（硬）；开花基因：*TaELF3-D1-1*（晚）、*PRR73A1*（早）；穗粒数基因：*TEF-7A*（高）；籽粒颜色基因：*R-B1b*（红）；粒重相关基因：*TaGS-D1a*（高）、*TaGS2-A1b*（高）、*TaGS5-A1b*（高）、*TaTGW-7Aa*（高）、*TaMoc-2433(Hap-L)*（低）、*GW2-6A*（低）；穗发芽基因：*TaSdr-A1b*（高）；多酚氧化酶基因：*Ppo-D1b*（高）；过氧化物酶基因：*TaPod-A1*（低）；黄色素基因：*TaPds-B1a*（高）；谷蛋白亚基基因：*Glu-A1*（1）；籽粒蛋白积累基因：*NAM-6A1a*。

/ 品质表现 / 2013 年、2014 年区域试验统一取样测试结果平均：籽粒蛋白质含量 15.6%，湿面筋含量 32.3%，沉降值 41.5 mL，吸水率 52.8 mL/100g，稳定时间 9.9 min，面粉白度 82.1。

/ 产量表现 / 2012—2014 年参加山东省小麦品种高肥组区域试验，两年平均亩产 570.50 kg，比对照品种济麦 22 增产 0.94%；2014—2015 年参加山东省小麦高肥组生产试验，平均亩产 569.39 kg，比对照品种济麦 22 增产 2.56%。

/ 生产应用 / 适合山东省高肥水地块种植。2017—2019 年山东省种植面积分别为 8.7 万亩、8.5 万亩和 13.8 万亩。

10cm

cm

cm

齐民 6 号

省库编号：LM12316　国库编号：ZM026037

/ 品种来源 / 淄博禾丰种业农业科学研究院与淄博市种子管理站合作，从小麦品系 SN055843 的变异株选育而成。2016 年通过山东省农作物品种审定委员会审定，审定编号：鲁农审 2016009 号。

/ 特征特性 / 幼苗半直立，叶色绿，分蘖力稍差，亩穗数 38.0 万穗，分蘖成穗率 43.0%；株高 69.7 cm，株型半紧凑，叶片较宽大。穗长方形，长芒，白壳，穗粒数 34.5 粒；白粒，卵圆形，半角质，籽粒饱满，千粒重 41.1 g，容重 774.9 g/L。2015 年中国农业科学院植物保护研究所接种抗病鉴定结果：慢条锈病，中抗白粉病，中感赤霉病和纹枯病，高感叶锈病。冬性，越冬抗寒性好；抗旱性较好；较抗倒伏；中熟，生育期比鲁麦 21 晚熟近 1 d，熟相好。

/ 基因信息 / 硬度基因：*Pinb-D1*（硬）、*Pinb2-V2*（硬）；开花基因：*TaELF3-D1-1*（晚）、*PRR73A1*（早）；穗粒数基因：*TEF-7A*（高）；籽粒颜色基因：*R-B1a*（白）；粒重相关基因：*TaGS-D1a*（高）、*TaGS2-A1b*（高）、*TaGS5-A1b*（高）、*TaTGW-7Aa*（高）、*TaCwi-4A-C*、*TaMoc-2433(Hap-L)*（低）、*GW2-6A*（低）；木质素基因：*COMT-3Bb*（低）；穗发芽基因：*TaSdr-A1a*（低）；过氧化物酶基因：*TaPod-A1*（低）；黄色素基因：*TaPds-B1a*（高）；谷蛋白亚基基因：*Glu-A1*（1）、*Glu-D1*（5+10）；籽粒蛋白积累基因：*NAM-6A1c*。

/ 品质表现 / 2013 年、2014 年区域试验统一取样测试结果平均：籽粒蛋白质含量 13.5%，湿面筋含量 31.4%，沉降值 39.1 mL，吸水率 59.9 mL/100g，稳定时间 10.8 min，面粉白度 74.4。

/ 产量表现 / 2012—2014 年参加山东省小麦品种旱地组区域试验，两年平均亩产 450.58 kg，比对照品种鲁麦 21 增产 5.46%；2014—2015 年参加山东省小麦旱地组生产试验，平均亩产 501.51 kg，比对照品种鲁麦 21 增产 6.74%。

/ 生产应用 / 适合山东省旱肥地块种植。2016—2019 年山东省累计种植面积 8.9 万亩。其中，2017 年种植面积 3.8 万亩，为最大种植面积年份；2019 年种植面积 2.6 万亩。

10cm

cm

cm

济麦 262

省库编号：LM12317　国库编号：ZM026723

/ 品种来源 / 山东省农业科学院作物研究所以临麦 2 号为母本、烟农 19 为父本，杂交选育而成。2016 年通过山东省农作物品种审定委员会审定，审定编号：鲁农审 2016010 号。

/ 特征特性 / 幼苗半直立，分蘖力稍弱，分蘖成穗率 43.8%，亩穗数 32.7 万穗；株高 67.2 cm，株型半紧凑，旗叶宽大、下披。穗长方形，长芒，白壳，穗粒数 37.5 粒；白粒，椭圆形，粉质，饱满，千粒重 44.7 g，容重 750.9 g/L。2015 年中国农业科学院植物保护研究所接种抗病鉴定结果：中抗条锈病，中感白粉病和纹枯病，高感叶锈病和赤霉病。冬性，越冬抗寒性好；抗旱性好；较抗倒伏；中熟，生育期比鲁麦 21 晚熟 1 d，熟相中等。

/ 基因信息 / 硬度基因：*Pinb-D1*（软）、*Pinb2-V2*（硬）；开花基因：*TaELF3-D1-1*（晚）、*PRR73A1*（早）；穗粒数基因：*TEF-7A*（低）；籽粒颜色基因：*R-B1a*（白）；粒重相关基因：*TaGS-D1a*（高）、*TaGS2-A1a*（低）、*TaGS5-A1b*（高）、*TaTGW-7Aa*（高）、*TaCwi-4A-C*、*TaMoc-2433(Hap-L)*（低）、*GW2-6A*（低）；木质素基因：*COMT-3Bb*（低）；穗发芽基因：*TaSdr-A1b*（高）；多酚氧化酶基因：*Ppo-D1a*（低）；黄色素基因：*TaPds-B1a*（高）；谷蛋白亚基基因：*Glu-A1*（1）、*Glu-B3 d*；籽粒蛋白积累基因：*NAM-6A1c*；抗叶锈病基因：*Lr14a*、*Lr46*。

/ 品质表现 / 2013 年、2014 年区域试验统一取样测试结果平均：籽粒蛋白质含量 15.0%，湿面筋含量 35.2%，沉降值 28.9 mL，吸水率 54.9 mL/100g，稳定时间 2.3 min，面粉白度 80.2。

/ 产量表现 / 2012—2014 年参加山东省小麦品种旱地组区域试验，两年平均亩产 454.35 kg，比对照品种鲁麦 21 增产 6.44%；2014—2015 年参加山东省小麦旱地组生产试验，平均亩产 492.97 kg，比对照品种鲁麦 21 增产 4.92%。

/ 生产应用 / 适合山东省旱肥地块种植。2017—2019 年山东省种植面积分别为 3.0 万亩、28.6 万亩和 40.2 万亩。

10cm

cm

cm

泰麦198

省库编号：LM12318　国库编号：ZM026773

/ 品种来源 / 泰安市泰山区久和作物研究所育成，亲本组合：良星619/2149。2016年通过山东省农作物品种审定委员会审定，审定编号：鲁审麦20160056。

/ 特征特性 / 幼苗半直立，叶色深绿，分蘖力中等，亩穗数43.5万穗，分蘖成穗率43.9%；株高73 cm，株型半紧凑，叶片上挺。穗长方形，长芒，白壳，穗粒数36.5粒；白粒，椭圆形，角质，籽粒饱满，千粒重43.6 g，容重786.8 g/L。2016年中国农业科学院植物保护研究所接种抗病鉴定结果：高抗叶锈病，中抗赤霉病，中感白粉病和纹枯病，高感条锈病。冬性，越冬抗寒性较好；较抗倒伏；中晚熟，生育期与对照济麦22相当，熟相好。

/ 基因信息 / 硬度基因：*Pinb-D1*（硬）、*Pinb2-V2*（硬）；开花基因：*TaELF3-D1-1*（晚）、*PRR73A1*（早）；穗粒数基因：*TEF-7A*（低）；籽粒颜色基因：*R-B1a*（白）；粒重相关基因：*TaGS-D1a*（高）、*TaGS2-A1a*（低）、*TaGS5-A1a*（低）、*TaTGW-7Aa*（高）、*TaMoc-2433(Hap-L)*（低）、*GW2-6A*（低）；穗发芽基因：*TaSdr-A1a*（低）；多酚氧化酶基因：*Ppo-A1b*（低）；过氧化物酶基因：*TaPod-A1*（高）；黄色素基因：*TaPds-B1a*（高）；谷蛋白亚基基因：*Glu-A1*（N）、*Glu-D1*（5+10）、*Glu-B3 d*；籽粒蛋白积累基因：*NAM-6A1c*。

/ 品质表现 / 2014年、2015年区域试验统一取样测试结果平均：籽粒蛋白质含量13.0%，湿面筋含量33.1%，沉降值30.2 mL，吸水量61.9 mL/100g，稳定时间4.4 min，面粉白度76.3。

/ 产量表现 / 2013—2015年参加山东省小麦品种高肥组区域试验，两年平均亩产599.9 kg，比对照品种济麦22增产5.4%；2015—2016年参加山东省小麦高肥组生产试验，平均亩产634.3 kg，比对照品种济麦22增产6.2%。

/ 生产应用 / 适合山东省高肥水地块种植。2017—2019年山东省种植面积分别为23.2万亩、49.4万亩和78.7万亩，3年累计种植面积151.3万亩。

10cm

cm

cm

菏麦 20

省库编号：LM12517　国库编号：ZM030751

/ 品种来源 / 原系号：菏 0666。山东科源种业有限公司育成，亲本组合：984121/ 周麦 18。2016 年通过山东省农作物品种审定委员会审定，审定编号：鲁审麦 20160057。

/ 特征特性 / 幼苗半直立，分蘖力中等，分蘖成穗率 41.0%，亩穗数 40.7 万穗；株高 74 cm，株型半紧凑，旗叶宽短上挺。穗长方形，长芒，白壳，穗粒数 38.3 粒；白粒，卵圆形，角质，籽粒饱满，千粒重 42.6 g，容重 787.4 g/L。2016 年中国农业科学院植物保护研究所接种抗病鉴定结果：中抗条锈病，中感叶锈病、白粉病、赤霉病和纹枯病。半冬性，越冬抗寒性较好；较抗倒伏；中晚熟，生育期与对照济麦 22 相当，熟相好。

/ 基因信息 / 硬度基因：*Pinb-D1*（硬）；开花基因：*PRR73A1*（早）；籽粒颜色基因：*R-B1a*（白）；粒重相关基因：*TaGS2-A1a*（低）、*TaGS5-A1a*（低）、*TaTGW-7Aa*（高）、*TaMoc-2433(Hap-L)*（低）；黄色素基因：*TaPds-B1a*（高）；谷蛋白亚基基因：*Glu-A1*（N）、*Glu-D1*(2+12)、*Glu-B3 d*；籽粒蛋白积累基因：*NAM-6A1c*；抗叶锈病基因：*Lr46*。

/ 品质表现 / 2014 年、2015 年区域试验统一取样测试结果平均：籽粒蛋白质含量 13.9%，湿面筋含量 37.9%，沉降值 29.8 mL，吸水量 62.7 mL/100g，稳定时间 3.7 min，面粉白度 75.9。

/ 产量表现 / 2013—2015 年参加山东省小麦品种高肥组区域试验，两年平均亩产 601.5 kg，比对照品种济麦 22 增产 5.3%；2015—2016 年参加山东省小麦高肥组生产试验，平均亩产 625.3 kg，比对照品种济麦 22 增产 4.6%。

/ 生产应用 / 适合山东省高肥水地块种植。2016—2019 年山东省累计种植面积 11.99 万亩，其中 2019 年种植面积 4.30 万亩。

10cm

cm

cm

登海 202

省库编号：LM12515　国库编号：ZM030749

/ 品种来源 / 原系号：DH51202。山东登海种业股份有限公司育成，亲本组合：烟农 24/ 淮麦 20。2016 年通过山东省农作物品种审定委员会审定，审定编号：鲁审麦 20160058。

/ 特征特性 / 幼苗半直立，叶色深绿，分蘖力中等，分蘖成穗率 41.7%，亩穗数 40.9 万穗；株高 83 cm，株型紧凑，旗叶宽大。穗纺锤形，顶芒，白壳，穗粒数 37.1 粒；白粒，卵圆形，角质，籽粒饱满，千粒重 45.1 g，容重 791.4 g/L。2016 年中国农业科学院植物保护研究所接种抗病鉴定结果：中感纹枯病，高感条锈病、叶锈病、白粉病和赤霉病。冬性，越冬抗寒性较好；较抗倒伏；中晚熟，生育期比对照济麦 22 晚熟 1 d，熟相好。

/ 基因信息 / 硬度基因：*Pinb-D1*（硬）；开花基因：*TaELF3-D1-1*（晚）、*PRR73A1*（早）；穗粒数基因：*TEF-7A*（高）；籽粒颜色基因：*R-B1a*（白）；粒重相关基因：*TaGS-D1a*（高）、*TaGS2-A1a*（低）、*TaGS5-A1b*（高）、*TaTGW-7Aa*（高）、*TaCwi-4A-C*、*TaMoc-2433(Hap-L)*（低）、*GW2-6A*（低）；木质素基因：*COMT-3Bb*（低）；穗发芽基因：*TaSdr-A1b*（高）；多酚氧化酶基因：*Ppo-A1b*（低）、*Ppo-D1b*（高）；过氧化物酶基因：*TaPod-A1*（低）；黄色素基因：*TaPds-B1a*（高）；谷蛋白亚基基因：*Glu-A1*（1）、*Glu-B3 d*；籽粒蛋白积累基因：*NAM-6A1c*。

/ 品质表现 / 2014 年、2015 年区域试验统一取样测试结果平均：籽粒蛋白质含量 12.8%，湿面筋含量 34.9%，沉降值 30.8 mL，吸水量 63.7 mL/100g，稳定时间 5.2 min，面粉白度 74.2。

/ 产量表现 / 2013—2015 年参加山东省小麦品种高肥组区域试验，两年平均亩产 598.7 kg，比对照品种济麦 22 增产 5.1%；2015—2016 年参加山东省小麦高肥组生产试验，平均亩产 626.8 kg，比对照品种济麦 22 增产 4.9%。

/ 生产应用 / 适合山东省高肥水地块种植。2017—2019 年山东省种植面积分别为 6.0 万亩、5.4 万亩和 4.6 万亩。

10cm

cm

cm

峰川 9 号

省库编号：LM12516 国库编号：ZM030750

/ 品种来源 / 原系号：FC009。菏泽市丰川农业科学技术研究所育成，亲本组合：烟农 19//935031/ 淄麦 12。2016 年通过山东省农作物品种审定委员会审定，审定编号：鲁审麦 20160059。

/ 特征特性 / 幼苗半直立，叶色深绿，分蘖力强，分蘖成穗率 42.0%，亩穗数 44.6 万穗；株高 79 cm，株型半紧凑，叶片上冲。穗长方形，长芒，白壳，穗粒数 36.3 粒；白粒，近卵圆形，角质，籽粒饱满，千粒重 44.8 g，容重 790.6 g/L。2016 年中国农业科学院植物保护研究所接种抗病鉴定结果：慢条锈病，中抗白粉病，中感纹枯病，高感叶锈病和赤霉病。半冬性，越冬抗寒性较好；较抗倒伏；中晚熟，生育期比对照品种济麦 22 晚熟 1 d，熟相好。

/ 基因信息 / 硬度基因：*Pinb-D1*（硬）、*Pinb2-V2*（硬）；开花基因：*TaELF3-D1-1*（晚）、*PRR73A1*（早）；穗粒数基因：*TEF-7A*（低）；籽粒颜色基因：*R-B1a*（白）；粒重相关基因：*TaGS2-A1a*（低）、*TaGS5-A1a*（低）、*TaTGW-7Aa*（高）、*TaCwi-4A-C*、*TaMoc-2433(Hap-L)*（低）、*GW2-6A*（低）；穗发芽基因：*TaSdr-A1b*（高）；多酚氧化酶基因：*Ppo-D1b*（高）；黄色素基因：*TaPds-B1a*（高）；谷蛋白亚基基因：*Glu-A1*（N）、*Glu-B3 d*；籽粒蛋白积累基因：*NAM-6A1c*；抗叶锈病基因：*Lr46*。

/ 品质表现 / 2014 年、2015 年区域试验统一取样测试结果平均：籽粒蛋白质含量 13.5%，湿面筋含量 36.5%，沉降值 31.1 mL，吸水量 64.4 mL/100g，稳定时间 4.3 min，面粉白度 74.9。

/ 产量表现 / 2013—2015 年参加山东省小麦品种高肥组区域试验，两年平均亩产 596.2 kg，比对照品种济麦 22 增产 4.7%；2015—2016 年参加山东省小麦高肥组生产试验，平均亩产 631.1 kg，比对照品种济麦 22 增产 5.6%。

/ 生产应用 / 适合山东省高肥水地块种植。2016—2019 年山东省累计种植面积 88.24 万亩，其中 2019 年山东省种植面积 32.16 万亩。

10cm

cm

cm

济麦 23

省库编号：LM12329 国库编号：ZM028496

/ 品种来源 / 山东省农业科学院作物研究所与中国农业科学院作物科学研究所、山东鲁研农业良种有限公司合作，以豫麦 34 为母本、济麦 22 为父本杂交，后与轮回亲本回交 2 次，利用分子标记辅助选择育成。2016 年通过山东省农作物品种审定委员会审定，审定编号：鲁审麦 20160060。2017 年、2018 年先后通过山西省和河北省引种备案。

/ 特征特性 / 幼苗半匍匐，分蘖力强，亩穗数 46.1 万穗，分蘖成穗率 44.2%；株高 83 cm，株型半紧凑，叶耳白色，旗叶微卷上举。穗长方形，长芒，白壳，穗粒数 33.0 粒；白粒，椭圆形，角质，籽粒饱满，千粒重 48.0 g，容重 813.4 g/L。2016 年中国农业科学院植物保护研究所接种抗病鉴定结果：高抗叶锈病，慢条锈病，中感白粉病和纹枯病，高感赤霉病。半冬性，越冬抗寒性较好；抗倒伏性一般；中晚熟，生育期与对照济麦 22 相当，熟相好。

/ 基因信息 / 硬度基因：*Pinb-D1*（硬）；开花基因：*TaELF3-D1-1*（晚）、*PRR73A1*（早）；籽粒颜色基因：*R-B1a*（白）；粒重相关基因：*TaGS2-A1a*（低）、*TaGS5-A1a*（低）、*TaTGW-7Aa*（高）、*TaMoc-2433(Hap-L)*（低）；穗发芽基因：*TaSdr-A1a*（低）；多酚氧化酶基因：*Ppo-A1b*（低）、*Ppo-D1b*（高）；黄色素基因：*TaPds-B1b*（低）；谷蛋白亚基基因：*Glu-A1*（N）、*Glu-D1*（5+10）、*Glu-B3 d*；籽粒蛋白积累基因：*NAM-6A1c*；抗叶锈病基因：*Lr46*。

/ 品质表现 / 2014 年、2015 年区域试验统一取样测试结果平均：籽粒蛋白质含量 14.4%，湿面筋含量 34.7%，沉降值 36.6 mL，吸水量 66.3 mL/100g，稳定时间 6.7 min，面粉白度 72.7。

/ 产量表现 / 2013—2015 年参加山东省小麦品种高肥组区域试验，两年平均亩产 608.7 kg，比对照品种济麦 22 增产 4.8%；2015—2016 年参加山东省小麦高肥组生产试验，平均亩产 617.7 kg，比对照品种济麦 22 增产 3.4%。

/ 生产应用 / 适合山东省中高肥水地块种植。2017—2019 年山东省种植面积分别为 12 万亩、36 万亩和 143 万亩。

10cm

cm

cm

红地 166

省库编号：LM12319　国库编号：ZM027099

/ 品种来源 / 济宁红地种业有限责任公司利用周麦 16 与烟农 21 杂交育成。2016 年通过山东省农作物品种审定委员会审定，审定编号：鲁审麦 20160061。

/ 特征特性 / 幼苗半匍匐，叶色深绿，分蘖力中等，分蘖成穗率 37.5%，亩穗数 34.7 万穗；株高 67 cm，株型半紧凑，叶片上挺。穗长方形，短芒，白壳，穗粒数 39.4 粒；白粒，椭圆形，角质，籽粒饱满，千粒重 43.0 g，容重 782.1 g/L。2016 年中国农业科学院植物保护研究所接种抗病鉴定结果：慢条锈病，中感叶锈病、白粉病和纹枯病，高感赤霉病。冬性，越冬抗寒性较好；抗旱性较强；较抗倒伏；中熟，生育期与对照鲁麦 21 相当，熟相好。

/ 基因信息 / 1B/1R。硬度基因：*Pinb-D1*（硬）、*Pinb2-V2*（软）；开花基因：*PRR73A1*（早）；穗粒数基因：*TEF-7A*（高）；籽粒颜色基因：*R-B1a*（白）；粒重相关基因：*TaGS-D1a*（高）、*TaGS2-A1a*（低）、*TaGS5-A1b*（高）、*TaTGW-7Aa*（高）、*TaCwi-4A-C*、*TaMoc-2433(Hap-L)*（低）、*GW2-6A*（低）；木质素基因：*COMT-3Bb*（低）；穗发芽基因：*TaSdr-A1a*（低）；过氧化物酶基因：*TaPod-A1*（低）；黄色素基因：*TaPds-B1a*（高）；谷蛋白亚基基因：*Glu-A1*（1）、*Glu-B3d*；粒蛋白积累基因：*NAM-6A1c*；抗叶锈病基因：*Lr14a*。

/ 品质表现 / 2014 年、2015 年区域试验统一取样测试结果平均：籽粒蛋白质含量 14.0%，湿面筋含量 36.7%，沉降值 37.0 mL，吸水量 67.5 mL/100g，稳定时间 8.5 min，面粉白度 75.7。

/ 产量表现 / 2013—2015 年参加山东省小麦品种旱地组区域试验，两年平均亩产 481.9 kg，比对照品种鲁麦 21 增产 6.9%；2015—2016 年参加山东省小麦旱地组生产试验，平均亩产 452.57 kg，比对照品种鲁麦 21 增产 5.1%。

/ 生产应用 / 适合山东省旱肥地块种植。

10cm

cm

cm

齐民7号

省库编号：LM12320　国库编号：ZM029105

/ 品种来源 / 淄博禾丰种业农业科学研究院利用矮抗58与SN5843杂交育成。2016年通过山东省农作物品种审定委员会审定，审定编号：鲁审麦20160062。

/ 特征特性 / 幼苗半直立，分蘖力中等，分蘖成穗率38.2%，亩穗数36.2万穗；株高75 cm，株型半紧凑，叶片较宽。穗长方形，长芒，白壳，穗粒数39.0粒；白粒，椭圆形，角质，籽粒饱满，千粒重39.9 g，容重785.4 g/L。2016年中国农业科学院植物保护研究所接种抗病鉴定结果：中抗条锈病、白粉病、赤霉病和纹枯病，高感叶锈病。半冬性，越冬抗寒性较好；抗旱性较强；较抗倒伏；中熟，生育期比对照品种鲁麦21晚熟1 d，熟相好。

/ 基因信息 / 硬度基因：*Pinb-D1*（硬）；开花基因：*TaELF3-D1-1*（晚）、*PRR73A1*（早）；穗粒数基因：*TEF-7A*（低）；籽粒颜色基因：*R-B1a*（白）；粒重相关基因：*TaGS-D1a*（高）、*TaGS2-A1a*（低）、*TaGS5-A1a*（低）、*TaTGW-7Aa*（高）、*TaCwi-4A-C*、*TaMoc-2433(Hap-L)*（低）、*GW2-6A*（低）；穗发芽基因：*TaSdr-A1a*（低）；多酚氧化酶基因：*Ppo-A1b*（低）；过氧化物酶基因：*TaPod-A1*（低）；黄色素基因：*TaPds-B1a*（高）；谷蛋白亚基基因：*Glu-A1*（1）、*Glu-D1*（5+10）；籽粒蛋白积累基因：*NAM-6A1c*。

/ 品质表现 / 2014年、2015年区域试验统一取样测试结果平均：籽粒蛋白质含量14.6%，湿面筋含量36.7%，沉降值35.1 mL，吸水率62.6 mL/100g，稳定时间6.8 min，面粉白度74.0。

/ 产量表现 / 2013—2015年参加山东省小麦品种旱地组区域试验，两年平均亩产476.5 kg，比对照品种鲁麦21增产5.7%；2015—2016年参加山东省小麦旱地组生产试验，平均亩产457.1 kg，比对照品种鲁麦21增产6.2%。

/ 生产应用 / 适合山东省旱肥地块种植。2018年和2019年山东省种植面积分别为0.9万亩和0.1万亩。

10cm

cm

cm

山农 30

省库编号：LM12321 国库编号：ZM028636

/ 品种来源 / 山东农业大学育成，亲本组合：泰农 18/ 临麦 6 号。2017 年通过国家农作物品种审定委员会审定，审定编号：国审麦 20170019。

/ 特征特性 / 幼苗半匍匐，叶色中绿，分蘖力中等，亩穗数 36.6 万穗；株高 82 cm，株型半紧凑，旗叶上举，茎秆较硬。穗近长方形，长芒，白壳，穗粒数 39.7 粒；白粒，椭圆形，半角质，饱满度较好，千粒重 47.8g，容重 824.0g/L。抗病性鉴定：中抗条锈病，中感纹枯病，高感叶锈病、白粉病、赤霉病。半冬性，抗寒性好；抗倒性一般；中晚熟，全生育期 241 d，与对照品种良星 99 熟期相当。

/ 基因信息 / 硬度基因：*Pinb-D1*（硬）；开花基因：*TaELF3-D1-1*（晚）、*PRR73A1*（早）；籽粒颜色基因：*R-B1a*（白）；粒重相关基因：*TaGS-D1a*（高）、*TaGS2-A1a*（低）、*TaGS5-A1a*（低）、*TaTGW-7Aa*（高）、*TaMoc-2433(Hap-L)*（低）；穗发芽基因：*TaSdr-A1b*（高）；多酚氧化酶基因：*Ppo-A1b*（低）；黄色素基因：*TaPds-B1a*（高）；谷蛋白亚基基因：*Glu-A1*（N）、*Glu-D1*（5+10）；籽粒蛋白积累基因：*NAM-6A1c*；抗叶锈病基因：*Lr46*。

/ 品质表现 / 品质检测结果：籽粒蛋白质含量 13.0%，湿面筋含量 27.1%，稳定时间 4.2min。

/ 产量表现 / 2013—2015 年参加黄淮冬麦区北片水地组小麦品种区域试验，两年平均亩产分别为 595.4 kg 和 587.2 kg，比对照良星 99 分别增产 2.7% 和 4.8%；2015—2016 年参加黄淮冬麦区北片水地组小麦生产试验，平均亩产 608.1 kg，比对照良星 99 增产 5.6%。2019 年全国农业技术推广服务中心组织专家在桓台县实打验收，创亩产 828.7 kg 的高产纪录。

/ 生产应用 / 适合黄淮冬麦区北片的山东、河北中南部、山西南部水肥地块种植。2017—2019 年山东省种植面积分别为 20.1 万亩、25.5 万亩和 82.0 万亩。

10cm

cm

cm

泰科麦 33

省库编号：LM12525 国库编号：ZM030758

/ 品种来源 / 泰安市农业科学研究院利用郑麦 366 与淮阴 9908 杂交育成。2018 年分别通过国家和山东省农作物品种审定委员会审定，审定编号：国审麦 20180056、鲁审麦 20180001。

/ 特征特性 / 幼苗半匍匐，叶色深绿，分蘖力稍差，分蘖成穗率 49.4%，亩穗数 41.8 万穗；株高 79.2 cm，株型半紧凑，叶片上冲。穗长方形，长芒，白壳，穗粒数 37.8 粒；白粒，卵圆形，角质，籽粒饱满，千粒重 43.4 g，容重 804.6 g/L。2016 年中国农业科学院植物保护研究所接种鉴定结果：高抗条锈病，中感白粉病，高感叶锈病、纹枯病和赤霉病。半冬性，越冬抗寒性较好；抗倒伏性中等；中晚熟，与对照品种济麦 22 熟期相当，熟相好。

/ 基因信息 / 硬度基因：*Pinb-D1*（硬）、*Pinb2-V2*（硬）；开花基因：*TaELF3-D1-1*（晚）、*PRR73A1*（早）；籽粒颜色基因：*R-B1a*（白）；粒重相关基因：*TaGS-D1a*（高）、*TaGS2-A1a*（低）、*TaGS5-A1b*（高）、*TaTGW-7Aa*（高）、*TaCwi-4A-T*、*TaMoc-2433(Hap-L)*（低）、*GW2-6A*（高）；穗发芽基因：*TaSdr-A1a*（低）；多酚氧化酶基因：*Ppo-A1b*（低）、*Ppo-D1b*（高）；黄色素基因：*TaPds-B1a*（高）；谷蛋白亚基基因：*Glu-A1*（1）、*Glu-D1*（5+10）、*Glu-B3 d*；籽粒蛋白积累基因：*NAM-6A1c*。

/ 品质表现 / 2015 年、2016 年区域试验统一取样测试结果平均：籽粒蛋白质含量 14.7%，湿面筋含量 34.6%，沉降值 38.0 mL，吸水率 63.3 mL/100g，稳定时间 7.6 min，面粉白度 75.5。

/ 产量表现 / 2014—2016 年参加山东省小麦品种高肥组区域试验，两年平均亩产 602.8 kg，比对照品种济麦 22 增产 5.2%；2016—2017 年参加山东省小麦高产组生产试验，平均亩产 585.9 kg，比对照品种济麦 22 增产 2.0%。2014—2016 年参加国家黄淮北片水地组区域试验，两年平均亩产 593.1 kg，比对照品种良星 99 增产均极显著，平均增产 3.9%；2017 年生产试验平均亩产 634.8 kg，比对照良星 99 增产 3.5%。

/ 生产应用 / 适合山东省高肥水地块种植。2018 年和 2019 年山东省种植面积分别为 84.1 万亩和 197.6 万亩。

10cm

cm

cm

淄麦 29

省库编号：LM12527 国库编号：ZM030760

/ 品种来源 / 淄博市农业科学研究院利用泰农 18 与烟 5072 杂交后育成。2018 年通过山东省农作物品种审定委员会审定，审定编号：鲁审麦 20180003。

/ 特征特性 / 幼苗半直立，叶色深绿，分蘖力强，分蘖成穗率 40.4%，亩穗数 45.7 万穗；株高 82.3 cm，株型松散，旗叶上冲。穗纺锤形，长芒，白壳，穗粒数 39.1 粒；白粒，椭圆形，半角质，籽粒饱满，千粒重 37.8 g，容重 781.8 g/L。2016 年中国农业科学院植物保护研究所接种鉴定结果：高感条锈病、叶锈病、白粉病、纹枯病和赤霉病。半冬性，越冬抗寒性好；抗倒伏性一般；全生育期 235 d，与对照品种济麦 22 熟期相当，熟相好。

/ 基因信息 / 硬度基因：*Pinb-D1*（硬）、*Pinb2-V2*（硬）；开花基因：*TaELF3-D1-1*（晚）、*PRR73A1*（早）；穗粒数基因：*TEF-7A*（低）；籽粒颜色基因：*R-B1a*（白）；粒重相关基因：*TaGS-D1a*（高）、*TaGS2-A1b*（高）、*TaGS5-A1b*（高）、*TaTGW-7Ab*（低）、*TaCwi-4A-C*、*TaMoc-2433(Hap-H)*（高）、*GW2-6A*（低）；木质素基因：*COMT-3Bb*（低）；穗发芽基因：*TaSdr-A1a*（低）；多酚氧化酶基因：*Ppo-A1b*（低）；黄色素基因：*TaPds-B1b*（低）；谷蛋白亚基基因：*Glu-A1*（1）、*Glu-B3 d*；籽粒蛋白积累基因：*NAM-6A1c*。

/ 品质表现 / 2015 年、2016 年区域试验统一取样测试结果平均：籽粒蛋白质含量 11.7%，湿面筋含量 27.3%，沉降值 26.1 mL，吸水率 58.6 mL/100g，稳定时间 6.8 min，面粉白度 75.3。

/ 产量表现 / 2014—2016 年参加山东省小麦品种高肥组区域试验，两年平均亩产 605.2 kg，比对照品种济麦 22 增产 4.2%；2016—2017 年参加山东省小麦高产组生产试验，平均亩产 608.0 kg，比对照品种济麦 22 增产 5.9%。

/ 生产应用 / 适合山东省中高肥水地块种植。2019 年山东省种植面积 2.5 万亩。

10cm

cm

cm

烟农 1212

省库编号：LM12518 国库编号：ZM028626

/ 品种来源 / 山东省烟台市农业科学研究院利用烟 5072 与石 94-5300 杂交后育成。2018 年通过山东省农作物品种审定委员会审定，审定编号：鲁审麦 20180004；2019 年通过河北省农作物品种审定委员会审定，审定编号：冀审麦 20198008；2020 通过国家农作物品种审定委员会审定（国家黄淮北片水地组），审定编号：国审麦 20200049。

/ 特征特性 / 幼苗半匍匐，叶色深绿，分蘖力中等，分蘖成穗率 43.7%，亩穗数 41.5 万穗；株高 76.2 cm，株型半紧凑，叶片上冲。穗长方形，长芒，白壳，穗粒数 38.9 粒；白粒，椭圆形，半角质，籽粒饱满，千粒重 43.7 g，容重 795.5 g/L。2016 年中国农业科学院植物保护研究所接种鉴定结果：慢条锈病，中感叶锈病和白粉病，高感纹枯病和赤霉病。半冬性，越冬抗寒性较好；抗倒伏性较好；全生育期 235 d，与对照品种济麦 22 熟期相当，熟相好。

/ 基因信息 / 硬度基因：*Pinb-D1*（软）/*Pinb-D1*（硬）；开花基因：*TaELF3-D1-1*（晚）、*PRR73A1*（晚）；穗粒数基因：*TEF-7A*（低）；籽粒颜色基因：*R-B1a*（白）；粒重相关基因：*TaGS-D1a*（高）、*TaGS2-A1a*（低）、*TaGS5-A1b*（高）、*TaTGW-7Aa*（高）、*TaMoc-2433(Hap-L)*（低）；穗发芽基因：*TaSdr-A1a*（低）；黄色素基因：*TaPds-B1a*（高）；谷蛋白亚基基因：*Glu-A1*（1）、*Glu-D1*（5+10）、*Glu-B3 d*；籽粒蛋白积累基因：*NAM-6A1c*；抗叶锈病基因：*Lr14a*、*Lr46*、*Lr68*。

/ 品质表现 / 2015 年、2016 年区域试验统一取样测试结果平均：籽粒蛋白质含量 12.4%，湿面筋含量 32.1%，沉降值 27.6 mL，吸水率 55.9 mL/100g，稳定时间 4.0 min，面粉白度 78.9。

/ 产量表现 / 2014—2016 年参加山东省小麦品种高肥组区域试验，两年平均亩产 604.8 kg，比对照济麦 22 增产 4.1%；2016—2017 年参加山东省小麦高产组生产试验，平均亩产 605.4 kg，比对照济麦 22 增产 5.4%。2016—2017 年参加黄淮冬麦区北片水地组区域试验，平均亩产 594.2 kg，比对照济麦 22 增产 5.71%；2017—2018 年续试，平均亩产 480.2 kg，比对照济麦 22 增产 4.35%；2017—2018 年生产试验，平均亩产 502.7 kg，比对照济麦 22 增产 4.76%。2019 年，分别在莱州和莱阳突破全国小麦单产和全国旱地小麦单产最高纪录，亩产分别为 840.7 kg 和 731.85 kg。

/ 生产应用 / 适合山东省高肥水地块、黄淮北片冬麦区中高水肥和旱肥地块、黄淮南片冬麦区中高水肥地块种植。2017—2019 年山东省种植面积分别为 10.5 万亩、134.6 万亩和 335.3 万亩，3 年累计种植面积 480.4 万亩。

10cm

cm

cm

泰科麦 31

省库编号：LM12528　国库编号：ZM030761

/ 品种来源 / 泰安市农业科学研究院利用泰山 26 与淮麦 20 杂交后育成。2018 年通过山东省农作物品种审定委员会审定，审定编号：鲁审麦 20180005。

/ 特征特性 / 幼苗半直立，叶色深绿，分蘖力中等，分蘖成穗率 43.5%，亩穗数 42.9 万穗；株高 79.9 cm，株型半紧凑，旗叶上冲。穗纺锤形，长芒，白壳，穗粒数 39.0 粒；白粒，椭圆形，角质，籽粒饱满，千粒重 42.1 g，容重 802.6 g/L。2016 年中国农业科学院植物保护研究所接种鉴定结果：条锈病免疫，高抗白粉病，高感叶锈病、纹枯病和赤霉病。半冬性，越冬抗寒性好；抗倒伏性一般；生育期 234 d，比对照品种济麦 22 早熟 1 d，熟相较好。

/ 基因信息 / 硬度基因：*Pinb-D1*（软）、*Pinb2-V2*（硬）；开花基因：*TaELF3-D1-1*（晚）、*PRR73A1*（早）；穗粒数基因：*TEF-7A*（高）；籽粒颜色基因：*R-B1a*（白）；粒重相关基因：*TaGS-D1b*（低）、*TaGS2-A1a*（低）、*TaGS5-A1b*（高）、*TaTGW-7Aa*（高）、*TaCwi-4A-C*、*TaMoc-2433(Hap-L)*（低）、*GW2-6A*（低）；穗发芽基因：*TaSdr-A1b*（高）；多酚氧化酶基因：*Ppo-A1b*（低）、*Ppo-D1b*（高）；黄色素基因：*TaPds-B1a*（高）；谷蛋白亚基基因：*Glu-A1*（1）、*Glu-B3 d*；籽粒蛋白积累基因：*NAM-6A1c*。

/ 品质表现 / 2015 年、2016 年区域试验统一取样测试结果平均：籽粒蛋白质含量 12.7%，湿面筋含量 28.2%，沉降值 28.2 mL，吸水率 58.0 mL/100g，稳定时间 3.6 min，面粉白度 78.1。

/ 产量表现 / 2014—2016 年参加山东省小麦品种高肥组区域试验，两年平均亩产 605.1 kg，比对照品种济麦 22 增产 4.1%；2016—2017 年参加山东省小麦高产组生产试验，平均亩产 590.1 kg，比对照品种济麦 22 增产 2.7%。

/ 生产应用 / 适合山东省中高肥水地块种植。

10cm

cm

cm

良星 68

省库编号：LM12529　国库编号：ZM030762

/ 品种来源 / 山东良星种业有限公司利用良星 872 与良星 99 杂交育成。2018 年通过山东省农作物品种审定委员会审定，审定编号：鲁审麦 20180006。

/ 特征特性 / 幼苗半匍匐，叶色深绿，分蘖力较强，分蘖成穗率 44.1%，亩穗数 44.9 万穗；株高 80.4 cm，株型紧凑，叶片上冲。穗纺锤形，长芒，白壳，穗粒数 36.6 粒；白粒，椭圆形，角质，籽粒较饱满，千粒重 43.1 g，容重 798.3 g/L。2016 年中国农业科学院植物保护研究所接种鉴定结果：高抗白粉病，中感条锈病和叶锈病，高感纹枯病和赤霉病。半冬性，越冬抗寒性好；抗倒伏性中等；生育期 235 d，与对照济麦 22 熟期相当，熟相好。

/ 基因信息 / 硬度基因：*Pinb-D1*（硬）、*Pinb2-V2*（软）；开花基因：*TaELF3-D1-1*（晚）、*PRR73A1*（早）；穗粒数基因：*TEF-7A*（低）；籽粒颜色基因：*R-B1a*（白）；粒重相关基因：*TaGS-D1a*（高）、*TaGS2-A1a*（低）、*TaGS5-A1a*（低）、*TaTGW-7Aa*（高）、*TaCwi-4A-C*、*TaMoc-2433(Hap-L)*（低）、*GW2-6A*（高）；多酚氧化酶基因：*Ppo-A1b*（低）、*Ppo-D1b*（高）；过氧化物酶基因：*TaPod-A1*（高）；黄色素基因：*TaPds-B1a*（高）；谷蛋白亚基基因：*Glu-A1*（1）、*Glu-D1*（5+10）、*Glu-B3 d*；籽粒蛋白积累基因：*NAM-6A1c*。

/ 品质表现 / 2015 年、2016 年区域试验统一取样测试结果平均：籽粒蛋白质含量 13.6%，湿面筋含量 34.1%，沉降值 28.1 mL，吸水率 63.7 mL/100g，稳定时间 3.3 min，面粉白度 73.3。

/ 产量表现 / 2014—2016 年参加山东省小麦品种高肥组区域试验，两年平均亩产 604.3 kg，比对照品种济麦 22 增产 3.8%；2016—2017 年参加山东省小麦高产组生产试验，平均亩产 598.3 kg，比对照品种济麦 22 增产 4.2%。

/ 生产应用 / 适合山东省高肥水地块种植。

10cm

cm

cm

裕田麦 119

省库编号：LM12530 国库编号：ZM028631

/ 品种来源 / 滨州泰裕麦业有限公司利用矮败与烟 2070 杂交育成。2018 年通过山东省农作物品种审定委员会审定，审定编号：鲁审麦 20180007。

/ 特征特性 / 幼苗半直立，叶色深绿，分蘖力较强，分蘖成穗率 43.6%，亩穗数 41.7 万穗；株高 81.2 cm，株型半紧凑，旗叶上冲。穗纺锤形，长芒，白壳，穗粒数 37.6 粒；白粒，椭圆形，角质，籽粒较饱满，千粒重 39.6 g，容重 794.4 g/L。2016 年中国农业科学院植物保护研究所接种鉴定结果：高抗条锈病，中感白粉病和赤霉病，高感叶锈病和纹枯病。半冬性，越冬抗寒性好；抗倒伏性一般；生育期 235 d，与对照品种济麦 22 熟期相当，熟相较好。

/ 基因信息 / 硬度基因：*Pinb-D1*（硬）、*Pinb2-V2*（硬）；开花基因：*TaELF3-D1-1*（晚）、*PRR73A1*（早）；穗粒数基因：*TEF-7A*（低）；籽粒颜色基因：*R-B1a*（白）；粒重相关基因：*TaGS-D1a*（高）、*TaGS2-A1a*（低）/*TaGS2-A1b*（高）、*TaGS5-A1a*（低）、*TaTGW-7Aa*（高）、*TaCwi-4A-T*、*TaMoc-2433(Hap-L)*（低）、*GW2-6A*（高）；多酚氧化酶基因：*Ppo-A1b*（低）；过氧化物酶基因：*TaPod-A1*（高）；黄色素基因：*TaPds-B1a*（高）；谷蛋白亚基基因：*Glu-A1*（1）、*Glu-D1*（5+10）；籽粒蛋白积累基因：*NAM-6A1c*；抗叶锈病基因：*Lr14a*。

/ 品质表现 / 2015 年、2016 年区域试验统一取样测试结果平均：籽粒蛋白质含量 12.7%，湿面筋含量 30.6%，沉降值 30.7 mL，吸水率 64.3 mL/100g，稳定时间 11.3 min，面粉白度 75.5。

/ 产量表现 / 2014—2016 年参加山东省小麦品种高肥组区域试验，两年平均亩产 592.1 kg，比对照品种济麦 22 增产 3.4%；2016—2017 年参加山东省小麦高产组生产试验，平均亩产 596.2 kg，比对照品种济麦 22 增产 3.8%。

/ 生产应用 / 适合山东省中高肥水地块种植。

10cm

cm

cm

淄麦 28

省库编号：LM12519　国库编号：ZM030752

/ 品种来源 / 淄博市农业科学研究院利用泰农 18 与菏麦 9735 杂交育成。2018 年通过山东省农作物品种审定委员会审定，审定编号：鲁审麦 20180008。

/ 特征特性 / 幼苗半直立，叶色深绿，分蘖力中等，分蘖成穗率 43.6%，亩穗数 41.7 万穗；株高 78.0 cm，株型半紧凑，旗叶上冲。穗纺锤形，长芒，白壳，穗粒数 40.3 粒；白粒，椭圆形，角质，籽粒饱满，千粒重 39.6 g，容重 787.9 g/L。2016 年中国农业科学院植物保护研究所接种鉴定结果：中感白粉病，高感条锈病、叶锈病、纹枯病和赤霉病。半冬性，越冬抗寒性好；抗倒伏性一般；生育期 235 d，与对照品种济麦 22 熟期相当，熟相好。

/ 基因信息 / 硬度基因：*Pinb-D1*（硬）、*Pinb2-V2*（软）；开花基因：*TaELF3-D1-1*（晚）、*PRR73A1*（早）；穗粒数基因：*TEF-7A*（高）；籽粒颜色基因：*R-B1a*（白）；粒重相关基因：*TaGS-D1a*（高）、*TaGS2-A1a*（低）、*TaGS5-A1a*（低）、*TaTGW-7Aa*（高）、*TaCwi-4A-T*、*TaMoc-2433(Hap-L)*（低）、*GW2-6A*（高）；过氧化物酶基因：*TaPod-A1*（高）；黄色素基因：*TaPds-B1a*（高）；谷蛋白亚基基因：*Glu-A1*（1）、*Glu-D1*（5+10）、*Glu-B3 d*；籽粒蛋白积累基因：*NAM-6A1c*。

/ 品质表现 / 2015 年、2016 年区域试验统一取样测试结果平均：籽粒蛋白质含量 13.1%，湿面筋含量 31.8%，沉降值 35.2 mL，吸水率 62.8 mL/100g，稳定时间 10.4 min，面粉白度 75.9。

/ 产量表现 / 2014—2016 年参加山东省小麦品种高肥组区域试验，两年平均亩产 570.7 kg，比对照品种济麦 22 减产 0.5%；2016—2017 年参加山东省小麦高肥组生产试验，平均亩产 599.5 kg，比对照品种济麦 22 增产 4.4%。

/ 生产应用 / 适合山东省中高肥水地块种植。2019 年山东省种植面积 3.8 万亩。

10cm

cm

cm

齐民8号

省库编号：LM12531　国库编号：ZM030763

/ 品种来源 / 淄博禾丰种业科技有限公司利用山农 2149 与矮抗 58 杂交育成。2018 年通过山东省农作物品种审定委员会审定，审定编号：鲁审麦 20180011。

/ 特征特性 / 幼苗半匍匐，叶色深绿，分蘖力中等，分蘖成穗率 39.3%，亩穗数 39.2 万穗；株高 70.9 cm，株型松散，叶片中宽较长。穗长方形，长芒，白壳，穗粒数 34.1 粒；白粒，椭圆形，角质，籽粒饱满，千粒重 41.2 g，容重 795.6 g/L。2016 年中国农业科学院植物保护研究所接种鉴定结果：条锈病免疫，高感叶锈病、白粉病、纹枯病和赤霉病。半冬性，越冬抗寒性较好；抗倒伏性较好；中熟，生育期 229 d，与对照品种鲁麦 21 熟期相当，熟相好。

/ 基因信息 / 硬度基因：*Pinb-D1*（硬）、*Pinb2-V2*（硬）；开花基因：*TaELF3-D1-1*（晚）、*PRR73A1*（早）；穗粒数基因：*TEF-7A*（低）；籽粒颜色基因：*R-B1a*（白）；粒重相关基因：*TaGS2-A1a*（低）、*TaGS5-A1a*（低）、*TaTGW-7Aa*（高）、*TaCwi-4A-C*、*TaMoc-2433(Hap-L)*（低）、*GW2-6A*（低）；穗发芽基因：*TaSdr-A1a*（低）；多酚氧化酶基因：*Ppo-A1b*（低）、*Ppo-D1b*（高）；过氧化物酶基因：*TaPod-A1*（高）；黄色素基因：*TaPds-B1a*（高）；谷蛋白亚基基因：*Glu-A1*（N）、*Glu-B3 d*；籽粒蛋白积累基因：*NAM-6A1c*。

/ 品质表现 / 2015 年、2016 年区域试验统一取样测试结果平均：籽粒蛋白质含量 13.9%，湿面筋含量 31.1%，沉降值 37.5 mL，吸水率 62.1 mL/100g，稳定时间 12.5 min，面粉白度 75.3。

/ 产量表现 / 2014—2016 年参加山东省小麦品种旱地组区域试验，两年平均亩产 474.8 kg，比对照品种鲁麦 21 增产 6.3%；2016—2017 年参加山东省小麦旱地组生产试验，平均亩产 487.6 kg，比对照品种鲁麦 21 增产 5.9%。

/ 生产应用 / 适合山东省旱肥地种植。

10cm

cm

cm

临麦 9 号

省库编号：LM12532　国库编号：ZM030764

/ 品种来源 / 临沂市农业科学院利用临 044190 与泰山 23 杂交育成。2018 年通过山东省农作物品种审定委员会审定，审定编号：鲁审麦 20180012。

/ 特征特性 / 幼苗半匍匐，分蘖力一般，分蘖成穗率 40.2%，亩穗数 39.1 万穗；株高 74.5 cm，株型紧凑，旗叶上冲。穗长方形，长芒，白壳，穗粒数 34.0 粒；白粒，椭圆形，角质，籽粒饱满，千粒重 42.3 g，容重 793.6 g/L。2016 年中国农业科学院植物保护研究所接种鉴定结果：条锈病和白粉病免疫，高感叶锈病、纹枯病和赤霉病。半冬性，越冬抗寒性好；抗倒伏性中等；中熟，生育期 230 d，与对照品种鲁麦 21 熟期相当，熟相较好。

/ 基因信息 / 硬度基因：*Pinb-D1*（硬）、*Pinb2-V2*（硬）；开花基因：*PRR73A1*（早）；穗粒数基因：*TEF-7A*（低）；籽粒颜色基因：*R-B1a*（白）；粒重相关基因：*TaGS2-A1a*（低）、*TaGS5-A1a*（低）、*TaTGW-7Aa*（高）、*TaCwi-4A-C*、*TaMoc-2433(Hap-L)*（低）、*GW2-6A*（低）；穗发芽基因：*TaSdr-A1b*（高）；多酚氧化酶基因：*Ppo-A1b*（低）、*Ppo-D1b*（高）；过氧化物酶基因：*TaPod-A1*（高）；黄色素基因：*TaPds-B1a*（高）；谷蛋白亚基基因：*Glu-A1*（N）、*Glu-B3 d*；籽粒蛋白积累基因：*NAM-6A1c*；抗叶锈病基因：*Lr46*。

/ 品质表现 / 2015 年、2016 年区域试验统一取样测试结果平均：籽粒蛋白质含量 15.0%，湿面筋含量 38.1%，沉降值 32.5 mL，吸水率 64.2 mL/100g，稳定时间 4.9 min，面粉白度 72.9。

/ 产量表现 / 2014—2016 年参加山东省小麦品种旱地组区域试验，两年平均亩产 465.3 kg，比对照品种鲁麦 21 增产 5.2%；2016—2017 年参加山东省小麦旱地组生产试验，平均亩产 486.6 kg，比对照品种鲁麦 21 增产 5.7%。

/ 生产应用 / 适合山东省旱肥地种植。2018 年和 2019 年山东省种植面积分别为 8.0 万亩和 54.3 万亩。

10cm

cm

cm

圣麦 102

省库编号：LM12538　国库编号：ZM029301

/ 品种来源 / 山东圣丰种业科技有限公司利用山农 2149 与良星 619 杂交育成。2018 年通过山东省农作物品种审定委员会审定，审定编号：鲁审麦 20180013

/ 特征特性 / 幼苗半匍匐，叶色浅绿，分蘖力较强，分蘖成穗率 48.7%，亩穗数 44.9 万穗；株高 79.9 cm，株型半紧凑，旗叶上举。穗长方形，长芒，白壳，穗粒数 38.5 粒；白粒，卵圆形，角质，籽粒较饱满，千粒重 43.8 g，容重 794.6 g/L。2017 年中国农业科学院植物保护研究所接种鉴定结果：条锈病免疫，中抗叶锈病，高感白粉病、赤霉病和纹枯病。半冬性，越冬抗寒性较好；抗倒伏性中等；生育期 235 d，熟期与对照济麦 22 相当，熟相好。

/ 基因信息 / 硬度基因：*Pinb-D1*（硬）、*Pinb2-V2*（硬）；开花基因：*TaELF3-D1-1*（晚）、*PRR73A1*（早）；穗粒数基因：*TEF-7A*（低）；籽粒颜色基因：*R-B1a*（白）；粒重相关基因：*TaGS-D1a*（高）、*TaGS2-A1a*（低）、*TaTGW-7Aa*（高）、*TaCwi-4A-T*、*TaMoc-2433(Hap-L)*（低）、*GW2-6A*（低）；木质素基因：*COMT-3Bb*（低）；穗发芽基因：*TaSdr-A1a*（低）；多酚氧化酶基因：*Ppo-A1b*（低）；过氧化物酶基因：*TaPod-A1*（高）；黄色素基因：*TaPds-B1a*（高）；谷蛋白亚基基因：*Glu-D1*（5+10）、*Glu-B3 d*；籽粒蛋白积累基因：*NAM-6A1c*。

/ 品质表现 / 2016 年、2017 年区域试验统一取样测试结果平均：籽粒蛋白质含量 13.6%，湿面筋含量 38.6%，沉降值 31.0 mL，吸水率 64.0 mL/100g，稳定时间 3.7 min，面粉白度 75.8。

/ 产量表现 / 2015—2017 年参加山东省小麦品种高肥组区域试验，两年平均亩产 613.0 kg，比对照品种济麦 22 增产 5.2%；2017—2018 年参加山东省小麦高肥组生产试验，平均亩产 560.0 kg，比对照品种济麦 22 增产 4.9%。

/ 生产应用 / 适合山东省高产地块种植。

10cm

cm

cm

鑫瑞麦 38

省库编号：LM12535 国库编号：ZM030767

/ 品种来源 / 济南鑫瑞种业科技有限公司利用良星 99 与泰农 18 杂交育成。2018 年通过山东省农作物品种审定委员会审定，审定编号：鲁审麦 20180014。

/ 特征特性 / 幼苗半匍匐，叶色浓绿，分蘖力中等，分蘖成穗率 44.4%，亩穗数 40.0 万穗；株高 81.9 cm，株型半紧凑，旗叶上举。穗长方形，长芒，白壳，穗粒数 40.4 粒；白粒，近卵圆形，角质，籽粒饱满，千粒重 44.2 g，容重 792.8 g/L。2017 年中国农业科学院植物保护研究所接种鉴定结果：条锈病免疫，高感叶锈病、白粉病、赤霉病和纹枯病。冬性，越冬抗寒性较好；抗倒伏性较好；生育期 235 d，熟期与对照济麦 22 相当，熟相好。

/ 基因信息 / 硬度基因：*Pinb-D1*（硬）、*Pinb2-V2*（硬）；开花基因：*TaELF3-D1-1*（晚）、*PRR73A1*（早）；穗粒数基因：*TEF-7A*（低）；籽粒颜色基因：*R-B1a*（白）；粒重相关基因：*TaGS-D1a*（高）、*TaGS2-A1a*（低）、*TaGS5-A1a*（低）、*TaTGW-7Aa*（高）、*TaCwi-4A-T*、*TaMoc-2433(Hap-L)*（低）、*GW2-6A*（高）；穗发芽基因：*TaSdr-A1a*（高）；多酚氧化酶基因：*Ppo-A1b*（低）；过氧化物酶基因：*TaPod-A1*（高）；黄色素基因：*TaPds-B1a*（高）；谷蛋白亚基基因：*Glu-A1*（N）、*Glu-D1*（5+10）、*Glu-B3 d*；籽粒蛋白积累基因：*NAM-6A1c*。

/ 品质表现 / 2016 年、2017 年区域试验统一取样测试结果平均：籽粒蛋白质含量 12.8%，湿面筋含量 32.1%，沉降值 31.8 mL，吸水率 63.4 mL/100g，稳定时间 5.5 min，面粉白度 77.5。

/ 产量表现 / 2015—2017 年参加山东省小麦品种高肥组区域试验，两年平均亩产 613.6 kg，比对照品种济麦 22 增产 4.3%；2017—2018 年参加山东省小麦高肥组生产试验，平均亩产 559.2 kg，比对照品种济麦 22 增产 4.8%。

/ 生产应用 / 适合山东省高产地块种植。

10cm

cm

cm

菏麦 21

省库编号：LM12536　国库编号：ZM030768

/ 品种来源 / 山东科源种业有限公司育成，常规品种，系矮抗 58 与济麦 19 杂交后选育。2018 年通过山东省农作物品种审定委员会审定，审定编号：鲁审麦 20180015。

/ 特征特性 / 幼苗半匍匐，叶色浓绿，分蘖力强，分蘖成穗率 44.7%，亩穗数 45.5 万穗；株高 80.9 cm，株型紧凑，旗叶上举。穗长方形，长芒，白壳，穗粒数 37.4 粒；白粒，椭圆形，角质，籽粒饱满，千粒重 41.9 g，容重 792.5 g/L。2017 年中国农业科学院植物保护研究所接种鉴定结果：高抗条锈病，高感叶锈病、白粉病、赤霉病和纹枯病。半冬性，越冬抗寒性较好；抗倒伏性较好；生育期 235 d，熟期与对照济麦 22 相当，熟相好。

/ 基因信息 / 硬度基因：*Pinb-D1*（硬）、*Pinb2-V2*（硬）；开花基因：*TaELF3-D1-1*（晚）、*PRR73A1*（早）；穗粒数基因：*TEF-7A*（低）；籽粒颜色基因：*R-B1a*（白）；粒重相关基因：*TaGS2-A1a*（低）、*TaGS5-A1a*（低）、*TaTGW-7Aa*（高）、*TaCwi-4A-C*、*TaMoc-2433(Hap-L)*（低）、*GW2-6A*（低）；穗发芽基因：*TaSdr-A1a*（低）；多酚氧化酶基因：*Ppo-A1b*（低）、*Ppo-D1b*（高）；过氧化物酶基因：*TaPod-A1*（高）；黄色素基因：*TaPds-B1a*（高）；谷蛋白亚基基因：*Glu-A1*（N）、*Glu-B3 d*；籽粒蛋白积累基因：*NAM-6A1c*。

/ 品质表现 / 2016 年、2017 年区域试验统一取样测试结果平均：籽粒蛋白质含量 14.0%，湿面筋含量 37.4%，沉降值 29.0 mL，吸水率 63.1 mL/100g，稳定时间 3.1 min，面粉白度 74.9。

/ 产量表现 / 2015—2017 年参加山东省小麦品种高肥组区域试验，两年平均亩产 612.6 kg，比对照品种济麦 22 增产 4.2%；2017—2018 年参加山东省小麦高产组生产试验，平均亩产 553.2 kg，比对照品种济麦 22 增产 3.6%。

/ 生产应用 / 适合山东省高产地块种植。2019 年山东省种植面积 13.2 万亩。

10cm

cm

cm

鑫星 169

省库编号：LM12539　国库编号：ZM029603

/ 品种来源 / 山东鑫星种业有限公司育成，常规品种，系 (烟农 19/ 烟农 23)F_1 与临麦 2 号杂交后选育。2018 年通过山东省农作物品种审定委员会审定，审定编号：鲁审麦 20180016。

/ 特征特性 / 幼苗半匍匐，叶色浓绿，分蘖力中等，分蘖成穗率 45.2%，亩穗数 42.1 万穗；株高 81.6 cm，株型半紧凑，旗叶较小上举。穗长方形，长芒，白壳，穗粒数 38.5 粒；白粒，卵圆形，半角质，籽粒饱满，千粒重 43.9 g，容重 800.0 g/L。2017 年中国农业科学院植物保护研究所接种鉴定结果：条锈病免疫，中感叶锈病，高感白粉病、赤霉病和纹枯病。冬性，越冬抗寒性较好；抗倒伏性较好；生育期 234 d，比对照品种济麦 22 早熟 1 d，熟相好。

/ 基因信息 / 硬度基因：*Pinb2-V2*（硬）；开花基因：*TaELF3-D1-1*（晚）、*PRR73A1*（早）；穗粒数基因：*TEF-7A*（低）；籽粒颜色基因：*R-B1a*（白）；粒重相关基因：*TaGS-D1a*（高）、*TaGS2-A1a*（低）、*TaGS5-A1b*（高）、*TaTGW-7Aa*（高）、*TaMoc-2433(Hap-L)*（低）、*GW2-6A*（低）；穗发芽基因：*TaSdr-A1a*（低）；过氧化物酶基因：*TaPod-A1*（低）；黄色素基因：*TaPds-B1a*（高）；谷蛋白亚基基因：*Glu-A1*（1）、*Glu-B3 d*；籽粒蛋白积累基因：*NAM-6A1c*；抗叶锈病基因：*Lr14a*。

/ 品质表现 / 2016 年、2017 年区域试验统一取样测试结果平均：籽粒蛋白质含量 12.8%，湿面筋含量 32.1%，沉降值 30.0 mL，吸水率 57.9 mL/100g，稳定时间 4.8 min，面粉白度 80.7。

/ 产量表现 / 2015—2017 年参加山东省小麦品种高肥组区域试验，两年平均亩产 604.5 kg，比对照品种济麦 22 增产 4.1%；2017—2018 年参加山东省小麦高产组生产试验，平均亩产 551.9 kg，比对照品种济麦 22 增产 3.4%。

/ 生产应用 / 适合山东省高产地块种植。

10cm

cm

cm

山农 36

省库编号：LM12534　国库编号：ZM030766

/ 品种来源 / 山东农业大学育成，常规品种，系从创建的高产优质太谷核不育 Ms2 小麦轮选群体中对可育株系统选育而成。2018 年通过山东省农作物品种审定委员会审定，审定编号：鲁审麦 20180017。

/ 特征特性 / 幼苗半匍匐，叶色深绿，分蘖力中等，分蘖成穗率 44.2%，亩穗数 40.9 万穗；株高 81.2 cm，株型松散，叶片上挺。穗长方形，长芒，白壳，穗粒数 41.6 粒；白粒，椭圆形，角质，籽粒饱满，千粒重 41.9 g，容重 787.3 g/L。2017 年中国农业科学院植物保护研究所接种鉴定结果：中感条锈病，高感叶锈病、白粉病、赤霉病和纹枯病。半冬性，越冬抗寒性较好；抗倒伏性较好；生育期 235 d，熟期与对照济麦 22 相当，熟相好。

/ 基因信息 / 硬度基因：*Pinb-D1*（硬）、*Pinb2-V2*（硬）；开花基因：*PRR73A1*（早）；穗粒数基因：*TEF-7A*（低）；籽粒颜色基因：*R-B1a*（白）；粒重相关基因：*TaGS-D1a*（高）、*TaGS2-A1b*（高）、*TaGS5-A1a*（低）、*TaTGW-7Aa*（高）、*TaCwi-4A-C*、*TaMoc-2433(Hap-L)*（低）、*GW2-6A*（高）；多酚氧化酶基因：*Ppo-A1b*（低）；过氧化物酶基因：*TaPod-A1*（低）；黄色素基因：*TaPds-B1a*（高）；谷蛋白亚基基因：*Glu-A1*（1）、*Glu-D1*（5+10）；籽粒蛋白积累基因：*NAM-6A1c*；抗叶锈病基因：*Lr14a*。

/ 品质表现 / 2016 年、2017 年区域试验统一取样测试结果平均：籽粒蛋白质含量 13.5%，湿面筋含量 35.4%，沉降值 31.0 mL，吸水率 65.4 mL/100g，稳定时间 4.2 min，面粉白度 74.1。

/ 产量表现 / 2015—2017 年参加山东省小麦品种高肥组区域试验，两年平均亩产 611.6 kg，比对照品种济麦 22 增产 3.9%；2017—2018 年参加山东省小麦高产组生产试验，平均亩产 557.2 kg，比对照品种济麦 22 增产 4.4%。

/ 生产应用 / 适合山东省高产地块种植。

10cm

cm

cm

济麦 44

省库编号：LM12510　国库编号：ZM029444

/ 品种来源 / 山东省农业科学院作物研究所以 954072 为母本、济南 17 为父本杂交选育而成。2018 年通过山东省农作物品种审定委员会审定，审定编号：鲁审麦 20180018；2021 年通过安徽省农作物品种审定委员会审定，审定编号：皖审麦 20210021。

/ 特征特性 / 幼苗半匍匐，叶色浅绿，分蘖力较强，分蘖成穗率 44.3%，亩穗数 43.8 万穗；株高 80.1 cm，株型半紧凑，旗叶上冲。穗长方形，长芒，白壳，穗粒数 35.9 粒；白粒，椭圆形，角质，籽粒较饱满，千粒重 43.4 g，容重 788.9 g/L。2017 年中国农业科学院植物保护研究所接种鉴定结果：中抗条锈病，中感白粉病，高感叶锈病、赤霉病和纹枯病。冬性，越冬抗寒性较好；抗倒伏性较好；生育期 233 d，比对照品种济麦 22 早熟 2 d，熟相好。

/ 基因信息 / 硬度基因：*Pinb-D1*（硬）；开花基因：*TaELF3-D1-1*（晚）、*PRR73A1*（早）；籽粒颜色基因：*R-B1a*（白）；粒重相关基因：*TaGS-D1a*（高）、*TaGS2-A1a*（低）、*TaGS5-A1a*（低）、*TaTGW-7Aa*（高）、*TaMoc-2433(Hap-L)*（低）；穗发芽基因：*TaSdr-A1a*（低）；多酚氧化酶基因：*Ppo-A1b*（低）、*Ppo-D1b*（高）；黄色素基因：*TaPds-B1b*（低）；谷蛋白亚基基因：*Glu-A1*（1）、*Glu-D1*（5+10）、*Glu-B3 d*；籽粒蛋白积累基因：*NAM-6A1c*；抗叶锈病基因：*Lr46*。

/ 品质表现 / 2016 年、2017 年区域试验统一取样测试结果平均：籽粒蛋白质含量 15.4%，湿面筋含量 35.1%，沉降值 51.5 mL，吸水率 63.8 mL/100g，稳定时间 25.4 min，面粉白度 77.1，属强筋品种。

/ 产量表现 / 2015—2017 年参加山东省小麦品种高肥组区域试验，两年平均亩产 603.7 kg，比对照品种济麦 22 增产 2.3%；2017—2018 年参加山东省小麦高产组生产试验，平均亩产 540.0 kg，比对照品种济麦 22 增产 1.2%。

/ 生产应用 / 适合山东省和安徽省等高产地块作为强筋小麦种植。2019 年山东省种植面积 85.8 万亩，2020 年播种面积 428.37 万亩。

10cm

cm

cm

爱麦1号

省库编号：LM12533　国库编号：ZM030765

/ 品种来源 / 山东爱农种业有限公司以济麦 22 为母本、97-6 为父本杂交育成。2018 年通过山东省农作物品种审定委员会审定，审定编号：鲁审麦 20180019。

/ 特征特性 / 幼苗半匍匐，叶色深绿，分蘖力强，分蘖成穗率 43.6%，亩穗数 46.9 万穗；株高 81.0 cm，株型半紧凑，旗叶上举。穗纺锤形，长芒，白壳，穗粒数 37.1 粒；白粒，椭圆形，角质，籽粒较饱满，千粒重 39.6 g，容重 788.5 g/L。2017 年中国农业科学院植物保护研究所接种鉴定结果：中感条锈病和赤霉病，高感叶锈病、白粉病和纹枯病。冬性，越冬抗寒性较好；抗倒伏性较好；生育期 234 d，比对照品种济麦 22 早熟 1 d，熟相好。

/ 基因信息 / 硬度基因：*Pinb-D1*（硬）、*Pinb2-V2*（硬）；开花基因：*PRR73A1*（早）；穗粒数基因：*TEF-7A*（低）；籽粒颜色基因：*R-B1a*（白）；粒重相关基因：*TaGS-D1a*（高）、*TaGS2-A1a*（低）、*TaGS5-A1a*（低）、*TaTGW-7Aa*（高）、*TaMoc-2433(Hap-L)*（低）、*GW2-6A*（低）；穗发芽基因：*TaSdr-A1a*（低）；多酚氧化酶基因：*Ppo-A1b*（低）、*Ppo-D1b*（高）；过氧化物酶基因：*TaPod-A1*（高）；黄色素基因：*TaPds-B1a*（高）；谷蛋白亚基基因：*Glu-A1*（1）；籽粒蛋白积累基因：*NAM-6A1c*。

/ 品质表现 / 2016 年、2017 年区域试验统一取样测试结果平均：籽粒蛋白质含量 13.0%，湿面筋含量 33.0%，沉降值 35.0 mL，吸水率 63.9 mL/100g，稳定时间 7.9 min，面粉白度 77.6。

/ 产量表现 / 2015—2017 年参加山东省小麦品种高肥组区域试验，两年平均亩产 602.0 kg，比对照品种济麦 22 增产 2.3%；2017—2018 年参加山东省小麦高产组生产试验，平均亩产 555.2 kg，比对照品种济麦 22 增产 4.0%。

/ 生产应用 / 适合山东省高产地块种植。

10cm

cm

cm

山农 111

省库编号：LM12537　国库编号：ZM029592

/ 品种来源 / 山东农业大学育成，常规品种，系 93-95-5 与复合多倍体 [为四倍体小麦（AABB）与方穗山羊草 (DD) 杂交，经染色体加倍成六倍体 (AABBDD)，从其后代中选育的高度可育的一个大粒育种材料] 杂交后选育。2018 年通过山东省农作物品种审定委员会审定，审定编号：鲁审麦 20180020。

/ 特征特性 / 幼苗半匍匐，叶色深绿，分蘖力中等，分蘖成穗率 47.4%，亩穗数 42.3 万穗；株高 79.1 cm，株型半紧凑，叶片上冲。穗长方形，长芒，白壳，穗粒数 38.8 粒；白粒，卵圆形，角质，籽粒饱满，千粒重 41.6 g，容重 791.1 g/L。2017 年中国农业科学院植物保护研究所接种鉴定结果：中感叶锈病，高感条锈病、白粉病、赤霉病和纹枯病。冬性，越冬抗寒性较好；抗倒伏性中等；生育期 234 d，比对照品种济麦 22 早熟 1 d，熟相中等。

/ 基因信息 / 硬度基因：*Pinb-D1*（硬）；开花基因：*TaELF3-D1-1*（晚）、*PRR73A1*（早）；籽粒颜色基因：*R-B1a*（白）；粒重相关基因：*TaGS2-A1b*（高）、*TaGS5-A1a*（低）、*TaTGW-7Aa*（高）、*TaCwi-4A-T*、*TaMoc-2433(Hap-L)*（低）、*GW2-6A*（低）；多酚氧化酶基因：*Ppo-A1b*（低）；过氧化物酶基因：*TaPod-A1*（低）；黄色素基因：*TaPds-B1b*（低）；谷蛋白亚基基因：*Glu-A1*（N）、*Glu-D1*（5+10）、*Glu-B3 d*；籽粒蛋白积累基因：*NAM-6A1c*；抗叶锈病基因：*Lr14a*。

/ 品质表现 / 2016 年、2017 年区域试验统一取样测试结果平均：籽粒蛋白质含量 13.9%，湿面筋含量 32.0%，沉降值 39.8 mL，吸水率 61.5 mL/100g，稳定时间 16.5 min，面粉白度 75.7，属中强筋品种。

/ 产量表现 / 2015—2017 年参加山东省小麦品种高肥组区域试验，两年平均亩产 583.0 kg，比对照品种济麦 22 减产 0.4%；2017—2018 年参加山东省小麦高产组生产试验，平均亩产 535.4 kg，比对照品种济麦 22 增产 0.3%。

/ 生产应用 / 适合山东省高产地块种植。2018 年和 2019 年山东省种植面积分别为 11.7 万亩和 47.9 万亩。

10cm

cm

cm

齐民9号

省库编号：LM12542　国库编号：ZM030771

/ 品种来源 / 淄博禾丰种业科技有限公司育成，常规品种，系SN5849与矮抗58杂交后选育。2018年通过山东省农作物品种审定委员会审定，审定编号：鲁审麦20180021。

/ 特征特性 / 幼苗半匍匐，叶色浓绿，分蘖力较强，分蘖成穗率39.7%，亩穗数39.0万穗；株高69.2 cm，株型半紧凑，叶片窄长。穗纺锤形，长芒，白壳，穗粒数34.6粒；白粒，椭圆形，角质，籽粒饱满，千粒重39.0 g，容重788.7 g/L。2017年中国农业科学院植物保护研究所接种鉴定结果：中感条锈病，高感叶锈病、白粉病、赤霉病和纹枯病。半冬性，越冬抗寒性较好；抗倒伏性较好；中熟，生育期228 d，比对照鲁麦21早熟1 d，熟相好。

/ 基因信息 / 硬度基因：*Pinb-D1*（硬）、*Pinb2-V2*（硬）；开花基因：*TaELF3-D1-1*（晚）、*PRR73A1*（早）；穗粒数基因：*TEF-7A*（低）；籽粒颜色基因：*R-B1a*（白）；粒重相关基因：*TaGS-D1a*（高）、*TaGS2-A1b*（高）、*TaTGW-7Aa*（高）、*TaMoc-2433(Hap-L)*（低）、*GW2-6A*（低）；黄色素基因：*TaPds-B1a*（高）；谷蛋白亚基基因：*Glu-A1*（1）、*Glu-B3 d*；籽粒蛋白积累基因：*NAM-6A1c*。

/ 品质表现 / 2016年、2017年区域试验统一取样测试结果平均：籽粒蛋白质含量13.3%，湿面筋含量35.6%，沉降值30.0 mL，吸水率62.4 mL/100g，稳定时间4.8 min，面粉白度76.1。

/ 产量表现 / 2015—2017年参加山东省小麦品种旱地组区域试验，两年平均亩产464.5 kg，比对照品种鲁麦21增产5.8%；2017—2018年参加山东省小麦旱地组生产试验，平均亩产439.8 kg，比对照品种鲁麦21增产7.1%。

/ 生产应用 / 适合山东省旱肥地种植。

10cm

cm

cm

峰川 18

省库编号：LM12544　国库编号：ZM030773

/ 品种来源 / 菏泽市丰川农业科学技术研究所育成，常规品种，系（烟农 21/ 烟农 22）与 FC008-1 杂交后选育。2018 年通过山东省农作物品种审定委员会审定，审定编号：鲁审麦 20180024。

/ 特征特性 / 幼苗半匍匐，叶色深绿，分蘖力中等，分蘖成穗率 39.9%，亩穗数 36.4 万穗；株高 69.2 cm，株型紧凑，叶片上冲。穗纺锤形，长芒，白壳，穗粒数 37.8 粒；白粒，椭圆形，角质，籽粒饱满，千粒重 40.1 g，容重 792.2 g/L。2017 年中国农业科学院植物保护研究所接种鉴定结果：慢条锈病和叶锈病，高感白粉病、赤霉病和纹枯病。半冬性，越冬抗寒性较好；抗倒伏性较好；中熟，生育期 228 d，比对照鲁麦 21 早熟 1 d，熟相好。

/ 基因信息 / 硬度基因：*Pinb-D1*（硬）、*Pinb2-V2*（硬）；开花基因：*TaELF3-D1-1*（晚）、*PRR73A1*（早）；穗粒数基因：*TEF-7A*（低）；籽粒颜色基因：*R-B1a*（白）；粒重相关基因 *TaGS2-A1a*（低）、*TaGS5-A1a*（低）、*TaTGW-7Aa*（高）、*TaCwi-4A-C*、*TaMoc-2433(Hap-L)*（低）、*GW2-6A*（低）；穗发芽基因：*TaSdr-A1b*（高）；多酚氧化酶基因：*Ppo-A1b*（低）、*Ppo-D1b*（高）；过氧化物酶基因：*TaPod-A1*（低）；黄色素基因：*TaPds-B1a*（高）；谷蛋白亚基基因：*Glu-A1*（N）、*Glu-B3 d*；籽粒蛋白积累基因：*NAM-6A1c*；抗叶锈病基因：*Lr14a*、*Lr46*。

/ 品质表现 / 2016 年、2017 年区域试验统一取样测试结果平均：籽粒蛋白质含量 12.8%，湿面筋含量 35.2%，沉降值 28.0 mL，吸水率 62.8 mL/100g，稳定时间 4.0 min，面粉白度 75.3。

/ 产量表现 / 2015—2017 年参加山东省小麦品种旱地组区域试验，两年平均亩产 458.4 kg，比对照品种鲁麦 21 增产 4.4%；2017—2018 年参加山东省小麦旱地组生产试验，平均亩产 434.9 kg，比对照品种鲁麦 21 增产 5.9%。

/ 生产应用 / 适合山东省旱肥地种植。

10cm

cm

cm

泰科麦 32

省库编号：LM12541 国库编号：ZM030770

/ 品种来源 / 泰安市农业科学研究院育成，常规品种，系洛旱 3 号与莱州 3279 杂交后选育。2018 年通过山东省农作物品种审定委员会审定，审定编号：鲁审麦 20180025。

/ 特征特性 / 幼苗半匍匐，叶色淡绿，分蘖力中等，分蘖成穗率 41.2%，亩穗数 40.1 万穗；株高 75.1 cm，株型紧凑，叶片上冲、短宽。穗长方形，长芒，白壳，穗粒数 34.8 粒；白粒，椭圆形，角质，籽粒饱满，千粒重 38.9 g，容重 786.2 g/L。2017 年中国农业科学院植物保护研究所接种鉴定结果：中抗白粉病，高感条锈病、叶锈病、赤霉病和纹枯病。冬性，越冬抗寒性较好；抗倒伏性较好；中熟，生育期 228 d，比对照鲁麦 21 早熟 1 d，熟相较好。

/ 基因信息 / 硬度基因：*Pinb-D1*（软）、*Pinb2-V2*（软）；开花基因：*TaELF3-D1-1*（晚）、*PRR73A1*（早）；穗粒数基因：*TEF-7A*（高）；籽粒颜色基因：*R-B1a*（白）；粒重相关基因：*TaGS-D1a*（高）、*TaGS2-A1a*（低）、*TaGS5-A1b*（高）、*TaTGW-7Aa*（高）、*TaCwi-4A-C*、*TaMoc-2433(Hap-L)*（低）、*GW2-6A*（低）；多酚氧化酶基因：*Ppo-A1b*（低）；黄色素基因：*TaPds-B1a*（高）；谷蛋白亚基基因：*Glu-A1*（1）、*Glu-B3 d*；籽粒蛋白积累基因：*NAM-6A1c*；抗叶锈病基因：*Lr14a*。

/ 品质表现 / 2016 年、2017 年区域试验统一取样测试结果平均：籽粒蛋白质含量 13.6%，湿面筋含量 33.6%，沉降值 28.8 mL，吸水率 60.8 mL/100g，稳定时间 2.8 min，面粉白度 79.6。

/ 产量表现 / 2015—2017 年参加山东省小麦品种旱地组区域试验，两年平均亩产 456.9 kg，比对照品种鲁麦 21 增产 3.9%；2017—2018 年参加山东省小麦旱地组生产试验，平均亩产 429.5 kg，比对照品种鲁麦 21 增产 4.6%。

/ 生产应用 / 适合山东省旱肥地种植。

10cm

cm

cm

红地 176

省库编号：LM12545　国库编号：ZM029633

/ 品种来源 / 济宁红地种业有限责任公司育成，常规品种，系中麦 895 与良星 66 杂交后选育。2018 年通过山东省农作物品种审定委员会审定，审定编号：鲁审麦 20180026。

/ 特征特性 / 幼苗半匍匐，叶色浅绿，分蘖力稍弱，分蘖成穗率 38.8%，亩穗数 33.0 万穗；株高 64.6 cm，株型半紧凑，叶片上挺。穗纺锤形，长芒，白壳，穗粒数 35.3 粒；白粒，椭圆形，角质，籽粒饱满，千粒重 47.8 g，容重 781.5 g/L。2017 年中国农业科学院植物保护研究所接种鉴定结果：高抗条锈病，中感白粉病，高感叶锈病、赤霉病和纹枯病。冬性，越冬抗寒性较好；抗倒伏性较好；中熟，生育期 228 d，比对照鲁麦 21 早熟 1 d，熟相好。

/ 基因信息 / 硬度基因：*Pinb-D1*（硬）、*Pinb2-V2*（软）；开花基因：*TaELF3-D1-1*（晚）、*PRR73A1*（早）；穗粒数基因：*TEF-7A*（高）；籽粒颜色基因：*R-B1a*（白）；粒重相关基因：*TaGS-D1a*（高）、*TaGS2-A1b*（高）、*TaGS5-A1b*（高）、*TaTGW-7Aa*（高）、*TaCwi-4A-C*、*TaMoc-2433(Hap-H)*（高）、*GW2-6A*（高）；木质素基因：*COMT-3Bb*（低）；穗发芽基因：*TaSdr-A1b*（高）；多酚氧化酶基因：*Ppo-A1b*（低）、*Ppo-D1b*（高）；过氧化物酶基因：*TaPod-A1*（低）；黄色素基因：*TaPds-B1a*（高）；谷蛋白亚基基因：*Glu-A1*（1）、*Glu-B3 d*；籽粒蛋白积累基因：*NAM-6A1c*；抗叶锈病基因：*Lr14a*、*Lr68*。

/ 品质表现 / 2016 年、2017 年区域试验统一取样测试结果平均：籽粒蛋白质含量 12.8%，湿面筋含量 35.4%，沉降值 30.4 mL，吸水率 62.9 mL/100g，稳定时间 3.3 min，面粉白度 73.9。

/ 产量表现 / 2015—2017 年参加山东省小麦品种旱地组区域试验，两年平均亩产 457.1 kg，比对照品种鲁麦 21 增产 3.7%；2017—2018 年参加山东省小麦旱地组生产试验，平均亩产 423.0 kg，比对照品种鲁麦 21 增产 3.1%。

/ 生产应用 / 适合山东省旱肥地种植。

10cm

cm

cm

阳光 18

省库编号：LM12540　国库编号：ZM030769

/ 品种来源 / 郯城县种子公司与德州市农业科学研究院合作育成，常规品种，系鲁麦 21 与 9905 杂交后选育。2018 年通过山东省农作物品种审定委员会审定，审定编号：鲁审麦 20180027。

/ 特征特性 / 幼苗半匍匐，叶色浓绿，分蘖力稍弱，分蘖成穗率 42.0%，亩穗数 37.9 万穗；株高 72.5 cm，株型紧凑，叶片上冲。穗纺锤形，长芒，白壳，穗粒数 34.8 粒；白粒，椭圆形，角质，籽粒较饱满，千粒重 42.8 g，容重 794.7 g/L。2017 年中国农业科学院植物保护研究所接种鉴定结果：高抗条锈病，中抗叶锈病，中感白粉病，高感赤霉病和纹枯病。半冬性，越冬抗寒性较好；抗倒伏性较好；中熟，生育期 229 d，熟期与对照品种鲁麦 21 相当，熟相好。

/ 基因信息 / 硬度基因：*Pinb-D1*（硬）、*Pinb2-V2*（硬）；开花基因：*TaELF3-D1-1*（晚）、*PRR73A1*（早）；穗粒数基因：*TEF-7A*（低）；籽粒颜色基因：*R-B1a*（白）；粒重相关基因：*TaGS2-A1a*（低）、*TaGS5-A1a*（低）、*TaTGW-7Aa*（高）、*TaCwi-4A-C*、*TaMoc-2433(Hap-L)*（低）、*GW2-6A*（低）；穗发芽基因：*TaSdr-A1a*（低）；多酚氧化酶基因：*Ppo-A1b*（低）、*Ppo-D1b*（高）；黄色素基因：*TaPds-B1a*（高）；谷蛋白亚基基因：*Glu-A1*（N）、*Glu-B3 d*；籽粒蛋白积累基因：*NAM-6A1c*。

/ 品质表现 / 2016 年、2017 年区域试验统一取样测试结果平均：籽粒蛋白质含量 13.4%，湿面筋含量 36.2%，沉降值 27.5 mL，吸水率 64.3 mL/100g，稳定时间 3.0 min，面粉白度 75.5。

/ 产量表现 / 2015—2017 年参加山东省小麦品种旱地组区域试验，两年平均亩产 455.7 kg，比对照品种鲁麦 21 增产 3.4%；2017—2018 年参加山东省小麦旱地组生产试验，平均亩产 434.8 kg，比对照品种鲁麦 21 增产 5.9%。

/ 生产应用 / 适合山东省旱肥地种植。2019 年山东省种植面积 2 万亩。

10cm

cm

cm

山农糯麦 1 号

省库编号：LM12548　国库编号：ZM030775

/ 品种来源 / 山东农业大学育成，常规品种，系农大糯麦 1 号与潍麦 8 号杂交后选育而成。2018 年通过山东省农作物品种审定委员会审定，审定编号：鲁审麦 20186028。

/ 特征特性 / 幼苗半直立，叶色深绿，分蘖力弱，分蘖成穗率 40.8%，亩穗数 29.6 万穗，穗层整齐；株高 81.1 cm，株型半紧凑。穗长方形，长芒，白壳，穗粒数 47.0 粒；白粒，卵圆形，粉质，饱满，千粒重 44.7 g，容重 792.3 g/L。2017 年抗病性接种鉴定：中抗叶锈病，中感赤霉病，高感条锈病、白粉病和纹枯病。半冬性，越冬抗寒性较好；茎秆弹性好，抗倒伏性中等；生育期 236 d，熟期与对照济麦 22 相当，熟相较好。

/ 基因信息 / 春化基因：*Vrn-D1a*（春性）；硬度基因：*Pinb-D1*（软）、*Pinb2-V2*（硬）；开花基因：*TaELF3-D1-1*（晚）、*PRR73A1*（早）；籽粒颜色基因：*R-B1a*（白）；粒重相关基因：*TaGS-D1a*（高）、*TaGS2-A1b*（高）、*TaGS5-A1a*（低）、*TaTGW-7Aa*（高）、*TaMoc-2433(Hap-L)*（低）、*GW2-6A*（低）；穗发芽基因：*TaSdr-A1a*（低）；多酚氧化酶基因：*Ppo-A1b*（低）、*Ppo-D1b*（高）；过氧化物酶基因：*TaPod-A1*（低）；黄色素基因：*TaPds-B1a*（高）；谷蛋白亚基基因：*Glu-A1*（N）、*Glu-B3 d*；籽粒蛋白积累基因：*NAM-6A1a*；抗叶锈病基因：*Lr14a*。

/ 品质表现 / 2018 年统一取样测试结果：籽粒蛋白质含量 16.6%，湿面筋含量 36.2%，沉降值 32.0 mL，吸水率 74.3 mL/100g，稳定时间 2.1 min，面粉白度 82.2，支链淀粉含量 99.1%，属糯质小麦品种。

/ 产量表现 / 2015—2016 年参加山东省小麦品种高肥组区域试验，平均亩产 539.3 kg，比对照品种济麦 22 减产 7.1%；2016—2017 年自主区域试验，平均亩产 504.2 kg，比第 1 对照山农紫麦 1 号增产 7.5%，比第 2 对照冀糯 200 增产 5.5%；2017—2018 年自主生产试验，平均亩产 516.1 kg，比第 1 对照增产 6.2%，比第 2 对照增产 9.9%。

/ 生产应用 / 适合山东省中高产地块种植。

10cm

cm

cm

山农紫糯 2 号

省库编号：LM12547　国库编号：ZM030774

/ 品种来源 / 山东农业大学育成，系山农紫糯 1 号与泰山 9818 杂交后选育而成。2018 年通过山东省农作物品种审定委员会审定，审定编号：鲁审麦 20186029。

/ 特征特性 / 幼苗半直立，叶色深绿，分蘖力弱，分蘖成穗率 36.3%，亩穗数 29.3 万穗；株高 88.3 cm，株型紧凑。穗长方形，长芒，白壳，穗粒数 46.1 粒；紫粒，椭圆形，粉质，饱满，千粒重 44.0 g，容重 781.4 g/L。2017 年抗病性接种鉴定：慢条锈病，中感叶锈病，高感白粉病、赤霉病和纹枯病。半冬性，越冬抗寒性较好；抗倒伏性中等；生育期 234 d，熟期与对照济麦 22 相当，熟相较好。

/ 基因信息 / 硬度基因：*Pinb-D1*（软）、*Pinb2-V2*（软）；开花基因：*TaELF3-D1-1*（晚）、*PRR73A1*（早）；穗粒数基因：*TEF-7A*（高）；籽粒颜色基因：*R-B1a*（白）；粒重相关基因：*TaGS-D1a*（高）、*TaGS2-A1a*（低）、*TaGS5-A1a*（低）、*TaTGW-7Aa*（高）、*TaCwi-4A-C*、*TaMoc-2433(Hap-L)*（低）、*GW2-6A*（低）；穗发芽基因：*TaSdr-A1a*（低）；过氧化物酶基因：*TaPod-A1*（低）；黄色素基因：*TaPds-B1a*（高）；谷蛋白亚基基因：*Glu-A1*（N）、*Glu-B3 d*；籽粒蛋白积累基因：*NAM-6A1c*；抗叶锈病基因：*Lr68*。

/ 品质表现 / 2018 年统一取样测试结果：籽粒蛋白质含量 15.4%，湿面筋含量 45.7%，沉降值 22.0 mL，吸水率 73.2 mL/100g，稳定时间 1.1 min，面粉白度 78.0，支链淀粉含量 98.7%，属糯质紫小麦品种。

/ 产量表现 / 2015—2016 年参加山东省小麦品种高肥组区域试验，平均亩产 495.5 kg，比高产对照济麦 22 减产 14.7%；2016—2017 年自主区域试验，平均亩产 487.0 kg，比第 1 对照山农紫麦 1 号增产 3.8%，比第 2 对照冀糯 200 增产 1.9%；2017—2018 年自主生产试验，平均亩产 491.2 kg，比第 1 对照增产 2.5%，比第 2 对照增产 6.1%。

/ 生产应用 / 适合山东省中高产地块种植。

10cm

cm

cm

莱农 8834

/ 品种来源 / 原莱阳农学院育成，亲本组合：石家庄 37/F16-71// 徐州 75057-17。1998 年通过山东省农作物品种审定委员会审定，审定编号：鲁种审字第 0248 号。

/ 特征特性 / 苗期长势较强，分蘖成穗率较高，株高约 95 cm。穗纺锤形，长芒，白壳，穗粒数 33.4 粒；白粒，千粒重 38 g，容重 758 g/L，籽粒品质较好。抗条锈病，叶锈病、白粉病。冬性；耐旱性好，在氮肥过多时易引起苗期生长过旺，或贪青晚熟；中熟，落黄性好。

/ 品质表现 / 品质优良，籽粒粗蛋白含量 15.7%，湿面筋含量 38.8%。

/ 产量表现 / 1993—1995 年参加山东省小麦旱地组区域试验，两年平均亩产 373.99 kg，比对照鲁麦 17 增产 8.39%，居第一位。1995—1996 年参加山东省小麦旱地生产试验，平均亩产 252.83 kg，比对照鲁麦 21 减产 3.16%。

/ 生产应用 / 适合山东省旱地条件下推广利用。1995—1999 山东省累计种植面积 337.6 万亩。其中，1996 年种植面积 124.4 万亩，为最大种植面积年份。1999 年后少有种植。1999 年获山东省科技进步三等奖。

山东
小麦
图鉴

Shandong Wheat
Illustrated

附录 1 山东省推广种植的省外育成小麦品种一览表

品种名称（原系号）	亲本及组合	山东省审定编号	育种单位
城辐 752	阿夫辐照	（83）鲁农审字第 5 号	河南洛阳市李楼公社城角大队
百泉 72-40	西农 65(14)1 系育，58(18)2/ 咸农 39 //丰产 3 号	（83）鲁农审字第 5 号	河南省新乡地区农业科学研究所
科红 1 号（科红 1042）	扁穗 / 偏手//分枝麦 / 早洋	鲁种审字 [1983] 第 022 号	中国科学院遗传研究所
豫麦 2 号（宝丰 7228）	65（14）3/ 抗锈辉县红	鲁种审字 [1984] 第 029 号	河南省宝丰县农业科学研究所
晋麦 16（太原 633）	工农 12/6014	鲁种审字 [1984] 第 031 号	山西省农业科学院遗传研究所
丰抗 13	北京 14/ 抗 31655	鲁种审字 [1984] 第 032 号	中国农业科学院、北京市农业科学研究所
晋麦 21（运 78-1）	687-44/ 山前麦	鲁种审字第 0040 号，1985	山西省棉花研究所
晋麦 33（平阳 27）	70-4-92-1 干种子快中子处理系谱选育	（93）鲁农审字第 11 号	山西省农业科学院小麦研究所
邯 6172	邯 4032/ 中引 1 号	鲁农审字 [2002]021 号	河北省邯郸市农业科学院
藁优 9415	8515/ 安农 8455	鲁农审 2007043 号	河北省藁城市农业科学研究所
藁优 5766	030728/8901-11-14	鲁审麦 2018009 号	石家庄市藁城区农业科学研究所
徐麦 36	淮麦 18/ 矮抗 58	鲁审麦 2018010 号	江苏徐州农业科学研究所

附录 2　小麦品种基因分子检测相同信息汇总表

基　因	基因功能	检测结果	备　注
Vrn-A1b	冬性	+	
Vrn-B1b	春性	+	
Ppd-A1a	光周期敏感	+	
Ppd-D1	光周期敏感	+	
TaFT3-B1	开花晚	+	部分品种无信号或杂合
Sus1-7B	高粒重	+	部分品种无信号
Sus2-2A	高粒重	+	
TaSus2-2B	高粒重	+	
TaCKX-D1b	低粒重	+	
TaCWI-5D	低粒重	+	
TaCwi-A1b	低粒重	+	
TaGASR	低粒重	+	
PHS1	低穗发芽	+	
TaSdr-B1a	低穗发芽	+	
1Bx13	谷蛋白亚基	+	
Glu-A3b	谷蛋白亚基	+	
Psy-A1b	低黄色素	+	
Psy-B1c	高黄色素	+	
Psy-D1g	高黄色素	+	
TaZds-D1a	高黄色素	+	
Lox-B1b	低脂肪氧化酶活性	+	
PPOA-2c	高多酚氧化酶活性	+	部分品种杂合或无信号
PPOB-2b	低多酚氧化酶活性	+	
Rht-B1a	高秆	+	
TaDREB-B1a	抗旱	+	
Pm21	抗白粉病		
Fhb1	抗赤霉病		
Lr34	抗叶锈病		部分品种无信号
Yr15	抗条锈病		部分品种无信号
Sr36	抗秆锈病	+	
Sr67	抗秆锈病	+	

附录 3 小麦籽粒相关基因

品种	基因								
	TEF-7A (高)	*TEF-7A* (低)	*R-B1a*	*R-B1b*	*TaGS-D1a*	*TaGS-D1b*	*TaGS2-A1a*	*TaGS2-A1b*	*TaGS5-A1a*
齐大 195		+		+	+		+		
泰农 153		+		+	+			+	
跃进 5 号		+	+		+		+		+
跃进 8 号		+	+		+			+	
济南 2 号	+		+		+			+	
济南 4 号	+		+		+			+	
济南 5 号			+		+			+	
鲁滕 1 号		+	+				+		+
蚰包麦		+							
原丰 1 号	+		+		+			+	
济南 6 号		+	+		+			+	+
济南 8 号		+	+		+		+		
济南 9 号		+	+		+			+	+
济南矮 6 号		+	+		+		+		+
济南 10 号		+	+		+			+	+
烟农 78		+	+		+		+		+
济宁 3 号	+			+				+	
恒群 4 号	+			+				+	
德选 1 号		+		+	+		+		
昌乐 5 号				+	+		+		
泰山 1 号	+		+		+			+	
泰山 4 号	+		+			+		+	
淄选 2 号	+		+		+			+	
白高 38			+		+			+	
烟农 685		+	+		+			+	
泰山 5 号	+		+					+	
昌潍 20			+					+	
山农 587	+								
烟农 15	+		+					+	
济南 13	+			+	+			+	
莱阳 4671	+			+				+	

分子检测信息汇总表

基　因								
TaGS5-A1b	*TaTGW-7Aa*	*TaTGW-7Ab*	*TaCwi-4A-C*	*TaCwi-4A-T*	*TaMoc-2433* (Hap-H)	*TaMoc-2433* (Hap-L)	*GW2-6A*（高）	*GW2-6A*（低）
			+			+		+
+			+			+	+	
	+		+			+	+	
+	+		+			+		+
+		+	+			+	+	
+	+		+			+	+	
+	+		+			+	+	
	+		+			+		+
				+				+
+		+		+		+	+	
		+	+			+	+	
+		+	+		+			+
	+		+			+		+
	+		+			+	+	
		+	+			+	+	
		+	+			+		+
+	+		+			+		+
+	+		+			+	+	
+	+		+			+	+	
+	+			+		+		+
+	+		+			+	+	
+	+		+			+		+
+	+					+		+
+	+			+		+	+	
	+		+			+		+
+	+			+	+			+
+	+			+	+		+	
								+
+	+		+			+		+
+	+			+		+		+
+	+		+			+		+

品种	基因								
	TEF-7A (高)	*TEF-7A* (低)	*R-B1a*	*R-B1b*	*TaGS-D1a*	*TaGS-D1b*	*TaGS2-A1a*	*TaGS2-A1b*	*TaGS5-A1a*
高 8	+		+		+			+	
山农辐 63	+		+		+			+	
鲁麦 1 号	+		+		+			+	
鲁麦 2 号		+	+		+		+		
鲁麦 3 号		+		+	+			+	
鲁麦 4 号									
鲁麦 5 号		+	+		+			+	
鲁麦 6 号	+		+			+		+	
鲁麦 7 号		+	+		+			+	
鲁麦 8 号		+	+					+	
鲁麦 9 号		+	+				+		+
鲁麦 10 号		+		+	+				
鲁麦 11		+	+			+		+	
215953		+	+		+				
鲁麦 12	+		+				+		
鲁麦 13	+		+		+		+		+
鲁麦 14			+		+		+		+
鲁麦 15	+		+		+			+	
鲁麦 16		+	+		+			+	
鲁麦 17	+			+				+	
齐 8410				+	+		+		
滨州 4042		+		+	+			+	
滕州 1416	+		+		+			+	
PH82-2-2			+		+			+	
鲁麦 18		+	+		+			+	
鲁麦 19		+	+		+		+		
鲁麦 20		+	+		+			+	
潍 9133	+		+		+			+	
济核 02		+	+		+			+	
莱州 953		+		+	+		+		
鲁麦 21	+		+			+		+	

续附录 3

基因								
TaGS5-A1b	*TaTGW-7Aa*	*TaTGW-7Ab*	*TaCwi-4A-C*	*TaCwi-4A-T*	*TaMoc-2433* (*Hap-H*)	*TaMoc-2433* (*Hap-L*)	*GW2-6A* （高）	*GW2-6A* （低）
+	+		+			+		+
+	+		+			+		+
+	+		+			+		+
+		+	+			+	+	
+				+	+			+
				+				
+	+		+		+			+
+			+			+		+
+	+			+		+		+
	+		+			+		+
	+			+		+		+
+			+			+	+	
+	+		+		+			+
+	+		+			+		+
+				+		+	+	
	+		+			+	+	
	+					+		
+	+		+			+		+
	+					+		+
+	+			+		+		+
+	+			+		+	+	
+			+			+	+	
+	+			+		+		+
+			+			+		+
+		+	+			+		+
+	+		+		+			+
+	+					+	+	
+	+		+			+		+
	+			+		+		+
+	+		+			+	+	
+	+		+			+		+

品种	基因								
	TEF-7A (高)	*TEF-7A* (低)	*R-B1a*	*R-B1b*	*TaGS-D1a*	*TaGS-D1b*	*TaGS2-A1a*	*TaGS2-A1b*	*TaGS5-A1a*
鲁麦 22	+		+			+	+		
鲁麦 23	+		+			+		+	
淄农 033	+		+			+		+	
济南 16		+	+		+				
济南 17			+		+		+		+
烟农 18		+	+				+		
滨麦 1 号	+			+	+			+	
济宁 13	+			+	+				
济南 18		+	+		+		+		
菏麦 13		+		+			+		
潍麦 6 号	+		+		+		+		
山农优麦 2 号	+		+		+			+	
烟农 19			+		+			+	+
济麦 19	+		+		+		+		
莱州 95021	+			+			+		
金铎 1 号		+		+	+			+	
淄麦 12	+		+					+	
滨麦 3 号	+			+				+	
潍麦 7 号	+		+		+			+	+
山农 1135			+		+		+		
淄麦 7 号	+		+		+		+		
山农优麦 3 号		+	+		+			+	
德抗 961		+							
泰山 21	+		+		+			+	
邯 6172	+		+		+			+	
山农 664	+		+		+		+		+
烟农 21		+	+		+			+	+
烟农 22	+		+		+			+	+
烟辐 188			+			+		+	+
潍麦 8 号		+	+		+			+	+
济麦 20			+		+		+		

续附录 3

基因								
TaGS5-A1b	*TaTGW-7Aa*	*TaTGW-7Ab*	*TaCwi-4A-C*	*TaCwi-4A-T*	*TaMoc-2433* (*Hap-H*)	*TaMoc-2433* (*Hap-L*)	*GW2-6A*（高）	*GW2-6A*（低）
+	+		+			+		+
+	+			+		+		+
+	+			+		+	+	
+	+			+		+		+
	+					+		
+	+			+		+		+
+	+		+			+		+
+	+					+	+	
+	+		+			+		+
	+		+			+		+
+	+		+			+		+
+	+		+			+		+
	+					+		
	+		+			+		+
	+			+		+		+
+	+		+			+		+
+		+	+			+	+	
+	+		+			+		+
	+			+		+		+
	+					+		
+	+		+			+		+
+	+		+			+		+
			+					+
+				+		+		+
+	+			+		+	+	
	+					+		+
	+		+			+		+
	+			+		+	+	
	+							
	+					+	+	
+	+					+		

品种	基因								
	TEF-7A (高)	*TEF-7A* (低)	*R-B1a*	*R-B1b*	*TaGS-D1a*	*TaGS-D1b*	*TaGS2-A1a*	*TaGS2-A1b*	*TaGS5-A1a*
烟农 23		+	+		+		+		
汶农 5 号	+		+			+		+	
聊麦 16	+			+	+		+		
山农 11		+	+					+	
丰川 6 号		+		+	+			+	
临麦 2 号		+		+	+			+	
济麦 21		+	+		+		+		+
泰山 23	+		+		+			+	
烟农 24	+		+					+	
多丰 2000	+			+	+			+	
黑马 1 号		+		+			+		
泰山 22		+	+		+		+		
济宁 16		+		+	+			+	
济宁 17		+		+	+		+		
山融 3 号			+		+		+		+
德抗 6756	+		+		+			+	+
济宁 12				+	+			+	
山农 8355			+		+			+	
泰山 24	+		+				+		
山农 12	+		+		+			+	
临麦 4 号				+	+			+	
山农 14	+		+				+		+
烟 2415	+		+					+	
良星 99		+		+			+		
济麦 22				+			+		
泰麦 1 号	+			+				+	
聊麦 18		+		+			+		
泰山 9818			+		+			+	
青丰 1 号	+		+			+	+		+
黑马 2 号	+		+		+			+	+
汶农 6 号			+		+			+	

续附录 3

基因								
TaGS5-A1b	*TaTGW-7Aa*	*TaTGW-7Ab*	*TaCwi-4A-C*	*TaCwi-4A-T*	*TaMoc-2433* (*Hap-H*)	*TaMoc-2433* (*Hap-L*)	*GW2-6A* (高)	*GW2-6A* (低)
+	+		+			+		+
+	+		+			+		+
+	+		+			+	+	
+	+		+			+		+
+	+		+			+		+
+	+		+			+		+
		+	+			+	+	
+	+		+			+		+
+	+		+			+		+
+	+			+		+		+
+	+		+			+	+	
	+		+			+		+
+	+		+			+		+
	+		+		+		+	
	+					+		
	+		+			+		+
+	+					+		
+	+			+		+	+	
		+		+		+		+
+	+		+			+		+
+	+					+		
	+		+			+	+	
+	+			+		+		+
	+		+			+		+
	+					+		
+			+			+	+	
+	+		+			+		+
+	+					+		
	+		+			+		+
	+			+	+			+
+		+				+		

品种	基因								
	TEF-7A(高)	*TEF-7A*(低)	*R-B1a*	*R-B1b*	*TaGS-D1a*	*TaGS-D1b*	*TaGS2-A1a*	*TaGS2-A1b*	*TaGS5-A1a*
山农 15			+				+		+
鲁农 116		+	+		+			+	+
洲元 9369			+			+		+	
聊麦 19	+			+	+		+		
烟农 5158	+		+		+		+		+
鲁原 301		+	+		+				
烟农 5286		+	+				+		
青麦 6 号	+		+		+			+	
山农 16		+	+		+			+	+
泰农 18		+	+		+		+		+
良星 66		+		+			+		
烟农 0428	+		+			+		+	
山农 17		+	+		+		+		+
齐麦 1 号		+		+	+		+		
郯麦 98		+	+		+			+	+
山农 18			+		+		+		+
鑫麦 289	+		+					+	+
科信 9 号	+			+	+			+	
青麦 7 号		+	+				+		+
汶农 14			+				+		+
良星 77		+		+			+		
青农 2 号	+		+			+	+		+
山农 21		+	+				+		+
山农紫麦 1 号	+		+		+			+	
烟农 836	+		+				+		
山农 19		+	+		+			+	
山农 20		+	+				+		+
山农 22		+	+		+			+	+
泰农 19	+		+		+			+	+
烟农 999			+		+		+		+
汶农 17		+	+		+		+		+

续附录 3

基 因								
TaGS5-A1b	*TaTGW-7Aa*	*TaTGW-7Ab*	*TaCwi-4A-C*	*TaCwi-4A-T*	*TaMoc-2433* (*Hap-H*)	*TaMoc-2433* (*Hap-L*)	*GW2-6A*（高）	*GW2-6A*（低）
	+					+		
	+		+			+		+
+	+					+		
+	+		+		+			+
	+		+			+		+
+	+		+			+		+
+	+		+			+		+
+	+					+	+	
	+					+		+
	+			+		+		+
	+		+			+		+
+	+		+			+		+
	+					+	+	
+	+					+	+	
	+		+			+		+
	+		+			+	+	
	+		+			+		+
+	+		+			+		+
	+		+			+		+
	+					+		
	+		+			+		+
	+		+			+		+
	+		+			+		+
+	+		+			+		+
+	+		+			+		+
+		+		+		+	+	
	+		+			+		+
	+		+			+	+	
	+		+		+		+	
	+					+		
	+			+		+	+	

品种	基因								
	TEF-7A (高)	*TEF-7A* (低)	*R-B1a*	*R-B1b*	*TaGS-D1a*	*TaGS-D1b*	*TaGS2-A1a*	*TaGS2-A1b*	*TaGS5-A1a*
山农 23		+	+		+			+	+
菏麦 17	+			+				+	
鲁原 502			+		+		+		+
菏麦 18		+		+	+			+	
泰山 27	+		+		+		+		
垦星 1 号	+			+	+			+	
鑫麦 296	+		+					+	+
山农 24			+		+			+	+
泰山 28		+	+		+			+	+
阳光 10		+	+		+			+	+
山农 28	+		+				+		+
齐麦 2 号		+	+		+			+	+
儒麦 1 号				+	+			+	
山农 27			+				+		+
山农 25			+		+		+		+
山农 26		+	+				+		+
山农 32			+				+		+
山农 29			+				+		+
菏麦 19		+		+			+		
山农 31	+		+				+		+
烟农 173	+		+			+	+		
泰农 33			+		+		+		+
济麦 229			+				+		+
红地 95	+			+	+			+	
齐民 6 号	+		+		+			+	
济麦 262		+	+		+		+		
太麦 198		+	+		+		+		+
菏麦 20			+				+		+
登海 202	+		+		+		+		
峰川 9 号		+	+				+		+
济麦 23			+				+		+

续附录 3

基因								
TaGS5-A1b	*TaTGW-7Aa*	*TaTGW-7Ab*	*TaCwi-4A-C*	*TaCwi-4A-T*	*TaMoc-2433* (*Hap-H*)	*TaMoc-2433* (*Hap-L*)	*GW2-6A*（高）	*GW2-6A*（低）
	+					+	+	
+	+		+			+		+
	+					+		
+	+		+			+		+
+		+	+			+	+	
+	+			+		+	+	
	+		+			+		+
	+					+		
	+		+			+	+	
	+		+			+	+	
	+		+			+		+
	+		+			+	+	
+	+					+		
	+					+		
	+					+		
	+		+			+	+	
	+					+		
	+					+		
	+		+			+	+	
	+		+			+		+
+	+			+		+		+
	+					+	+	
	+					+		
+	+					+		+
+	+		+			+		+
+	+		+			+		+
	+					+		+
	+					+		
+	+		+			+		+
	+		+			+		+
	+					+		

品种	基因								
	TEF-7A (高)	*TEF-7A* (低)	*R-B1a*	*R-B1b*	*TaGS-D1a*	*TaGS-D1b*	*TaGS2-A1a*	*TaGS2-A1b*	*TaGS5-A1a*
红地 166	+		+		+		+		
齐民 7 号		+	+		+		+		+
山农 30			+		+		+		+
泰科麦 33			+		+		+		
鑫瑞麦 29		+	+		+		+		
淄麦 29		+	+		+			+	
烟农 1212			+		+		+		
泰科麦 31	+		+			+	+		
良星 68		+	+		+		+		+
裕田麦 119		+	+		+		+		+
淄麦 28	+		+		+		+		+
藁优 5766			+		+			+	+
徐麦 36	+		+		+		+		+
齐民 8 号		+	+				+		+
临麦 9 号		+	+				+		+
圣麦 102		+	+		+		+		
鑫瑞麦 38		+	+		+		+		+
菏麦 21		+	+				+		+
鑫星 169		+	+		+		+		
山农 36		+	+		+			+	+
济麦 44			+		+		+		+
爱麦 1 号		+	+		+		+		+
山农 111			+					+	+
齐民 9 号		+	+		+			+	
山农 34		+	+				+		
济麦 60			+			+	+		+
峰川 18		+	+				+		+
泰科麦 32	+		+		+		+		
红地 176	+		+		+			+	
阳光 18		+	+				+		+
山农糯麦 1 号			+		+			+	+
山农紫糯 2 号	+		+		+		+		+

续附录3

基　因								
TaGS5-A1b	*TaTGW-7Aa*	*TaTGW-7Ab*	*TaCwi-4A-C*	*TaCwi-4A-T*	*TaMoc-2433* (*Hap-H*)	*TaMoc-2433* (*Hap-L*)	*GW2-6A* （高）	*GW2-6A* （低）
+	+		+			+		+
	+		+			+		+
	+					+		
+	+			+		+	+	
+	+		+			+		+
+		+	+		+			+
+	+					+		
+	+		+			+		+
	+		+			+	+	
	+			+		+	+	
	+			+		+	+	
	+					+		
	+		+			+		+
	+		+			+		+
	+		+			+		+
	+			+		+		+
	+			+		+	+	
	+		+			+		+
+	+					+		+
	+		+			+	+	
	+					+		
	+					+		+
	+			+		+		+
	+					+		+
+	+					+		+
	+					+		
	+		+			+		+
+	+		+			+		+
+	+		+		+		+	
	+		+			+		+
	+					+		+
	+		+			+		+

附录 4 小麦品质相关基因

品种	基因						
	Ppo-A1a	*Ppo-A1b*	*Ppo-D1a*	*Ppo-D1b*	*TaPod-A1*（高）	*TaPod-A1*（低）	*TaPds-B1a*
齐大 195						+	+
泰农 153						+	+
跃进 5 号		+				+	+
跃进 8 号		+				+	+
济南 2 号		+			+		+
济南 4 号		+				+	+
济南 5 号		+			+		+
鲁滕 1 号		+			+		+
蚰包麦						+	
原丰 1 号		+				+	+
济南 6 号		+				+	+
济南 8 号		+				+	+
济南 9 号		+				+	+
济南矮 6 号						+	+
济南 10 号		+				+	+
烟农 78		+				+	+
济宁 3 号					+		
恒群 4 号	+				+		
德选 1 号						+	+
昌乐 5 号							+
泰山 1 号					+		+
泰山 4 号		+		+	+		
淄选 2 号		+			+		
白高 38				+		+	+
烟农 685		+					+
泰山 5 号				+	+		
昌潍 20		+			+		
山农 587						+	
烟农 15		+			+		
济南 13				+	+		
莱阳 4671					+		

分子检测信息汇总表

基　因							
TaPds-B1b	*Glu-A1*（1）	*Glu-A1*（N）	*Glu-D1*（2+12）	*Glu-D1*（5+10）	*Glu-B3d*	*NAM-6A1a*	*NAM-6A1c*
	+					+	
	+					+	
		+			+		+
		+			+		+
		+					+
	+				+		+
	+						+
	+				+		+
		+			+		+
		+			+		+
	+						+
	+						+
		+					+
		+			+		+
		+					+
+	+					+	
+	+					+	
						+	
	+					+	
		+			+		+
+	+				+		+
	+				+		+
		+			+		+
							+
+	+				+		+
+		+			+		+
+	+				+		+
+	+					+	
+	+					+	

品种	基因						
	Ppo-A1a	*Ppo-A1b*	*Ppo-D1a*	*Ppo-D1b*	*TaPod-A1*（高）	*TaPod-A1*（低）	*TaPds-B1a*
高 8				+		+	+
山农辐 63		+		+	+		+
鲁麦 1 号		+		+	+		+
鲁麦 2 号				+	+		+
鲁麦 3 号						+	+
鲁麦 4 号						+	
鲁麦 5 号		+		+		+	+
鲁麦 6 号		+			+		+
鲁麦 7 号						+	+
鲁麦 8 号		+			+		+
鲁麦 9 号				+			+
鲁麦 10 号						+	+
鲁麦 11		+		+	+		+
215953		+				+	+
鲁麦 12			+		+		+
鲁麦 13		+		+	+		+
鲁麦 14		+		+			+
鲁麦 15		+			+		+
鲁麦 16				+	+		
鲁麦 17							
齐 8410	+				+		+
滨州 4042	+		+				+
滕州 1416		+		+	+		
PH82-2-2		+					+
鲁麦 18		+				+	+
鲁麦 19						+	+
鲁麦 20			+			+	
潍 9133			+		+		+
济核 02		+		+		+	+
莱州 953					+		+
鲁麦 21				+		+	

续附录 4

基因							
TaPds-B1b	*Glu-A1*（1）	*Glu-A1*（N）	*Glu-D1*（2+12）	*Glu-D1*（5+10）	*Glu-B3d*	*NAM-6A1a*	*NAM-6A1c*
		+			+		+
	+						+
	+				+		+
		+			+		+
	+					+	
	+						+
		+			+		+
	+				+		+
					+		+
		+			+		+
						+	
	+				+		+
	+				+		+
		+			+		+
	+				+		+
	+				+		+
	+				+		+
+	+				+		+
+	+					+	
	+					+	
						+	
+	+				+		+
					+		+
		+			+		+
	+				+		+
+	+				+		+
		+			+		+
		+			+		+
						+	
+	+				+		+

品种	基因						
	Ppo-A1a	*Ppo-A1b*	*Ppo-D1a*	*Ppo-D1b*	*TaPod-A1*（高）	*TaPod-A1*（低）	*TaPds-B1a*
鲁麦 22		+	+		+		
鲁麦 23		+				+	+
淄农 033		+	+		+		+
济南 16						+	+
济南 17		+		+			
烟农 18			+		+		+
滨麦 1 号						+	+
济宁 13	+					+	+
济南 18				+		+	+
菏麦 13				+			+
潍麦 6 号		+				+	
山农优麦 2 号		+			+		+
烟农 19		+					+
济麦 19		+				+	
莱州 95021				+	+		+
金铎 1 号						+	+
淄麦 12		+				+	
滨麦 3 号	+			+	+		
潍麦 7 号		+		+		+	+
山农 1135		+					+
淄麦 7 号		+				+	
山农优麦 3 号				+	+		
德抗 961						+	
泰山 21		+				+	+
邯 6172		+				+	+
山农 664		+	+				+
烟农 21		+				+	+
烟农 22		+			+		+
烟辐 188		+		+			+
潍麦 8 号		+		+			+
济麦 20		+	+				+

续附录 4

基因							
TaPds-B1b	*Glu-A1*（1）	*Glu-A1*（N）	*Glu-D1*（2+12）	*Glu-D1*（5+10）	*Glu-B3d*	*NAM-6A1a*	*NAM-6A1c*
+		+			+		+
	+				+		+
	+				+		+
					+		+
+	+		+		+		+
	+			+	+		+
	+			+		+	
	+					+	
		+			+		+
						+	
+	+				+		+
	+				+		+
	+						+
+					+		+
						+	
	+					+	
+	+			+	+		+
+	+					+	
		+		+	+		+
	+		+		+		+
+	+				+		+
+		+			+		+
					+		+
	+				+		+
	+			+	+		+
	+			+			+
	+						+
		+			+		+
		+			+		+
	+			+	+		+

品种	基因						
	Ppo-A1a	*Ppo-A1b*	*Ppo-D1a*	*Ppo-D1b*	*TaPod-A1*（高）	*TaPod-A1*（低）	*TaPds-B1a*
烟农 23		+					
汶农 5 号				+	+		
聊麦 16	+			+		+	+
山农 11		+		+		+	
丰川 6 号	+					+	+
临麦 2 号			+		+		+
济麦 21				+			+
泰山 23		+				+	
烟农 24		+		+			+
多丰 2000	+		+		+		+
黑马 1 号					+		+
泰山 22		+			+		
济宁 16	+					+	+
济宁 17						+	+
山融 3 号		+		+			+
德抗 6756		+			+		
济宁 12							
山农 8355		+				+	+
泰山 24		+			+		+
山农 12				+	+		+
临麦 4 号			+				+
山农 14		+		+		+	
烟 2415				+	+		+
良星 99				+	+		+
济麦 22				+			+
泰麦 1 号						+	
聊麦 18						+	+
泰山 9818		+					+
青丰 1 号				+			
黑马 2 号		+			+		
汶农 6 号				+		+	+

续附录 4

基因							
TaPds-B1b	*Glu-A1*（1）	*Glu-A1*（N）	*Glu-D1*（2+12）	*Glu-D1*（5+10）	*Glu-B3d*	*NAM-6A1a*	*NAM-6A1c*
+	+				+		+
+	+				+		+
	+					+	
+	+				+		+
						+	
	+					+	
		+			+		+
+	+				+		+
	+				+		+
						+	
						+	
					+		+
	+			+		+	
						+	
	+		+				+
+		+			+		+
+	+			+		+	
		+			+		+
		+					+
		+		+	+		+
	+		+			+	
+	+				+		+
	+						+
						+	
			+			+	
+	+			+		+	
	+			+		+	
	+		+		+		+
+	+				+		+
+		+			+		+
		+					+

品种	基因						
	Ppo-A1a	*Ppo-A1b*	*Ppo-D1a*	*Ppo-D1b*	*TaPod-A1*（高）	*TaPod-A1*（低）	*TaPds-B1a*
山农 15		+		+			
鲁农 116		+				+	+
洲元 9369				+			
聊麦 19						+	
烟农 5158					+		+
鲁原 301		+		+	+		
烟农 5286		+		+			
青麦 6 号					+		+
山农 16						+	+
泰农 18		+					+
良星 66				+	+		+
烟农 0428				+	+		
山农 17		+		+			+
齐麦 1 号				+			+
郯麦 98				+		+	
山农 18		+			+		
鑫麦 289					+		+
科信 9 号	+		+			+	+
青麦 7 号		+		+			+
汶农 14		+		+			
良星 77				+	+		+
青农 2 号				+			
山农 21		+		+			
山农紫麦 1 号		+				+	+
烟农 836		+		+			
山农 19						+	
山农 20		+		+			
山农 22		+				+	+
泰农 19		+			+		
烟农 999		+		+			+
汶农 17		+		+		+	+

续附录 4

基　因							
TaPds-B1b	*Glu-A1*（1）	*Glu-A1*（N）	*Glu-D1*（2+12）	*Glu-D1*（5+10）	*Glu-B3d*	*NAM-6A1a*	*NAM-6A1c*
+	+		+		+		+
	+						+
+	+				+		+
+	+					+	
	+			+	+		+
	+				+		+
+	+				+		+
	+						+
	+						+
	+			+			+
						+	
+	+				+		+
	+						+
	+					+	
+	+				+		+
+	+				+		+
		+			+		+
	+					+	
		+			+		+
+		+	+		+		+
						+	
+	+				+		+
+		+		+	+		+
	+						+
+	+				+		+
+		+			+		+
+		+			+		+
	+			+			+
+		+		+	+		+
	+			+	+		+
	+						+

品种	基因						
	Ppo-A1a	*Ppo-A1b*	*Ppo-D1a*	*Ppo-D1b*	*TaPod-A1*（高）	*TaPod-A1*（低）	*TaPds-B1a*
山农 23		+	+			+	+
菏麦 17	+			+	+		
鲁原 502		+		+			
菏麦 18	+					+	+
泰山 27						+	
垦星 1 号						+	+
鑫麦 296					+		+
山农 24		+					+
泰山 28						+	+
阳光 10		+				+	+
山农 28		+		+		+	+
齐麦 2 号		+					+
儒麦 1 号	+						+
山农 27		+		+			+
山农 25		+					+
山农 26		+		+	+		
山农 32		+		+			+
山农 29		+		+			
菏麦 19					+		
山农 31		+		+		+	
烟农 173				+			
泰农 33		+	+			+	+
济麦 229		+		+			
红地 95				+		+	+
齐民 6 号						+	+
济麦 262			+				+
太麦 198		+			+		+
菏麦 20							+
登海 202		+		+		+	+
峰川 9 号				+			+
济麦 23		+		+			

续附录 4

基 因							
TaPds-B1b	*Glu-A1*（1）	*Glu-A1*（N）	*Glu-D1*（2+12）	*Glu-D1*（5+10）	*Glu-B3d*	*NAM-6A1a*	*NAM-6A1c*
	+						+
+	+					+	
+		+	+		+		+
						+	
	+				+		+
	+					+	
		+			+		+
	+			+			+
		+			+		+
	+			+			+
		+			+		+
	+						+
	+		+			+	
		+	+		+		+
	+			+			+
+		+		+			+
	+		+		+		+
+		+		+			+
+				+		+	
+		+			+		+
+	+				+		+
	+			+			+
+		+		+	+		+
	+					+	
	+			+			+
	+				+		+
		+		+	+		+
		+	+		+		+
	+				+		+
		+			+		+
+		+		+	+		+

品种	基因						
	Ppo-A1a	*Ppo-A1b*	*Ppo-D1a*	*Ppo-D1b*	*TaPod-A1*（高）	*TaPod-A1*（低）	*TaPds-B1a*
红地 166						+	+
齐民 7 号		+				+	+
山农 30		+					+
泰科麦 33		+		+			+
鑫瑞麦 29		+		+			+
淄麦 29		+					
烟农 1212							+
泰科麦 31		+		+			+
良星 68		+		+	+		+
裕田麦 119		+			+		+
淄麦 28					+		+
藁优 5766		+					+
徐麦 36						+	
齐民 8 号		+		+	+		+
临麦 9 号		+		+	+		+
圣麦 102		+			+		+
鑫瑞麦 38		+			+		+
菏麦 21		+		+	+		+
鑫星 169						+	+
山农 36		+				+	+
济麦 44		+		+			
爱麦 1 号		+		+	+		+
山农 111		+				+	
齐民 9 号							+
山农 34		+			+		+
济麦 60		+		+			+
峰川 18		+		+		+	+
泰科麦 32		+					+
红地 176		+		+		+	+
阳光 18		+		+			+
山农糯麦 1 号		+		+		+	+
山农紫糯 2 号						+	+

续附录 4

基因							
TaPds-B1b	*Glu-A1*（1）	*Glu-A1*（N）	*Glu-D1*（2+12）	*Glu-D1*（5+10）	*Glu-B3d*	*NAM-6A1a*	*NAM-6A1c*
	+				+		+
	+			+			+
		+		+			+
	+			+	+		+
		+			+		+
+	+				+		+
	+			+	+		+
	+				+		+
	+			+	+		+
	+			+			+
	+			+	+		+
	+			+			+
+	+				+		+
		+			+		+
		+			+		+
				+	+		+
		+		+	+		+
		+			+		+
	+				+		+
	+			+			+
+	+			+	+		+
	+						+
+		+		+	+		+
	+				+		+
		+			+		+
	+		+		+		+
		+			+		+
	+				+		+
	+				+		+
		+			+		+
		+			+		+
		+			+		+

附录 5　小麦抗病相关基因分子检测信息汇总表

品种	基因				
	Lr14a	*Lr46*	*Lr68*	*Sbmp6061*	*Cu81c*
齐大 195	+				
泰农 153	+	+			
跃进 5 号	+	+			
跃进 8 号	+				
济南 2 号	+				
济南 4 号	+	+			
济南 5 号	+				
鲁滕 1 号	+		+		
蚰包麦	+	+			
原丰 1 号	+				
济南 6 号	+				
济南 9 号	+				
济南 10 号	+				
济南矮 6 号	+				
烟农 78	+	+			
济宁 3 号		+			
恒群 4 号	+		+		
德选 1 号	+				
昌乐 5 号	+	+	+		
泰山 4 号	+		+		
淄选 2 号	+		+		
白高 38	+	+			
山农 587	+				
烟农 15		+			
莱阳 4671		+			
高 8	+	+			
山农辐 63	+	+			
鲁麦 1 号	+	+			
鲁麦 3 号		+			
鲁麦 5 号			+		
鲁麦 8 号	+	+			
鲁麦 9 号	+				
鲁麦 10 号	+	+			
鲁麦 11	+	+	+		
215953	+				

续附录 5

品种	基因				
	Lr14a	*Lr46*	*Lr68*	*Sbmp6061*	*Cu81c*
鲁麦 12	+	+			
鲁麦 13		+			
鲁麦 17		+			
齐 8410	+			+	
滕州 1416	+	+			
PH82-2-2	+	+			
鲁麦 18	+				
鲁麦 19	+				
潍 9133	+				
济核 02	+				
莱州 953		+			
鲁麦 21	+				
鲁麦 22		+			
鲁麦 23		+			
淄农 033		+			
济南 17		+			
烟农 18	+		+		
滨麦 1 号	+	+		+	
济宁 13	+		+		
菏麦 13		+			
潍麦 6 号		+			
山农优麦 2 号	+	+			
烟农 19	+	+		+	
济麦 19	+	+	+		
淄麦 12	+	+			
滨麦 3 号		+			
潍麦 7 号	+		+		
山农 1135	+	+			
淄麦 7 号		+			
山农优麦 3 号	+	+			
德抗 961	+	+			
泰山 21	+		+		
邯 6172	+		+		
山农 664	+				
烟农 21	+			+	
烟农 22	+	+			
济麦 20	+	+			

续附录 5

品种	基因				
	Lr14a	*Lr46*	*Lr68*	*Sbmp6061*	*Cu81c*
山农 11	+				
丰川 6 号	+				
临麦 2 号	+	+			
济麦 21		+			
泰山 23		+			
多丰 2000		+			
黑马 1 号		+			
泰山 22	+				
济宁 17		+		+	
山融 3 号	+	+	+		
济宁 12	+	+	+		
山农 8355		+			
泰山 24	+				
临麦 4 号	+	+			
烟 2415	+	+			
济麦 22		+			
泰麦 1 号	+	+			
泰山 9818	+	+			
汶农 6 号	+				
山农 15		+			
鲁农 116	+			+	
洲元 9369		+			
聊麦 19		+			
烟农 5158	+			+	
青麦 6 号		+			
山农 16	+			+	
泰农 18	+				
山农 17	+				
郯麦 98	+				
科信 9 号	+				
汶农 14		+			
山农 21	+				
山农紫麦 1 号	+				
山农 19	+				
山农 22	+				
泰农 19	+	+			
烟农 999	+	+	+		

续附录 5

品种	基因				
	Lr14a	*Lr46*	*Lr68*	*Sbmp6061*	*Cu81c*
汶农 17	+				
山农 23	+				
鲁原 502		+			
菏麦 18	+				+
泰山 27	+	+			
垦星 1 号	+		+		
山农 24	+	+			
泰山 28	+				
阳光 10	+			+	
儒麦 1 号		+			
山农 27		+			
山农 25	+	+		+	
山农 32		+			
山农 29		+			
菏麦 19	+				
济麦 229	+				
济麦 262	+	+			
菏麦 20		+			
峰川 9 号		+			
济麦 23		+			
红地 166	+				
山农 30		+			
烟农 1212	+	+	+		
裕田麦 119	+				
藁优 5766	+	+			
临麦 9 号		+			
鑫星 169	+				
山农 36	+				
济麦 44		+			
山农 111	+				
山农 34	+				
济麦 60	+	+	+		
峰川 18	+	+			
泰科麦 32	+				
红地 176	+		+		
山农糯麦 1 号	+				
山农紫糯 2 号			+		+

附录 6 小麦其他相关基因

品种	基因					
	1B/1R	*Vrn-D1a*	*Pinb-D1*（软）	*Pinb-D1*（硬）	*Pinb2-V2*（软）	*Pinb2-V2*（硬）
齐大 195						+
泰农 153		+		+		+
跃进 5 号		+	+			+
跃进 8 号			+			+
济南 2 号				+		+
济南 4 号				+	+	
济南 5 号				+		
鲁滕 1 号			+		+	
蚰包麦			+		+	
原丰 1 号	+		+		+	
济南 6 号				+	+	
济南 8 号				+	+	
济南 9 号				+	+	
济南矮 6 号				+		+
济南 10 号				+		+
烟农 78		+		+	+	
济宁 3 号			+		+	
恒群 4 号			+		+	
德选 1 号				+		+
昌乐 5 号				+	+	
泰山 1 号			+			+
泰山 4 号				+	+	
淄选 2 号			+		+	
白高 38		+	+		+	
烟农 685			+		+	
泰山 5 号			+			+
昌潍 20				+	+	
山农 587				+		
烟农 15			+		+	
济南 13			+		+	
莱阳 4671			+		+	

分子检测信息汇总表

基因							
TaELF3-D1-1（晚）	*TaELF3-D1-1*（早）	*PRR73A1*（早）	*PRR73A1*（晚）	*COMT-3Ba*	*COMT-3Bb*	*TaSdr-A1a*	*TaSdr-A1b*
+			+	+			+
+			+	+			+
+			+			+	
+			+		+	+	
+			+				+
+			+				
+			+				
					+	+	
		+					
+		+				+	
+							+
+		+					+
+			+		+		
+		+					
+			+			+	
+		+				+	
+		+		+			+
+		+		+			+
+			+	+			+
+		+		+			+
+		+					+
	+	+				+	
+		+			+	+	
+		+					+
+		+			+		+
	+	+			+		
	+	+			+	+	
			+				
+		+					+
+		+		+			+
+		+					+

品种	基因					
	1B/1R	Vrn-D1a	Pinb-D1（软）	Pinb-D1（硬）	Pinb2-V2（软）	Pinb2-V2（硬）
高 8			+			+
山农辐 63				+		+
鲁麦 1 号				+		+
鲁麦 2 号				+	+	
鲁麦 3 号		+				+
鲁麦 4 号			+		+	
鲁麦 5 号			+		+	
鲁麦 6 号			+			+
鲁麦 7 号	+	+		+	+	
鲁麦 8 号	+		+			+
鲁麦 9 号	+			+		+
鲁麦 10 号				+	+	
鲁麦 11	+			+	+	
215953	+			+		+
鲁麦 12	+		+		+	
鲁麦 13				+		+
鲁麦 14						
鲁麦 15		+	+		+	
鲁麦 16						
鲁麦 17			+		+	
齐 8410			+		+	
滨州 4042		+	+		+	
滕州 1416			+		+	
PH82-2-2			+			+
鲁麦 18		+		+	+	
鲁麦 19				+		
鲁麦 20	+		+		+	
潍 9133		+	+		+	
济核 02	+		+		+	
莱州 953	+	+	+			+
鲁麦 21	+			+	+	

续附录 6

基因							
TaELF3-D1-1（晚）	*TaELF3-D1-1*（早）	*PRR73A1*（早）	*PRR73A1*（晚）	*COMT-3Ba*	*COMT-3Bb*	*TaSdr-A1a*	*TaSdr-A1b*
+		+				+	
+		+			+	+	
+		+			+		
	+	+					+
+		+		+			+
			+				
+			+		+		+
+			+		+		
+		+			+	+	
+		+				+	
+		+			+	+	
+		+		+			+
+		+			+	+	
+			+		+	+	
+		+			+	+	
+		+					+
+						+	
+		+				+	
+		+				+	
+		+		+			+
+				+			+
+		+		+			+
		+			+	+	
+			+			+	
+			+			+	
+		+				+	
+			+			+	
		+				+	
		+			+	+	
+			+	+			+
+			+			+	

品种	基因					
	1B/1R	*Vrn-D1a*	*Pinb-D1*（软）	*Pinb-D1*（硬）	*Pinb2-V2*（软）	*Pinb2-V2*（硬）
鲁麦 22			+		+	
鲁麦 23			+			+
淄农 033	+		+		+	
济南 16	+			+	+	
济南 17				+		
烟农 18	+			+	+	
滨麦 1 号	+	+		+	+	
济宁 13	+			+		+
济南 18				+	+	
菏麦 13				+		+
潍麦 6 号				+		+
山农优麦 2 号				+	+	
烟农 19				+		
济麦 19			+		+	
莱州 95021				+	+	
金铎 1 号	+		+		+	
淄麦 12				+	+	
滨麦 3 号			+		+	
潍麦 7 号			+			+
山农 1135				+		
淄麦 7 号				+		+
山农优麦 3 号	+		+		+	
德抗 961				+		+
泰山 21	+	+	+			+
邯 6172	+			+	+	
山农 664						
烟农 21				+		+
烟农 22	+		+			+
烟辐 188						
潍麦 8 号						
济麦 20				+		

续附录 6

基因							
TaELF3-D1-1（晚）	*TaELF3-D1-1*（早）	*PRR73A1*（早）	*PRR73A1*（晚）	*COMT-3Ba*	*COMT-3Bb*	*TaSdr-A1a*	*TaSdr-A1b*
+		+					
+		+			+		
+		+			+	+	
+		+			+	+	
+		+				+	
+		+					
+		+		+			+
+		+		+			+
+		+			+		
+		+		+			+
+		+				+	
+		+				+	
		+			+	+	
+			+			+	
+			+	+			+
+		+		+			+
+			+				+
+		+		+			+
		+				+	
+		+					+
+		+					
	+	+				+	
		+					
+		+				+	
+		+				+	
+		+					+
		+			+		
		+			+		
+						+	
+							
+		+					+

品种	基因					
	1B/1R	Vrn-D1a	Pinb-D1（软）	Pinb-D1（硬）	Pinb2-V2（软）	Pinb2-V2（硬）
烟农 23				+	+	
汶农 5 号						
聊麦 16		+		+	+	
山农 11				+		+
丰川 6 号	+			+	+	
临麦 2 号			+			
济麦 21	+			+		+
泰山 23		+		+		+
烟农 24			+		+	
多丰 2000			+		+	
黑马 1 号	+			+	+	
泰山 22				+	+	
济宁 16				+	+	
济宁 17	+		+			+
山融 3 号	+		+			
德抗 6756		+		+	+	
济宁 12	+			+		
山农 8355		+	+			+
泰山 24			+			+
山农 12		+	+		+	
临麦 4 号			+			
山农 14				+	+	
烟 2415			+			+
良星 99				+		+
济麦 22				+		
泰麦 1 号				+	+	
聊麦 18			+			+
泰山 9818			+			
青丰 1 号				+	+	
黑马 2 号	+		+			+
汶农 6 号			+			+

续附录 6

基因							
TaELF3-D1-1（晚）	*TaELF3-D1-1*（早）	*PRR73A1*（早）	*PRR73A1*（晚）	*COMT-3Ba*	*COMT-3Bb*	*TaSdr-A1a*	*TaSdr-A1b*
+		+					+
+		+				+	
+		+		+			+
+			+			+	
+		+					+
		+					+
+		+			+		+
+		+				+	
+		+					
+		+		+			+
+		+					+
+		+				+	
+		+		+			+
+		+		+			+
+		+					
+		+				+	
+		+		+			+
+		+					
+		+					
+		+				+	
		+					+
+			+				+
+			+			+	
+		+		+			+
+		+		+			+
+			+	+			+
+			+				+
+		+			+		+
+		+				+	
	+		+			+	
+		+					+

品种	基　因					
	1B/1R	*Vrn-D1a*	*Pinb-D1*（软）	*Pinb-D1*（硬）	*Pinb2-V2*（软）	*Pinb2-V2*（硬）
山农 15				+		
鲁农 116				+		+
洲元 9369				+		
聊麦 19				+		+
烟农 5158			+		+	
鲁原 301				+		+
烟农 5286				+	+	
青麦 6 号				+		+
山农 16				+		+
泰农 18				+		+
良星 66				+		+
烟农 0428			+		+	
山农 17						+
齐麦 1 号			+		+	
郯麦 98				+		+
山农 18				+		+
鑫麦 289				+	+	
科信 9 号			+		+	
青麦 7 号				+		+
汶农 14				+		
良星 77				+		+
青农 2 号				+	+	
山农 21						+
山农紫麦 1 号			+			+
烟农 836				+		+
山农 19		+		+	+	
山农 20				+		+
山农 22				+		+
泰农 19				+	+	
烟农 999			+			
汶农 17				+		+

续附录 6

基因							
TaELF3-D1-1（晚）	*TaELF3-D1-1*（早）	*PRR73A1*（早）	*PRR73A1*（晚）	*COMT-3Ba*	*COMT-3Bb*	*TaSdr-A1a*	*TaSdr-A1b*
+		+					
+		+			+		+
+		+				+	
+		+		+			+
+		+					+
+		+			+	+	
		+				+	
+		+			+	+	
+		+			+		
		+				+	
+		+		+			+
+		+					
		+					
+		+		+			+
+		+					
+		+				+	
+		+					+
+			+	+			+
+		+				+	
+		+				+	
+		+		+			+
+		+				+	
+		+					+
+		+					
+		+					+
	+		+			+	
+		+				+	
		+				+	
+			+		+	+	
+			+				+
		+					+

品种	基因					
	1B/1R	Vrn-D1a	Pinb-D1（软）	Pinb-D1（硬）	Pinb2-V2（软）	Pinb2-V2（硬）
山农 23				+		+
菏麦 17				+		+
鲁原 502	+			+		
菏麦 18	+			+	+	
泰山 27				+	+	
垦星 1 号	+			+	+	
鑫麦 296				+	+	
山农 24				+		
泰山 28	+			+	+	
阳光 10				+		+
山农 28				+	|	
齐麦 2 号				+		+
儒麦 1 号			+			
山农 27				+		
山农 25				+		
山农 26				+		+
山农 32				+		
山农 29				+		
菏麦 19	+			+		+
山农 31				+	+	
烟农 173				+		+
泰农 33				+		+
济麦 229				+		
红地 95			+			+
齐民 6 号				+		+
济麦 262			+			+
太麦 198				+		+
菏麦 20				+		
登海 202				+		
峰川 9 号				+		+
济麦 23				+		

续附录 6

基　因							
TaELF3-D1-1（晚）	*TaELF3-D1-1*（早）	*PRR73A1*（早）	*PRR73A1*（晚）	*COMT-3Ba*	*COMT-3Bb*	*TaSdr-A1a*	*TaSdr-A1b*
		+				+	
+			+	+			+
+		+				+	
+		+					+
+						+	
+		+					+
+		+				+	
+		+			+		+
+		+					+
		+			+	+	
+		+				+	
		+					
+		+					+
+		+				+	
		+				+	
+		+				+	
+		+					
+		+					
+		+		+			+
+		+					+
+		+					+
+		+			+		
+		+				+	
+		+					+
+		+			+	+	
+		+			+		+
+		+				+	
		+					
+		+			+		+
+		+					+
+		+				+	

品种	基因					
	1B/1R	Vrn-D1a	Pinb-D1（软）	Pinb-D1（硬）	Pinb2-V2（软）	Pinb2-V2（硬）
红地 166	+			+	+	
齐民 7 号				+		
山农 30				+		
泰科麦 33				+		+
鑫瑞麦 29				+		+
淄麦 29				+		+
烟农 1212			+			
泰科麦 31			+			+
良星 68				+	+	
裕田麦 119				+		+
淄麦 28	+			+	+	
藁优 5766			+			
徐麦 36	+	+	+		+	
齐民 8 号				+		+
临麦 9 号				+		+
圣麦 102				+	+	
鑫瑞麦 38				+		+
菏麦 21				+		+
鑫星 169						+
山农 36				+		+
济麦 44				+		
爱麦 1 号				+		+
山农 111				+		
齐民 9 号				+		+
山农 34				+		+
济麦 60						
峰川 18	+			+		+
泰科麦 32	+		+		+	
红地 176	+			+	+	
阳光 18				+		+
山农糯麦 1 号		+	+			+
山农紫糯 2 号	+		+		+	

续附录 6

基因							
TaELF3-D1-1（晚）	*TaELF3-D1-1*（早）	*PRR73A1*（早）	*PRR73A1*（晚）	*COMT-3Ba*	*COMT-3Bb*	*TaSdr-A1a*	*TaSdr-A1b*
		+			+	+	
+		+				+	
+		+					+
+		+				+	
+		+					+
+		+			+	+	
+			+			+	
+		+					+
+		+					
+		+					
+		+					
+		+			+	+	
+		+			+	+	
+		+				+	
		+					+
+		+			+	+	
+		+					+
+		+				+	
+		+				+	
		+					
+		+				+	
		+				+	
+		+					
+		+				+	
+		+					+
+		+					
+		+					+
+		+					
+		+			+		+
+		+				+	
+		+				+	
+		+				+	

图书在版编目（CIP）数据

山东小麦图鉴．第二卷，育成品种 / 黄承彦等编著
．-- 北京：中国农业出版社，2024.8
“十三五”国家重点图书出版规划项目
ISBN 978-7-109-31255-5

Ⅰ．①山… Ⅱ．①黄… Ⅲ．①小麦－良种繁育－山东
－图集 Ⅳ．① S512.1-64

中国国家版本馆 CIP 数据核字 (2023) 第 191175 号

山东小麦图鉴
第二卷　育成品种
Shandong Xiaomai Tujian
Dierjuan Yucheng Pinzhong

中国农业出版社出版
地址：北京市朝阳区麦子店街18号楼
邮编：100125
责任编辑：郭晨茜　孟令洋
版式设计：刘亚宁　责任校对：吴丽婷　责任印制：王　宏
印刷：北京中科印刷有限公司
版次：2024年8月第1版
印次：2024年8月北京第1次印刷
发行：新华书店北京发行所
开本：880mm×1030mm　1/16
印张：31
字数：800千字
定价：300.00元